国家出版基金项目
NATIONAL PUBLICATION FOUNDATION

人天之际
青藏高原生态与文化的互动研究

朱子云　申小莉　吕植　著

U0246841

北京大学出版社
PEKING UNIVERSITY PRESS

人与自然和谐共生行动研究 ∣ Action Research on People and Nature ∣ 丛书主编 吕植

图书在版编目（CIP）数据

人天之际：青藏高原生态与文化的互动研究/朱子云，申小莉，吕植著. —北京：北京大学出版社，2023.5
（人与自然和谐共生行动研究.Ⅰ）
ISBN 978-7-301-33910-7

Ⅰ.①人…　Ⅱ.①朱…②申…③吕…　Ⅲ.①生态环境保护－研究－中国
Ⅳ.①X321.2

中国国家版本馆CIP数据核字（2023）第061431号

书　　　名	人天之际——青藏高原生态与文化的互动研究 REN TIAN ZHIJI——QINGZANG GAOYUAN SHENGTAI YU WENHUA DE HUDONG YANJIU
著作责任者	朱子云　申小莉　吕植　著
责任编辑	黄　炜
标准书号	ISBN 978-7-301-33910-7
审　图　号	青S【2023】024号
出版发行	北京大学出版社
地　　　址	北京市海淀区成府路205号　100871
网　　　址	http：//www.pup.cn　　新浪微博：@北京大学出版社
电子信箱	zpup@pup.cn
电　　　话	邮购部010-62752015　发行部010-62750672　编辑部010-62764976
印　刷　者	北京宏伟双华印刷有限公司
经　销　者	新华书店
	720毫米×1020毫米　16开本　18印张　264千字
	2023年5月第1版　2023年5月第1次印刷
定　　　价	88.00元

"人与自然和谐共生行动研究 I"
丛书编委会

主　编　吕　植

副主编　史湘莹

编　委（以姓氏拼音为序）

陈　艾　　冯　杰　　韩雪松　　李迪华

刘馨浓　　吕　植　　彭晓韵　　申小莉

王　昊　　肖凌云　　张　迪　　张晓川

赵　翔　　朱子云

缩 略 语

一、行政区和保护区

阿坝州：阿坝藏族羌族自治州
迪庆州：迪庆藏族自治州
甘孜州：甘孜藏族自治州
果洛州：果洛藏族自治州
海南州：海南藏族自治州
海西州：海西藏族自治州
黄南州：黄南藏族自治州
玉树州：玉树藏族自治州
三江源保护区：三江源国家级自然保护区
可可西里保护区：可可西里国家级自然保护区

二、组织机构

IUCN：世界自然保护联盟
TNC：大自然保护协会（The Nature Conservancy）
联合国教科文组织（UNESCO）：联合国教育、科学及文化组织

三、缩写符号

ADP：分布点之间的平均距离（average distance between point）
AUC：ROC 曲线下的面积（area under the ROC curve）
EVI：增强型植被指数（enhanced vegetation index）

GIS：地理信息系统（geographic information system）

ICDP：综合保护与发展项目（Integrated Conservation and Development Projeet）

ROC：接受者操作特征（receiver operating characteristic）

SDI：空间分布指数（spatial distribution index）

目　　录

第一章

文化与生态保护

文化与生态保护之间的关系是近年来保护生物学研究与实践中受到关注的重要问题。文化是一个复杂的概念，对文化的定义也有多种，本书此处仅列举学者在研究文化与环境关系时提出的几个具有代表性的文化定义：

文化是一个复合的整体，它包含知识、信仰、艺术、道德、法律、习俗和个人作为社会成员所获得的其他能力和习惯（泰勒，2005）。

文化是一个分享象征符号、行为、观念、价值观、社会规范、制度和人工制品的系统，文化影响社会成员如何应对世界、应对他人，并能够通过学习世代传承（Berkes et al.，2000）。

生态文化，包括对生物的认知、保护利用的价值观、伦理观、自然圣境（sacred site）、传统知识体系与生物多样性管理制度、生物多样性资源适应性技术等（裴盛基，2011）。

在本研究中，我们使用联合国教科文组织（UNESCO）2007 年提出的文化概念：文化，是知识、信念、艺术、仪式、规范、习惯和其他社会资本的集合体。

文化作为一个复杂系统，并不是静态的，而是能够快速变化、形成或消亡的。研究发现，文化多样性能够提升社会系统的韧性（resilience），提升社会应对变化的能力（Berkes et al.，2000；Turner et al.，2000；Pretty et al.，2009）。将文化与环境联系起来的，包括人的观念、价值观、世界观、宇宙观等，也包括更加具体的对自然和生物的认知，以及保护土地、资源的规则与制度（Berkes，2007；Pretty et al.，2009）。随着人类文明的发展，尤其是进入工业文明之后，环境问题大量出现，人与环境之间的矛盾日趋激烈，在保护生物学出现之前，很多学科已经就文化与环境的关系进行了深入的研究和讨论，而这一问题也愈发受到关注和重视。

1.1　文化与生态的关系：多学科视角

1.1.1　地理学视角

地理学是较早开始研究文化与环境关系的学科。作为地理学研究的经典内容，人地关系研究很早就开始探讨人类活动、社会文化、自然环境之间的关系，并出现了包括拉采尔的地理环境决定论、白兰士的地理环境或然论、索尔的文化景观理论等在内的重要理论（邓辉，2012；李扬 等，2018）。总之，地理学认为人与环境关系可分为以下几个阶段：原始文明阶段，人类对环境的认识和改造能力非常有限，人类主要是依赖自然、被动地适应自然；农业文明阶段，人类具备了一定程度改造自然的能力，认识到地理环境是可以被人改变的；工业文明阶段，生产力水平大幅提升，人类改造自然的能力增强，人类试图去征服和主宰自然，也带来了环境危机；而新的文明阶段，人类对环境、对人与环境的关系有了更加清晰的认识，有能力在环境承载力之内活动，实现可持续发展（李小云 等，2018）。

1.1.2　文化研究视角

从文化与生态关系的角度，出现了现代文明、西方文明、工业社会、资本主义制度等造成生态破坏和环境危机的观点。基督教文明中人与自然二元对立，人可以控制自然、作为自然主宰的观念，被认为促进了人对自然资源无限制地开发利用和对自然环境无节制地改造破坏（Colding et al.，2001；Wu et al.，2011；Haila，1999）；而资本主义和消费主义造成的分配不公、过度生产等现象，也被视为生态危机的重要根源。

工业文明改变了人的自然观和对自然资源的需求和目标。在前工业社会，人类是自然的一部分，强调人与自然的联结；而在工业时代，人类的独特性被强化，甚至被认为可以统治自然（Ellen，1996；

Berkes et al.，1998）。消费社会引发了无节制的经济增长和生产需求：全球化背景下的食物生产系统在很多地点造成了生物多样性的丧失。在对西方文明和资本主义制度批判的基础上，一系列学者从文化角度进行反思，试图重构人与自然的关系，将人从与自然二元对立的位置重新放回到自然当中，创建了强调人与自然互动的文化生态学，强调自然本身权利的深度生态学，强调对资本主义批判的生态马克思主义等观点和学说。在此过程中，一部分学者对不同的非西方文化和本土文化进行了梳理，发现以东方文化为代表的相当多的非西方文化对人与自然关系有完全不同的论述与观念，人与自然不是对立的，人是自然的一部分，并且以种种方式与自然在物质和精神上发生联系。例如，万物一体、众生平等、天人合一等来自道教、佛教、印度教等文化中的生态自然观得到了重视，并被认为有可能帮助应对当前的环境问题（Ellen，1996；Dudley et al.，2009）。在各地的本土文化中，本土居民和社区（community）与自然和土地长期保持着密切的联系，这种联系不仅包括人与自然一体的观念，在精神方面对自然和土地的尊重和依恋，还包括大量有关自然和环境的知识，以及可持续利用自然资源的技术和制度等。因此，本土生态知识或传统生态知识也得到了重视。

1.1.3 生态人类学视角

著名人类学家斯图尔德在文化人类学研究中，首先提出了"文化生态学"的概念。文化生态学注重考察土地、自然资源等自然要素与技术、经济等文化要素之间的互动关系，认为文化对其所在特定环境的适应可以解释文化的面貌与变迁。他还提出了"文化核心"（culture core）的概念，文化核心指文化中与环境、生产和经济活动关联最为密切的主要特质的集合，具有相对稳定性。而文化中的次要特质则容易受到特定历史因素和外界因素的影响而快速改变。

文化生态学提示研究者应当更加重视人类学知识与生态学知识的综合，并更加重视文化与环境之间关系的研究。由此产生的生态人类学主要研究人类对环境的适应，它借鉴生态系统的概念，在系统的结构和运动中考察文化、环境要素之间的相互关系和功能，发掘和整理人类的适应知识和行为体系，从而最大限度地从生态学角度对文化进行解释（刘继杰 等，2014）。

1.1.4　其他学科视角

环境史的研究视角，是将生态研究方法引入历史研究，分析人与自然之间相互影响的生态过程，并研究不同的事件、不同要素组合所带来的环境影响。自然资源管理的研究视角，则更加关注个人或群体利用自然资源的行为、制度及其环境影响。Ostrom 等（1993）对"公共池塘资源"使用的研究等是其中的代表。另外还有来自环境经济学、环境社会学、环境哲学、环境伦理学、环境法学等学科的研究。这些来自不同交叉学科的观点都为保护生物学提供了重要的知识、研究方向和研究工具。

1.2　文化多样性与生物多样性

国际社会对社区保护地（protected area）的倡导建立在传统社区及其文化对生物多样性的保护和可持续利用有重要意义的认识基础上。20 世纪 90 年代起，多项研究揭示了生物多样性与文化多样性的高相关性。生物多样性高的地区，其文化多样性也高。生物多样性和文化多样性之间存在着协同演化的关系（裴盛基，2007a），生物多样性快速丧失的同时伴随着语言和文化多样性的快速丧失（Krauss，1992）。保护文化的多样性同样能促进对生物多样性的保护。

传统文化在生态保护中的作用集中体现在传统生态知识（traditional ecological knowledge）对生物多样性、稀有物种、生态过程等的保护和资源的可持续利用上（Berkes et al.，2000）。传统生态知识的研究最早始于民族植物学对物种的鉴定和分类，后

来发展到关注人对生态过程的理解以及人与环境的关系。Berkes 等
（2000）将传统生态知识定义为关于生命体（包括人类）彼此之间以
及与环境之间的关系的一种知识（knowledge）、实践（practice）
和信仰（belief）的复合体，通过适应性过程而发展，经由文化的传
承实现跨代的传递。传统生态知识大都存在于非工业社会或者技术欠
发达社会中。

在我国，生物多样性和文化多样性同样呈现出高的相关性。我
国西部是生物多样性集中分布的地区，同时也是我国少数民族的聚居
地，超过 40 个少数民族，89% 的少数民族人口居住在西部地区（Li
et al.，2008）。文化多样性中蕴藏着丰富的传统知识和习俗，对自
然资源管理和生态保护有着积极的促进作用。已有研究表明，多个
少数民族，如藏族（Anderson et al.，2005）、基诺族（Long et
al.，2001）、纳西族（Xu et al.，2005）、傣族（Xu et al.，2005；
Fang et al.，2006）、彝族（刘爱忠 等，2000）和哈尼族（Xu et
al.，2005）等的传统文化对生物多样性保护都有贡献。尽管不同民族
传统文化保护的形式、方法不同，但保护的内容和目标是一致的，这
种以文化延续方式传承的自然保护，是生物多样性保护的巨大的社会
力量（裴盛基，2007b）。

1.3 生态保护思想的演进与社区参与式保护

1.3.1 传统生态知识

传统生态知识开始得到重视是伴随着人类对工业时代之后自然环
境被严重破坏的反思进行的。与源自西方的现代文明和现代科学知识
不同，传统生态知识常常包含着对自然友好的世界观、有节制的使用
自然资源的态度、合理的资源分配利用制度、多种形式的自然禁忌和
对自然环境长时间的特殊感知。传统生态知识主要包括生态观、生态
知识框架、生态知识传承机制以及直接体现在生产、生活中的技术和

技能等四个方面（杨庭硕 等，2010）。

对传统生态知识的研究是目前文化与生态相关研究的核心（Ellen，1996）。传统生态文化中可能包含有关物种、生态系统动态、自然资源可持续收获水平、生态系统中的复杂关系等诸多重要信息。部分传统生态知识能够直接与现代科学沟通（Fernandez-Gimenez，2000；Huntington，2000；Wu et al.，2011）；而其余"不可言传""不可翻译"的部分，包括利用自然资源时无意识的自我限制，人与土地和自然之间的精神联系，土地承载的象征（symbolic）、隐喻（metaphoric）和幻想（visionary）则是影响人的行为的重要因素（Ellen，1996；Mccall et al.，2005），对自然保护同样意义重大。

相当多的研究证明了传统生态知识的价值，说明传统生态知识能够与现代科学相沟通。在美国亚利桑那州的研究发现，本土居民对本土动植物具有成体系的命名方法，这种命名反映了本土居民对不同物种之间生态联系的细致的知识，且与现代生态学的观点非常类似（Nabhan，2000）。北美因纽特人对露脊鲸的知识直接帮助科学家更快地完成了北极露脊鲸的调查（Huntington，2000）。在针对加拿大不列颠哥伦比亚地区的本土居民的研究中，发现其传统生态知识包括：合理定期地使用火烧，维持较高的生物多样性；维持土地的多样化利用方式，防止土壤的过度使用导致地力枯竭；充分利用多种动植物资源制作多种生产、生活工具等。在世界观方面，本土居民对自然，尤其是对土地怀有极大的尊重，排斥对自然的过度索取行为，并且对积累个人财产没有强烈的欲望（Turner et al.，2000）。中亚地区的卡尔梅克蒙古族牧民对草场、可利用植物、草原生态系统的特点等都有明确的认识，牧民甚至可以回忆起几十年时间尺度内的草地质量变化情况（Fernandez-Gimenez，2000）。

自然禁忌，也是传统生态知识中非常重要的一部分。其存在形式很多，例如，禁止利用某些物种（如印度的神牛）、禁止在某些时段利用某些物种（如禁止在动物繁殖期打猎）、禁止利用物种中的某类个体（如禁止猎捕怀孕的母兽）、禁止某些特殊人群对资源的利用（如非洲某些部落中，禁止怀孕的女子吃鱼）。而在某些区域，原住民

（indigenous people）对其中自然资源的利用会有一系列禁忌和限制，这些区域通常称为自然圣境（Berkes et al., 2000）。

1.3.2　社区保护地的兴起

建立保护地被认为是保护生物多样性最主要的手段（Bruner et al., 2001）。世界上第一个保护地是美国黄石国家公园，建立于 1872 年。在之后很长时期里，自然保护以西方现代生态学为基础，以中央集权指导、科学管理与精英参与为主流，完全排除当地社区的参与。生物多样性丰富的地区通常是偏远、经济发展相对落后、原住民居住的区域。经验证明，西方保护模式引入发展中国家时，常常对保护地内及其周边的社区居民的生计带来严重的负面影响（Wells et al., 1992）。保护地的建立迫使原住民在一夜之间丧失了对居住地自然资源的使用权，从狩猎者变成了盗猎者（Colchester, 1994）。在没有提供适当替代生计的前提下，让原住民搬迁出保护地，并禁止他们对资源的利用，极大地损伤了他们参与保护的积极性（Pimbert, 2006），甚至造成原住民和保护地管理部门及政府的对立（Western et al., 1994）。例如，20 世纪 60 年代，肯尼亚马赛人抵制安波塞利国家公园，他们甚至屠杀犀牛以表达对政府的不满。

20 世纪 60 年代后期，迫于保护过程中出现的一系列严重冲突，国际保护组织开始寻求将原住民和当地社区纳入保护地管理的途径（Pimbert, 2006）。80 年代后期和 90 年代初期，萌发出许多新的保护管理模式。比如，倡导保护与地方发展相结合的"综合保护与发展项目"（Integrated Conservation and Development Project, ICDP）（Kiss, 1990），强调保护与自然资源的合理开发相结合的生物圈保护区（biosphere reserve）（Batisse, 1993），以及以当地社区为保护主体的社区保护（community-based conservation）（Western et al., 1994）。生态系统的管理模式向参与式途径转变，这反映了保护理念的转变：自然环境很少未受人类的干预（McNeely, 1994），人是生态系统中的一部分，应该在保护过程中加以考虑。

一些处理环境问题的国际组织近年来认可了社区及传统文化在自然资源管理上的权利和贡献。《生物多样性公约》（1992 年）强调与生物多样性相关的社区知识、技能、创新和实践应该在保护行动中得到重视。《联合国土著人民权利宣言》（2007 年）承认了原住民控制和管理其领地的权利（Assembly，2007）。联合国教科文组织于 2001 年发表了《世界文化多样性宣言》，提倡发挥现代知识与民间传统知识的协同作用。2003 年第五届世界自然保护联盟（IUCN）世界保护地大会形成的《德班倡议》提出了关于建立社区保护地（community conserved area）的倡导和建议。

《德班倡议》是将社区保护地纳入政府主导的保护地体系历程中的重大进展。按照 IUCN 的定义，社区保护地指原住民、流动性社区和当地社区通过习惯法或者其他有效方式自觉进行保护的，具有显著生物多样性价值、生态效益和文化价值的，自然的和改良的生态系统。社区保护地具备三个基本特点：

（1）涉及一个或多个社区，与生态系统或物种有着文化的、生计的和（或）经济上的紧密联系。

（2）社区的管理行为和实践直接导致了对栖息地、物种、生态系统服务和相关文化价值的保护，尽管社区对自然资源的管理可能出于不同的目的（比如生计需要、水源地保护、文化和精神相关地域的保护）。

（3）社区是生态系统管理中的重要决策者和执行者，也就是说，社区组织有能力实施相应的管理制度。

"保护地的建立是人类社会有意识地选择的结果，用以保护自然、生物多样性和具有特殊文化价值和意义的地区。

个人和社区常常出于精神上的原因使用保护地，因为这些保护地可以给他们灵感，治愈他们和（或）为他们提供一个获得宁静、教育以及与自然界交流的场所。

保护地作为保护自然的基本工具，表现了人类保护地球生命的强烈愿望与责任感，因而这些地区成为人们敬畏及实现民族希望之地。

许多社会群体，特别是原住民和传统民族，通过崇拜宗教圣地并从事传统的保护地区、自然、生态系统或物种的实践，来表达其社会或文化选择、自然神圣性的世界观以及与文化之间不可分割的联系。他们也将宗教圣地视为独特的知识源泉和对本民族文化的理解，因而宗教圣地发挥着与大学类似的作用。"

2004 年举办的《生物多样性公约》第七次缔约方会议上，社区保护成为对各缔约方的正式建议事项。会议建议：公约的各缔约方应该确保原住民、世居民族和当地社区能够全面参与、有效执行和管理新保护地；明确了解原住民、世居民族和当地社区的需求、优先问题和价值选择；努力学习和研究社区保护地的治理类型，针对不同的治理类型，建立和执行不同类型的最合理的管理模式（INDEX，2004）。

1.3.3　原住民与社区参与式保护

早期的生物多样性保护中，在人与自然二元对立思想的影响下，人为活动被视为对生态保护的威胁，因此，世界上最早的保护地都是以排除人为活动干扰为目标的"堡垒式保护地"，部分保护地为了实现这一目标还对生活在保护地内的居民采取了强制性迁移措施。在保护实践中，严格的堡垒式保护地遇到了一系列问题，也引起了研究者的反思（Kideghesho，2010）。强制迁移保护地内世居居民的措施有很大的伦理问题，并且在事实上造成了生态保护目标、自然保护地管理与社区和居民的对立。当地社区和居民会形成"管理者认为野生动物比当地人更重要"的观念，从而对生态保护相关工作持负面、对抗的态度，极大地影响保护目标的实现。

堡垒式保护地在实践中显现了诸多方面的问题。生态学研究提出了"中度干扰假说"，发现完全没有干扰的生态系统在生物多样性上和生物量上通常不是最高的。同时，很多所谓的"原生"生态系统实际上是长期的人与自然相互作用形成平衡的结果，去除人为活动和干扰，很多生态系统会向生物多样性减少的方向演进，而不能实现生态保护的初衷。保护地周边社区和居民的生计通常高度依赖自然资源，完全禁止他们对自然资源的使用对生态保护不但没有益处，反而加剧了社区的贫困问题，影响了社区发展。很多社区本就具有合理利用自然资源的传统知识体系，并在很长时间内能够实现自然资源可持续利用与生态系统稳定的目标。

全世界约有 3.7 亿原住民，居住在 20% 的陆地区域。世界极端贫困人口中有 1/3 是原住民，他们的生计通常高度依赖居住地的自然环境。这些情况促使原住民与社区受到了广泛关注，并进入生物多样性保护主流的视野，基于社区的保护越来越受到重视。在 2002 年于约翰内斯堡召开的可持续发展世界首脑会议后，社区参与式保护，而非严格保护成为生物多样性保护工作的主流（Garcia et al.，2008）。原住民权利和福利、社区参与、社区发展等众多方面成为保护中必须考虑的因素，各国都开始进行尊重本土知识、文化和传统的可持续发展尝试。1992 年在里约热内卢召开的联合国环境与发展大会中明确提出了要尊重和保护原住民权利，并在《生物多样性公约》中进行了专门规定。2007 年世界遗产委员会将社区列入世界遗产战略之中，从而将世界遗产战略由 "4C" 升级为 "5C"，包括可信度（credibility）、有效维护（conservation）、能力建设（capacity-building）、宣传（communication）和社区（community）。世界遗产战略指出必须寻求生态保护、可持续性和社区发展之间适当、公正的平衡，寻求促进社会和经济发展、提升社区生活质量的活动。

1.3.4 将社区保护地纳入现有保护地体系是保护发展的一个方向

随着保护理念的转变，保护地的类型和管理正逐渐多元化。根据 IUCN 的定义，保护地指通过法律及其他有效手段进行管理，特别用以保护和维护生物多样性、自然及相关文化资源的陆地和海洋（IUCN，1994）。保护地管理的目标从传统的生物多样性和自然资源，扩大到了附于其上的文化资源。

世界上多数社区保护地都符合保护地的定义。根据保护地的主要管理目标，IUCN 定义了六个类别的保护地，社区保护地都能找到

与之相应的形式（Kothari，2003）（表 1.1）。其中类别 I ～ IV 是
传统意义的严格的保护地，多数社区保护地可归入类别 V 和类别 VI
（Kothari，2006）。

表 1.1　IUCN 保护地类别与相对应的社区保护地类别（Kothari，2003）

IUCN 保护地类型	社区保护地类别
类别 I a 和 I b 严格自然保护区和原野保护地：主要用于科学研究和保护自然荒野的保护地	神圣的 / 禁止使用的树林、湖泊、泉水、山和岛屿等，除了受社区严格管理的一年一度的仪式活动、一年一度的集体渔猎等之外，资源利用受到限制。(社区保护这类地区更多的是出于文化的或者宗教的原因，而非出于科学目的)
类别 II　国家公园：主要用于生态系统保护和娱乐活动的保护地	村子上游的水源涵养地、社区划定的野生动物保护地(有的情况为生态旅游用途)
类别 III　自然纪念物：主要用于保护独特的自然特性的保护地	社区出于宗教、文化或者其他原因保护的自然纪念物(山洞、瀑布、岩壁、岩石)
类别 IV　栖息地、物种管理地：主要用于积极干预保护的保护地	村子为野生动物提供的栖息地，比如鹭群栖息处、海龟产卵地、社区管理的野生动物廊道和河岸植被
类别 V　陆地、海洋景观保护地：主要用于陆地、海洋景观保护及娱乐的保护地	游牧社区、民族传统的世居地，比如牧场、取水点、林地；神圣的和文化的陆地和海洋景观，集体管理的流域 (这类自然的和文化的生态系统有多种土地和水的利用，包括农耕多样性)
类别 VI　资源保护地：主要以自然生态系统的可持续利用为目的的保护地	受社区制度管理确保其可持续利用的、有限使用的资源保护地 (森林、草场、航道、海岸线，包括野生动物栖息地)

　　根据保护地管理主体的不同，第五届 IUCN 世界保护地大会进一
步将保护地划分为四个管理类别：政府管理、相关机构的联合管理、
私人管理和社区管理。保护地概念的拓展超出了传统的政府建立的保
护地的范围，这为将社区保护地等非政府管理的保护地类型纳入政府
主导的保护地体系提供了理论框架。
　　由于缺少调查，目前并不清楚全世界社区保护地的面积。据估计，
约 4.2 亿公顷的森林（占全球森林面积的 11%）属于社区所有或者由
社区管理，其中 3.7 亿公顷得到当地社区不同程度的保护（Molnar
et al.，2004）。加上湿地、草地、海洋、沙漠等其他生态系统类型，
社区保护地占有相当可观的面积（Kothari，2006）。Oviedo 指出，

亚马孙河流域中有 1/5 属于原住民的保护地或者领地，是政府在当地建立的保护地面积的 5 倍，这些土地在抵制外来砍伐等威胁中发挥了重要作用（Oviedo，2006）。

现阶段，多数社区保护地在国家保护体系中仍然得不到认可，游离于政府主导的保护地网络之外。社区保护地的资源管理体制往往建立在传统的土地占有制度和习惯法之上，在许多国家得不到正式的或法律上的认可（Kothari，2003）。目前，澳大利亚和南非的一些国家已经将社区保护地正式纳入政府主导的保护地网络（Kothari，2006）。澳大利亚从 20 世纪 90 年中期开始建立原住民保护地（indigenous protected area），截至 2006 年已经建立了 20 个原住民保护地，占澳大利亚陆地保护地面积的 20%（Smyth，2006）。更多的国家正在为社区保护地寻求政策和法律支持。除通过新的法律和政策赋予社区管理的权利和责任外，也有一些以协议为基础，通过政府、非政府组织甚至私营部门与社区共管的形式——比如通过协议保护（conservation concession）的方式（Bray et al.，2003）——保障社区保护地的合法权益（Kothari，2006）。

更多针对社区保护地的调查和研究有待开展，以便明确地界定社区保护地，包括社区保护地的大小、生态系统类型，主要保护的野生生物，保护的动机、起源和历史，保护组织和保护制度、生态和社会效益、土地所有权以及法律状态等（Kothari，2006）。

1.3.5　社区保护地是现有保护地体系的重要补充

自 1872 年第一个由政府建立的保护地——美国黄石国家公园建立以来，截至 2005 年全世界已建立起 104 791 个保护地，其中陆地生态类型的保护地占地球陆地面积的 12%（UNEP-WCMC，2005）。该面积比例已经超出 1984 年第三届世界保护地大会确定的保护地占陆地面积 10% 的保护目标（Miller，1984）。在现有的保护地中，仅有 6% 的面积与生物多样性热点地区重叠（Bhagwat et al.，2006）。随着人口和经济的快速增长，对土地需求的增加，10% 的保护目标在一些地区并不能实现（INDEX，2004）；同时，该目标能否实现生物多样性的有效保护也备受争议（Rodrigues et al.，2004）。

现有保护地体系存在两大不足（Bhagwat et al.，2006）：第一，保护地不能覆盖所有关键栖息地和物种。Thomas 等人对 11 633 种鸟类、兽类、两栖类和龟鳖类动物评估的结果显示，超过 12% 的物种没有得到任何保护地的保护（Thomas et al.，2004）。第二，受资金和人力的限制，排除当地人参与的管理方式之外，保护地并不能实现有效管理。实际上，在发展中国家仍有 30% 的保护地，其内部及周边的村民仍旧依赖保护地内的自然资源，以获取生活必需的食物和薪柴等（Pretty，2003）。

截至 2020 年底，我国共建立国家级自然保护区 44 处，国家级风景名胜区 244 处，国家地质公园 281 处，国家海洋公园 67 处，并于 2021 年正式设立了第一批 5 个国家公园。全国各级各类自然保护地总面积约占陆地国土面积的 18%（生态环境部，2020，2021）。可以说，自然保护区（以下简称"保护区"）的数量和面积是在 20 世纪 90 年代之后快速增长起来的，但在体系规划、资金投入和人员管理等方面都存在严重空缺（谢焱，2004）。

就保护区的布局而言，我国现有保护区体系在区域和国家尺度上缺乏系统的规划（Liu et al.，2003）。一些有丰富生物多样性的地区没有建立保护区，一些受到威胁的物种没有或者很好地受到保护区的覆盖，部分具有重要生物多样性的生物地理单元没有保护区保护或者保护力度不够（谢焱，2004）。

与保护区的需求相比，现有保护区经费投入和人员严重不足。我国保护区资金（运行和建设资金）投入是 113 美元 /km^2，其中地方保护区的资金投入只有 53 美元 /km^2，不仅远低于全球平均投入水平（893 美元 / km^2），甚至比发展中国家的平均投入水平（157 美元 / km^2）都要低（Liu et al.，2003）。据 2001 年底的统计，我国约有 27% 的保护区没有配备专门的管理人员，约有 38% 的保护区尚未建立相应的管理机构（谢焱，2004）。

无论从全球尺度，还是从我国的生物多样性保护来看，现有政府主导的保护地网络并不能满足生物多样性保护的需求。这是倡导建立社区保护地的重要原因之一。从提高保护地空间布局的合理性和管理有效性两个方面来讲，社区保护地都可能成为政府主导的保护地的有力补充。

1.4 青藏高原与藏族传统生态文化

藏族传统生态文化具有相当的特色：一方面，具有显著的、对自然和环境友好的内容；另一方面，其保存较为完整，并在现实中仍有较大的影响力（南文渊，2000）。因此，对藏族生态文化的研究很多：从价值观的角度，指出藏族生态文化的特点是和谐、有节制、敬畏生命的（吴迪，2010；张晓东，2008）；从生态伦理的角度，指出藏族文化中具有万物联系、众生平等的思想（南文渊，2000）；从宗教文化的角度，指出藏族文化的核心部分——藏传佛教整合了来自佛教和藏族聚居区本土宗教苯教的内容，其中佛教是农牧民的精神寄托，而苯教则对应生活中的琐碎问题——来自苯教的万物有灵思想和神山圣湖崇拜，至今仍是藏族文化最重要的部分之一（张晓东，2008）；从自然禁忌的角度，指出藏族文化中主要的自然禁忌包括神山崇拜（如神山中不得伐木、挖药材、打猎）、动土禁忌（没有被挖掘过的地是活地，挖掘过的地是死地）、水源禁忌（不得污染水源，不得在水源扔垃圾，不得在水源洗衣服）、杀生禁忌（不得惊吓飞禽、驱赶飞鸟，禁止侵犯放生的牛羊，禁止踩杀虫类）等；从习惯法和非成文法的角度，发现藏族聚居区广泛存在非成文法和乡规民约，而且这些内容对规范藏族群众的生产生活发挥着非常重要的作用（洲塔，2010；尹仑，2011；常丽霞，2013）。

总而言之，藏族生态文化中的主要内容包括：

（1）万物一体的价值观：世间万物是和合共往，广泛联系的；

（2）崇敬自然，尊重生命，禁止杀生；

（3）轮回思想，顺应自然、行善可以为来生带来福报；

（4）限制欲望，节制对物质的需求；

（5）三界宇宙观及神山圣湖信仰；

（6）寄魂思想：人的灵魂寄托在山、水、草、木等自然物上，与人结成生命共同体，所以寄魂物也就受到特别的保护；

（7）在生产、生活中具体的生态知识，如放牧知识。

藏族具有独特的三界宇宙观：上界为天界，也称赞；中界为人界，也称念；下界为鬼神界，也称鲁。人生在世，对上要取悦天神，对下要侍奉鬼怪，形成人–神–自然一体的系统。与其他民族的自然与生态观念比较，对"鬼神"的重视和敬畏，深刻地影响着当地人的行为。

藏族传统文化以藏传佛教为理论依据和哲学基础（马建忠 等，2005）。总结已有研究，藏族传统文化对生态保护的积极作用主要体现在以下三个方面：

（1）尊重生命，强调人与自然和谐的自然观、生命观。

佛教认为生命是一个周而复始的不断轮回的过程，存在六种不同的生命形式，分别是天、阿修罗、人、畜生、恶鬼和地狱（称为六道轮回）。人与其他生命形式同处一个生命系统，人仅是其中的一个组成部分。"一切众生皆有佛性，在佛性上是平等的"，即佛教提倡的众生平等，不仅是人与人之间的平等，也包括人与动物一切有情众生的平等（冯智，2005）。

"众生因其所造诸业，得其相应之果报，受生于六种不同之世间，成为不同之生命形态"。人自身一切语言、行为、思想导致的轮回的业决定人生命的去向。轮回的业归类为"恶十业"，其中第一恶业是杀生（噶玛降村，2005）。藏族禁止猎杀野生动物，提倡放生护生。

佛教"缘起"的思想是认识人与自然关系的基本法则。世间万物的存在是"此有故彼有，此生故彼生"的缘起（噶玛降村，2005）。宇宙一切生物与非生物的环境都是一个完整的统一体；所有因素都处于相互依存、互为条件的因果关系网中。任何局部因素受损都会危及自然界整体的生存。人类社会也是自然统一体的组成部分，人的活动要融于自然，顺从自然特性（南文渊，2000）。藏族传统的宗教信仰、风俗习惯、伦理道德中充满着生态平衡的思想，渗透着人与自然环境相互协调、相处共荣的愿望（南文渊，2001）。

（2）崇拜神灵，敬畏自然。

佛教于公元 7 世纪传入藏族聚居区，在与苯教的斗争过程中，融合和吸收了苯教"万物有灵"的信仰，赋予自然某种生命的象征，形成对一些特殊山川以神灵的敬畏和崇拜（冯智，2005）。藏传佛教拥有庞大而复杂的神灵体系，其中对山神和龙神的崇拜对生态保护意义重大。

在藏族聚居区，每个村子都有自己的神山（山神的领地）。山神被认为与其信奉者关系密切，是个人、村落和地方的保护神。山神有具体的形象，与普通人一样有喜怒性情。神山上通常不能砍树、打猎、动土和大声喊叫等，以免冲撞山神，给人、给地方带来灾难（和建华，2005）。龙被认为是下界的主宰，各村庄都有一些水井、泉眼、湖泊或古木林、大石包等，被视为龙居之处，不能污染其水源，不能动周围的树木，更忌讳伤害水中的蛇、青蛙等和龙关系密切的动物，以免招惹龙神，给自己带来不幸（和建华，2005）。神山和圣湖数量多、面积广且历史悠久，因其资源利用受宗教禁忌的严格限制，对当地生态系统和生物多样性的保护有重要贡献。

（3）奉行节制的生活方式和生产方式。

在物质生活与精神生活的关系上，藏族传统的价值观更注重对精神生活的追求。在物质生活得到基本满足后，藏族群众将大量时间、精力和财力投入精神生活的追求中，呈现出注重精神生活而抑制物质生活的倾向。在自然资源开发与自然环境保护的关系上，藏族文化更注重自然环境保护。经济开发以维持生态环境平衡为前提，并力求顺应生态环境的要求（南文渊，2000）。

在用生态学的理论和方法开展藏族传统文化的研究中，重点集中在神山崇拜这一文化现象上，多数研究定性讨论了藏族传统文化和生物多样性保护的关系、传统的资源管理方式和神山崇拜的生态功能，而基于野外实地调查的研究相对较少。大自然保护协会（TNC）研究了云南省迪庆藏族自治州卡瓦格博神山的组成和功能（马建忠 等，2005），另外的研究采用了植物生态学的方法，通过对神山和非神山植物群落的比较，分析神山在保护植物群落和物种多样性方面的作用（Anderson et al.，2005；邹莉 等，2005；Salick et al.，2007；向红梅 等，2008）。

邹莉等（2005）和向红梅等（2008）在云南省香格里拉大峡谷的研究表明，神山植物群落的物种组成、盖度和多样性指数均高于非神山。Anderson 等（2005）在卡瓦格博神山的研究表明，低海拔地区圣境的植物物种丰富度和多样性均高于不是圣境的地区，而在有经济价值的物种和特有种的丰富度和多样性方面没有显著差异。Salick 等（2007）在卡瓦格博神山的研究表明，在相同的植物群落中，乔木、灌木和草本植物的物种丰富度和多样性上，圣境和非圣境地区并没有显著差异，但神山上的乔木的胸径和郁闭度要显著高于非神山，该结果与邹莉等（2005）在香格里拉大峡谷的研究结果并不完全一致。

总体来讲，民族学和生态学研究都不同程度地肯定了藏族传统文化对生态保护的积极作用。从对神山保护的研究来看，现有研究存在几点不足：① 讨论停留在概念层次，基于田野和野外生态学调查的案例十分有限；② 缺乏将文化研究和生态研究等不同学科方法结合起来的研究，文化研究很少以生态研究为其佐证，生态研究也较少探讨其文化的机理；③ 不同地点相似的研究结果并不相同，表明神山的状况是多样的，仅仅是少数几个点上的调查还不足以反映神山在大尺度上的管理现状和保护成效。

1.5　青藏高原生物多样性保护在中国和全球生物多样性保护中的位置

从我国行政区划上看，青藏高原上的藏族自治地区覆盖了包括西藏自治区和青海、四川、甘肃、云南等省的部分地区。据 2010 年（更新的数据）第六次人口普查统计，我国藏族人口约为 628 万人，约占全国总人口数的 0.46%。虽然人口数量不多，但藏族自治地区地域辽阔，西藏自治区面积为 1 200 000 km^2，其他藏族自治地区分别占青海省面积的 97%、四川省面积的 45%、甘肃省面积的 13%、云南省面积的 6%，加起来我国藏族自治地区的总面积为 2 200 000 km^2，占国土面积的 23%（马戎 等，1997）。

从自然地理来看，藏族聚居区以青藏高原为主，平均海拔超过 4000 m，被誉为地球的"第三极"。青藏高原是我国乃至亚洲众多大江大河的发源地，长江、黄河、雅鲁藏布江（布拉马普特拉河）、恒河、印度河、澜沧江（湄公河）、怒江（萨尔温江）和塔里木河均发源于此。青藏高原同时是世界上最大的高原湖泊群分布区，湖泊总面积达 30 794 km^2，占我国湖泊总面积的 38.4%（沈大军 等，1996）。

从生物多样性分布格局来看，藏族聚居区与多个生物多样性保护的关键地区重叠。保护国际基金会（简称"保护国际"）（Conservation International）在全球确定了 34 个物种最丰富且受威胁最大的生物多样性热点地区。这些热点地区的面积仅占地球面积的 2.3%，却栖息着地球 75% 以上的濒危哺乳动物、鸟类和两栖类动物。约有 50% 的高等植物和 42% 的陆地脊椎动物只生存在这些热点地区，同时这些区域也是原生植被和濒危动植物受威胁最严重的地区（Mittermier et al.，2004）。藏族聚居区与其中 3 个生物多样性热点地区重叠，分别是西南山地生物多样性热点地区（mountains of southwest China）、喜马拉雅生物多样性热点地区（Himalaya）和中亚山地（mountains of central Asia）。藏族聚居区覆盖了西南山地热点地区 80% 的面积以及喜马拉雅热点地区在中国的全部区域（Mittermier et al.，2004）。

国家环境保护局（1998）在其主持编写的《中国生物多样性国情研究报告》中，在全国的尺度上确立了中国生物多样性保护的关键区域（critical region），并将其作为国内生物多样性优先保护区域。在 11 个陆地生物多样性保护的关键区域中，藏族聚居区占据了横断山南段和岷山-横断山北段两个关键区域的大部分地区，以及新疆、青海、西藏交界处高原山地的部分地区。喜马拉雅山脉和横断山区复杂的地形与有利的湿润条件孕育了其丰富而独特的生物多样性。不管从全球尺度，还是从国家尺度来讲，青藏高原在生物多样性保护中都占据着重要位置。

藏族聚居区按照方言的不同，进一步分为：卫藏、安多和康区三大区域。按照现行的行政区划，康区大致包括西藏昌都市、青海玉树藏族自治州（以下简称"玉树州"）、四川甘孜藏族自治州（以下简称"甘孜州"）、云南迪庆藏族自治州（以下简称"迪庆州"）以及那曲东南一线。从地理范围上来看，康区与西南山地生物多样性热点地区的核心地带相重叠。有关神山与生态保护的研究以甘孜州为主要地区，同时涉及玉树州、昌都市等周边区域。

第二章

青藏高原神山与生态保护
——形式、功能与地理特征

2.1   自然圣境及其在生物多样性保护中的重要意义

自然圣境，指对部分人群或社区具有特殊精神意义的陆域或水域
（Dudley et al.，2010）。自然圣境广泛分布在世界各大洲内有人类
活动的区域，数量众多，其存在形式包括神树林、神山、圣湖、寺庙
及周边地区、宗教及世俗领袖的圣迹等（Bhagwat et al.，2006）。
自然圣境可能被视为神灵、祖先的居留地，或者因为寺庙、圣迹的存
在使周边的自然景观也带上了神圣色彩（Dudley et al.，2010）。自
然圣境在人类历史中出现很早，许多自然圣境都已经存在了数百年甚
至上千年（Mgumia et al.，2003；Dudley et al.，2010）。

自然圣境具有特殊的文化意义，通常受到社区居民的精心保护和
管理，其中的人为活动和自然资源使用受到严格限制，从而使之成为
生物多样性丰富的区域。很多自然保护工作者在实践中发现了这一现
象，并将自然圣境称为"世界上最早的自然保护地"（Dudley et al.，
2010）。现在，自然圣境被认为能够在生物多样性保护中发挥重要作
用，并能够成为现代保护区体系的有效补充（Dudley et al.，2009），
其原因主要包括：

（1）自然圣境常常是自然条件好、具有美景的地区，这些地区的
生物多样性本身就较为丰富，并为许多物种提供了栖息地（Anderson
et al.，2005；吴兆录，1997）。

（2）自然圣境多位于人类活动密集、人为干扰剧烈的地区。很
多自然圣境成为人类聚落、农田、牧场中保留了原生环境的"岛屿"
（Ormsby et al.，2010；Aerts et al.，2006），这些"岛屿"即使
面积有限，也能够为很多物种提供栖息地和庇护所（Upadhaya et
al.，2003）。

（3）自然圣境具有精神上的"神圣"性，自然圣境内的禁忌和
限制得到社区居民的广泛认同，且居民普遍认为违反禁忌会带来厄运
（Barre et al.，2009；尹仑 等，2013）。因此，自然圣境的保护更容
易得到社区的认同和参与（（Kushalappa et al.，2012；Dudley et

al.，2010）。

（4）部分自然圣境内的自然资源是可以利用的，在长期与自然的互动中，当地社区建立了行之有效的、可持续利用自然资源的制度（Negi，2012；Ormsby，2013；吕浩荣 等，2009）。自然圣境可以实现社区居民与自然之间的良性互动，实现居民生计与保护成效之间的平衡（Wadley et al.，2004）。

2.1.1　自然圣境的生物多样性保护价值

自然圣境本身附带着文化价值，而在生物多样性保护上的价值则需要科学研究予以阐明。绝大多数此类研究都以神树林为研究对象。神树林是自然圣境的主要存在形式之一，分布广，数量多。据估计印度全国有 100 000～150 000 块神树林，其规模从只有几棵树到几百公顷不等（Bhagwat et al.，2006）；加纳全国有 2000～3200 块神树林（Decher，1997）；云南傣族的神树林被称为"龙林"，每块面积在 100 公顷左右，共有约 400 块（阎莉 等，2012）。

神树林通常存在于人类活动密集的地区，其形态与当地居民的管理密切相关。砍伐神树林内树木的行为是被严格禁止的（Chandrashekara et al.，1998；Ramanujam et al.，2003）。除此之外，一部分神树林完全禁止人类利用（Frosch et al.，2011）；另一部分则可以有限利用林内产品，如枯枝、药材、食用真菌等，但利用的数量、频率、时段都受到严格限制，且处于社区的监督之中（Chouin，2002；吕浩荣 等，2009）。

大多数研究指出，在这样的管理下，神树林内的植物物种及群落构成更接近原始林地，本地种、特有种多，树龄较长、胸径较大的高大乔木种类和数量明显较多，郁闭度较高（Tankou et al.，2014；Sahu et al.，2012；Anderson et al.，2005）。且神树林内的生物多样性指数显著高于周边的次生林和农地，濒危植物和地方特有种的数量明显较多（Khumbongmayum et al.，2005；杨红，2010）。神树林虽然呈斑块状破碎分布，面积通常小于保护区内的成片森林，但其中的物种总数和生物多样性指数均与管理严格的保护区类似（Mgumia et al.，2003）。许多研究还指出，神树林内的药用植物、可食用真菌的种类和数量更多（Tiwari et al.，1998；Bhagwat et al.，2005）。

对神树林内土壤情况的调查发现，其土壤容重较低，孔隙度较高，土壤结构良好，土壤有机质含量较高，有利于植物生长。神树林内土壤理化性质与周围地区土壤的差异与其不同的植物种类密切相关（Sanou et al.，2013；Ormsby，2013）。

良好的植被情况意味着神树林是野生动物的良好栖息地。同时，打猎在几乎所有的神树林中也是被严格禁止的（Jones et al.，2008；Ormsby，2013；艾菊红，2013）。一些神树林是某些濒危兽类仅存的栖息地（Martin et al.，2011），如加纳的白腹长尾猴（Decher，1997）、马达加斯加的果蝠（Mgumia et al.，2003）。而在景观尺度上，神树林提供了一系列虽然面积不大，但人为干扰较低、植被结构复杂、资源丰富的栖息地斑块，这对运动能力较强、能够利用多个斑块的动物极为有利。研究证明，神树林内鸟类、蝙蝠的种类和数量，尤其是地方特有种和濒危种的种类和数量都显著高于周边的农地、次生林，甚至高于连片的保护区（Decher，1997；Bhagwat et al.，2005）。由面积不大的神树林组成的网络在某些地区的鸟类多样性保护中可以发挥基石作用（Shen，2012a；Brandt et al.，2013）。

与神树林相比，神山作为另一种重要的自然圣境存在形式，其覆盖的面积更大。在中国四川、青海的研究中，记录到的神山平均覆盖面积均超过 20 km^2。中国和埃塞俄比亚的研究都发现，因为砍伐禁忌的存在，神山内森林的减少速率远低于周边其他林地（Shen et al.，2015）。许多地区只有神山中有森林幸存（尹仑，2011）。

在中国、印度、黎巴嫩等地的神山中，有虎、狼、沙漠狐等珍稀大中型兽类出现的记录。神山中狩猎被严格禁止，其他人为活动也受到限制。在青海三江源地区的研究显示，神山覆盖了重要的雪豹栖息地，雪豹在神山内的活动频率高于周边地区（Li et al.，2012）。

圣水在自然保护中也具有重要价值，印度对圣湖的研究发现，圣湖的水质好于其他湖泊，具有更高的鱼类多样性（Maharana et al.，2000）。被西伯利亚阿尔泰人视为圣河的卡通河，河内的鱼类和流域内的植被都得到精心的保护（Klubnikin et al.，2000）。

2.1.2　自然圣境与当地社区

自然圣境与社区之间具有紧密的物质和精神联系。具体而言，在物质上，自然圣境在水土保持、涵养水源、调节小气候等方面发挥了重要作用，同时，还为社区提供了大量的非木材林产品（Martin et al.，2011；Ormsby et al.，2010；李先琨 等，1995）。农地中的神树林还可以成为蜂类、小型兽类的栖息地，这些动物在农作物的传粉和种子的散布中可以起到极大的作用（Bodin et al.，2006）。在精神上，自然圣境是地方传统文化和某些宗教的重要组成部分，当地居民相信这些圣境具有护佑社区，使社区风调雨顺、安居乐业的力量（Anthwal et al.，2010；Levi et al.，2013）。对自然圣境通常还有定期的祭祀、朝圣等仪式（Fournier，2011；阎莉 等，2012）。总而言之，自然圣境具有重要的生态系统服务功能，这种功能在农业区体现得尤为明显，并已有对农业区神树林的生态系统服务功能进行定量核算的尝试（Bhagwat，2009；Bodin et al.，2006）。

同时，自然圣境也受到社区的管理，自然圣境的管理通常相当严格和细致，以神树林为例，对神树林内植物的保护利用形式包括完全禁止人进入、完全禁止一切形式的利用、允许收集枯枝落叶、允许采集果实种子、允许采集药用植物和真菌等多种，对具体的利用形式也会有细致的规定，如某些神树林只能在特殊时间可以进入收集药材，其他时间则不得进入（Frosch et al.，2011；Chouin，2002；Khumbongmayum et al.，2005）。神树林内通常严格禁止打猎活动，放牧也受到很大限制（Frosch et al.，2011；尕藏加，2005）。同时，另外一些被视为对神灵不敬的行为，如扔垃圾、便溺、吸烟、大声喧哗等，在自然圣境中也是被禁止的。某些社区甚至对自然圣境周边地区的活动进行限制，如不能在神树林附近倾倒垃圾、不能在神树林附近开垦农田等（Colding et al.，2001；Ormsby，2013；洲塔，2010）。

可以看出，自然圣境的管理方式兼具对圣境的自然禁忌、社区对公共物品的管理两方面的性质。一方面，在社区的传统文化和价值观中，自然圣境内的一切属于神灵或祖先，能够使用属于神灵或祖先的恩赐，故当地居民对自然圣境怀有极大的敬畏，其保护和管理措施也格外严格。传统上，违反这些禁忌和规定会带来严重的后果（Barre et al.，2009；周拉，2006）。世界上许多地区的村庄都流传有因破坏神树林、违反禁忌受到"报应"的故事，甚至将其与自然灾害、气候变化联系起来（Ormsby，2013；尹仑 等，2013）。另一方面，根据 Rutte 收集世界范围内有关自然圣境案例的研究，绝大多数自然圣境符合"公共池塘资源"的特征，而自然圣境之所以能够得到有效管理，是因为管理自然圣境比管理其他地块更有可能符合 Ostrom 提出的有效管理"公共池塘资源"的基本原则（Rutte，2011）。自然圣境的边界明晰，其中使用自然资源的规则清晰，且因文化和自然禁忌更容易被社区居民认同，通常在社区和宗教组织中有专人管理巡护自然圣境，违反了自然圣境的人不仅可能被惩罚，还将受到极大的来自社区的压力和自身的心理压力。

2.1.3　自然圣境与自然保护地体系

虽然部分地位崇高、面积广大、保护价值高的自然圣境被直接纳入了保护地体系，被建成保护区或国家公园，但绝大多数自然圣境仍然长期处于现代保护地的视野之外。除了长期以来对自然圣境保护价值的认识不足之外，与保护区等严格保护地不同，自然圣境的管理模式是自下而上的，其保护依赖的是社区居民对自然禁忌的认同，并以道德、信仰、乡规民约为主要约束方式（郭净，2004；裴盛基，2011）。同时，自然圣境，尤其是神树林与当地社区的生产生活还有密切的物质联系，提供了重要木材、薪柴、可食植物、药材等自然资源（Bhagwat et al.，2006）。

早期的保护地设计倾向于将管理权完全归属政府，进行自上而下的管理，自然资源被直接封存，或其使用方式由政府管理部门决定，这剥夺了自然圣境相关社区长期以来对自然圣境的管理权，剥夺了原有巡护者对自然圣境保护管理行动的合法性，从而直接否决了在历史上长期有效的对自然圣境的传统管理形式（Dudley et al.，2010；Ormsby et al.，2010）。

而在保护实践中，严格保护区的保护成效并不是在所有情况下都优于自然圣境的（Dudley et al.，2010；Ormsby et al.，2010，Bhagwat et al.，2006）。现在，自然圣境等依托社区的保护方式已经得到了充分的认同。在 IUCN 的保护地管理分类系统中，部分自然圣境可能成为严格自然保护区、国家公园，而大多数则可以归于景观保护地或资源保护地。将自然圣境纳入保护地体系，得到来自政府和法律的认可、赋权并得到相应的资源，这有助于对其持续有效的管理。

近年来，自然圣境作为一类文化景观，也越发受到重视。根据文化景观的含义，自然圣境是由于人与自然长时间的相互作用而形成的具有重要美学、生态学和（或）文化价值，且生物多样性密集或有特色的区域。对自然圣境不同角度的研究都足以说明其作为一种有代表性的文化景观的意义。自然圣境的保护价值和管理使其成为"世界上最早的保护地"，也是人与自然共存、实现自然资源可持续利用的重要范本（Chandrakanth et al.，2004）。自然圣境本身可以在人为干扰较强的地区、很难建立严格保护区的地区保留生物多样性；还可以作为廊道，连接已有的严格保护地体系，提升不同保护地之间的连通性（Shen，2012b；李先琨 等，1995）。

综上，IUCN 为在保护实践中更好地处理自然圣境问题提出了如下管理原则（Dudley et al.，2010）：

① 认可在现代保护地中存在的自然圣境；

② 将自然圣境整合进入保护区的规划和管理体系；

③ 促进利益相关方的参与、认同和合作；

④ 增加对自然圣境的认识和理解；

⑤ 通过合理的管理和利用手段促进对自然圣境的保护；

⑥ 用适当的政策尊重自然圣境保管人的权利。

2.1.4　自然圣境保护的挑战

自然圣境的保护受益于传统的文化与价值观，而当传统文化受到冲击甚至瓦解时，自然圣境的保护也随之受到极大影响。当圣境的神圣性消失，原有的自然禁忌对人类活动的限制能力也就大为降低。追根溯源，自然圣境来源于人类早期的自然崇拜和带有万物有灵论色彩的原始宗教。大多数自然圣境周边的原住民，其信仰是原始宗教，或者带有原始宗教的成分（Mgumia et al.，2003；杨玉 等，2004）。在非洲许多地区，基督教取代当地宗教，导致大片神树林被砍伐或被开垦为农田（Cox，2004；Jones，2008；Ormsby，2013）。在世界上的许多地区，自然圣境的数量在逐年下降，其保留的生物多样性也随之丧失（Bhagwat et al.，2005，2006）。

在现代社会的语境下，自然圣境的所有权是多样化的，可能是私人所有，可能是社区集体所有的，还有部分产权并不明晰（Chandrakanth et al.，2004；Ormsby，2010）。部分私人产权或产权不明的神树林可能被直接砍伐、改为橡胶林或者开垦为农田（Chandrakanth et al.，2004）。

一些地区对自然圣境的管理方式与生物多样性保护目标并不完全契合。例如，某些社区认为只要有树林供社区守护神居住就可以了，至于树林是原始林还是次生林、经济林，这并不重要（Fournier，2011）。在许多社区内，对自然圣境的影响力主要集中于社区精英、僧侣等特定人群，而普通居民对自然圣境的了解和重视程度都是有限的（Ormsby，2013）。

不过值得欣喜的是，在许多地区的调查显示，虽然传统文化、传统宗教影响力逐渐下降，但自然圣境的认同仍然是较为稳固的。即使是青年居民，仍然非常珍视和崇敬自然圣境，并愿意继续遵守自然圣境的种种禁忌，积极参与到对自然圣境的保护行动之中（Allendorf et al., 2014; Barre et al., 2009)。这是对自然圣境进行保护的重要基础, 通过合理的鼓励和引导, 很有希望将社区对自然圣境的保护持续下去。

2.1.5　中国的自然圣境与生物多样性保护

在中国自然圣境同样广泛存在。在东部, 很多地区都存在风水林、水源林、公墓林、护寺林等 (Hu et al., 2011)。在少数民族地区, 自然圣境的存在更为普遍, 且在不同民族中具有不同的名称, 如傣族的龙林, 彝族的密枝林, 傈僳族、壮族的神山, 布朗族的龙山, 勒墨人的祭天场等 (周鸿 等, 2002; 艾怀森 等, 2003; 朱华 等, 1997)。信仰藏传佛教的藏族和蒙古族聚居区, 自然圣境主要以神山圣湖的形式存在, 影响面积较大 (Shen, 2012a; 尕藏加, 2005)。

我国的研究发现, 神树林内的植物多样性高于神树林外地区, 其植物种类构成更接近原始林 (Hu et al., 2011; 杨红, 2010; 朱华 等, 1997; 刘爱忠 等, 2000)。傣族地区的龙山有效保护了当地的干性季节雨林, 箭毒木、龙果、橄榄为本土特色物种的干性季节雨林现仅存在于龙山内 (刘茂宏 等, 1992)。神树林对于鸟类多样性具有极高的促进作用 (Shen, 2012a; Brandt, et al., 2013)。青海三江源地区的寺庙及周边的神山, 与当地的顶级食肉兽——雪豹的栖息地在空间上高度重合, 对雪豹保护具有重要作用 (Li et al., 2014)。

"没有林就没有水, 没有水就没有田"是在我国少数民族地区被广泛认同的观念, 神树林通常是村落周围茂密的高质量山林, 管理严格。彝族的密枝林, 林内不能砍伐、不能放牧, 甚至枯枝落叶也不能利用 (周鸿 等, 2002)。傣族的龙林, 作为祖先灵魂和寨神勐神的居住地, 除了每年进行祭祀勐神的仪式外, 平时是不允许进入的, 对林内的木材、落叶、果实的取用和打猎、开垦、砍伐等活动也被严格禁止。触发禁忌的人会遭到罚款, 甚至被取消居住权 (阎莉 等, 2012)。在西南某些仍然保留着刀耕火种传统的少数民族地区, 村寨保留的神树林不会进入刀耕火种周期来种植农作物, 而会保留其原始

的面貌，为村民提供薪柴、药材，并为调节局地小气候做出贡献（尹
仑，2011）。

　　藏族和蒙古族具有神山圣湖信仰，神山圣湖在农区和牧区都有广
泛分布。藏族聚居区神山常常可以分为严格禁止人类活动的"日卦"
禁区和可以获取部分自然资源的区域。寺庙会组织对神山的定期巡护
活动（Shen et al.，2012b；洲塔，2010）。普通社区居民对神山非
常尊崇，对神山的边界、禁忌等都了解（邹莉 等，2005）。

2.1.6　未来研究及实践展望

　　目前，自然圣境在生物多样性保护中的意义已经得到了认可，对
自然圣境的科学研究也已经不再仅仅是对自然圣境中生物多样性的调
查及报告，而是逐步走向深入，目前的主要方向包括：
　　（1）自然圣境支持生物多样性的机理研究。
　　保护地研究中，"大而连片的保护地"和"小而多的保护地块"到
底哪一类对生物多样性保护更有利，曾引发过长时间的争论。自然圣
境恰好提供了小而多且植被结构复杂、栖息地质量高的地块，有关自
然圣境的保护有效性与其他类型保护地的保护有效性相比较的研究结
果也各有不同。自然圣境是开展此类研究的理想平台，对栖息地支持
生物多样性保护机理的进一步揭示，将有助于更加有效地对各类保护
地进行规划、设计和管理。
　　（2）基于自然圣境的恢复生态学研究。
　　由于特殊的管理方式，自然圣境通常保留了较多的当地特有物种，
群落结构也更接近当地的原始状态。因此，自然圣境有望成为重要的
种质资源库和生态恢复的源种群。但目前这方面更多的还是设想，相
关的研究和实践都不多。
　　（3）自然圣境的生态系统服务功能。
　　生态系统服务功能是自然圣境的重要价值，目前的研究多聚焦于
直接提供自然产品方面，而对自然圣境能够给予的审美功能、文化功
能，研究还比较有限（Rutte，2011）。特殊的文化意义，是自然圣境

的独特之处和不可替代之处，自然圣境既是传统文化的结晶，又是传统文化延续和发展的重要载体。要对自然圣境的文化价值、文化与自然的关系做更深入的阐释，需要不同背景的研究人员的相互配合和有创造性的交叉学科研究。

（4）自然圣境与野生动物保护。

目前对自然圣境的研究多从植物角度出发，对自然圣境与野生动物保护关系的研究需要加强。

（5）自然圣境的保护实践。

虽然自然圣境已经被视为重要的自然保护方式，是建立社区参与式保护的最有效途径之一，但有报道的基于自然圣境开展保护的成功案例还很少。在保护实践中，如何将自然圣境保护从理念变为现实，如何明确自然圣境在保护地体系中的位置、法律地位，自然圣境的保护目标是什么，传统文化、资源利用和保护如何统一，传统与现代的保护管理方式如何配合，如何使自然圣境的保护可持续等问题，仍然亟待应对和解答。

我国的自然圣境研究具有较长的历史，并从民族植物学、生态人类学、民俗学的角度积累了大量有益的研究成果。但将生物多样性保护与自然圣境结合还是以理念为主，相关的科学研究还不多。我国的自然圣境研究，一方面，应该跟上国际步伐，充分学习、吸收已有的研究，另一方面，应当更加紧密地与自然保护实践相结合。

我国丰富的自然圣境提供了绝佳的研究场所，基于国内外不同学科的已有研究，我国的自然圣境研究有广阔的前景。同时，人口众多、人地关系紧张，是我国生物多样性保护必须面对的问题，而不管是从增加保护有效性的角度，从更深入理解人地关系的角度，从汲取传统生态智慧的角度，还是保留民族传统文化的角度，我国的自然圣境研究与保护实践都具有重大意义。自然圣境对我国的美丽乡村建设、生态文明建设可以提供重要支持。

2.2   藏族聚居区的神山圣湖

神山是藏族群众与自然"有情互动"的圣地，具有动态性、世俗性，而不是超凡性（郁丹，2010）。因而，三江源地区的神山是当地牧民对自然认知的外在体现，对我们研究观念与环境之间的互动具有重要意义。

藏族神山同样属于保护生物学中所述的自然圣境一类。自然圣境在世界范围内广泛存在，是具有特殊的文化意义而受到社区居民精心保护和管理的区域。其中的人为活动和自然资源使用受到严格限制，因而生物多样性非常丰富。

神山是自然圣境中的重要类型。先民对自然的认识和理解有限，在自然面前唯有敬畏和顺从，于是产生了对自然的崇拜。崇山峻岭一方面形成了天然的地理屏障，阻隔了各个部落；另一方面其高峻莫测、难以到达的面貌，也被视为"神界"与"人界"联结的纽带，成为或大或小的社区和人群心目中神圣化的精神家园。同时，山也被人格化，不仅成为具有神性的地理单元，甚至成为神的化身（陈亚艳，2000；洲塔，2010）。对神山也因此产生了一系列自然禁忌，并产生了一系列对神山表示尊敬、试图与神界沟通的仪式与文化（陈亚艳，2000）。

而与其他地区的神山等自然圣境比较，藏族神山还具有相当的独特性，具有未曾中断的连续传统。藏族神山来自先民时代的自然崇拜和万物有灵观念，但并未停留于此，而是在历史中不断发展、完善，在藏族的原始文化、苯教文化、藏传佛教文化中，神山都处于核心位置。由于青藏高原特殊的自然环境，对神山的观念和信仰容易被藏族群众接受和保留（南文渊 等，2010）。在苯教中，神山是世界的轴心，神山的一切神圣不可侵犯，并与藏族的祖先、灵魂崇拜概念和传统紧密相连（洲塔，2010）。而藏传佛教接纳了神山，将神山变为佛教体系中的护法神（周拉，2006）。与神山相关的自然禁忌和仪式，如在神山范围内严格禁止打猎、挖掘土地、砍伐树木、大声喧哗等也保留下来，藏族群众认同遵守神山禁忌则可以风调雨顺，违反神山禁忌就会受到惩罚。神山范围会用树枝、经幡、带白羊毛的箭等进行标记，称为"拉则"；有点燃柏树枝熏烟，与神沟通的"煨桑"仪式；在祭祀时还会播撒印有图案的"风马"祈福。神山文化综合了藏族的自然崇拜和苯教、佛教中的自然生态观念（巨晶，2011）。

从原始文化到苯教，再到藏传佛教，藏族文化本身愈发丰富，体系和组织愈发完整，神山在整个藏族聚居区无处不在，覆盖了大片区域，神山本身也形成了从小到大、影响范围不断扩大的体系，有冈仁波齐、阿尼玛卿等在整体藏族聚居区都具有影响力的全藏级神山；有年宝玉则（果洛地区）等区域级神山；几乎每个部落、每个社区也有属于自己的部落神山（南文渊，2000；巨晶，2011）。

通常在研究生态保护与神山关系时，不会特别分辨"神山"和"山神"的区别，一方面是从生态保护的角度出发，我们更为注重其作为具有特殊文化意义的区域的地理和生态意义，即自然圣境的属性；另一方面，也是因为大部分牧民不会或者不能区别"神山"与"山神"的概念。

但严格来说，在藏族文化中，"山神"（mountain deity）和"神山"（sacred mountain）并不是一样的概念。山神，在藏语中称为域拉奚达，是"以山为地标的具有固定信仰和祭祀圈的祖籍地域保护神"（英加布，2013），域拉强调地方守护神概念，奚达强调土著神概念（斗毛措，2017）。山神主要来自万物有灵观念和藏族文化中的三界观念，是"念"神的寄身之处。山神的存在非常广泛，具有很强的地方性和世俗性，山神有不同的脾性，有的性情温和、守护一方，有的性情暴戾，会时常降下灾祸，需要小心侍奉（斗毛措，2017）。

山神按照影响范围不同，可以分为六级：帕奥，父系山神；措哇，部落山神；第巴，村落山神；雪喀，部落联合体山神；杰喀，区域山神；集拉，整个藏族聚居区的山神。山神与藏族群众的日常生活并不遥远，是部落的地标、守护神，是向心力和凝聚力的标志，并直接规范着部落成员的行为（英加布，2013）。山神集合着多种神的属性，可以包括域拉（地方守护神）、舜玛（护法神）、扎拉（战神）、央拉

（财神）、乃日（神山）等（英加布，2013）。相比于一般的山神，与乃日相关的山神有细致和系统的传说故事，有转山诵文或祈祷文。与山神相比，神山通常有鲜明的地貌特征，自然环境优美，且最为特别的方面还是转山祈福仪式。

2.3　四川甘孜州神山的等级、地理特征及管理

2.3.1　四川甘孜州神山的等级

在四川甘孜地区，根据起源的不同，神山可以粗分为两大类：一类是"Niere"（藏语音"乃日"），译为"圣山"，指历史上高僧大德加持过的圣地，其神灵是出离六道轮回、具有超强神力的"出世间护法神"；另一类是"Reda"（藏语音"日达"），其山神是仍然和有情众生居住在人世间并能通过神巫传达其意志的"世间护法神"，通常是阿修罗道和恶鬼道中的生命，脾气各异。山神有非常具体的形象，在当地的敬香文中均有描述，包括山神的面相、姿势、服饰、坐骑、法器和脾气等。在寺庙大殿的门外通常有一幅描绘当地山神的壁画。相比日达而言，乃日宗教地位更高，影响的范围也更大。在我们的调查中，并没有对两类加以区分，而统称为神山。

神山是自然崇拜的产物，具有地域性。各部落原先只供奉各自地域内的山神。随着部落的扩张和兼并，周边的山神陆续归入地域主体山神的管辖，形成了复杂的从属关系（仇保燕，2000）。比如丹巴县的墨尔多是嘉绒藏族聚居区的主体山神，四周有众多部属供持（中国人民政治协商会议丹巴县委员会 等，1992）。我们在调查时记录到10 座神山，它们从属于墨尔多，分别是墨尔多的儿子、战将、管家、侍卫等。比如甲多洛寺的僧人在描述拥忠扎登神山时说："它是墨尔多神的战将，骑红马，马上佩戴金鞍，蛇作缰绳，身穿红衣盔甲，右手持旗，左手拿刀，腰系虎皮腰带。"地位高的山神，其神山影响范围也大。

神山的影响范围与其历史形成及宗教地位有关，表现在供奉它的群体的大小。按照影响范围的大小，我们根据当地人的说法，将所有调查记录的神山划分为四个等级：

① 全藏级：指藏族群众共同信奉的神山；

② 康区级：在整个康区有名气的神山；

③ 区域级：由一个或多个县的藏族群众共同信奉的神山；

④ 村级：仅被一个或者周边的几个村子信奉的神山。

此外，还有仅被某个家族世代供奉的神山，此类神山没有涵盖在我们的调查中。甘孜州藏学研究所的泽仁晋美研究员通过查阅藏文典籍，总结了在甘孜州负有盛名的 66 座神山和圣湖（个人交流，2005），我们在此基础上在地图上标注了各神山和圣湖的大体位置，发现每个县都有 2～5 座在甘孜州有名的神山，其分布较为均匀。

2.3.2　四川甘孜州神山的边界

在本研究之前对藏族神山的研究没有划定神山边界的案例。TNC 对卡瓦格博神山圣境的调查标出了神山山峰所在的位置，而没有讨论其边界。通过实地调查，我们认为神山有自然地理边界，并且可以在地形图上加以标识，这为确定神山的面积提供了条件。

山峰是神山最明确的地理标志。在被问及哪座山是神山时，当地村民都指着山峰说明神山的位置，没有出现认识不一致的情况。神山顶上通常有为祭祀山神建立的拉则（山顶上插有风旗的石堆），可以帮助判断神山的位置。

有的神山是较为独立的山体，而有的神山是连续的山脉或者山脉的一部分。神山的边界通常以河流、山沟为标记，并非通过宗教仪式确定，而是历史上约定俗成的认识。当地村民心目中有这样一条界线，比如住在神山脚下的村民在区分神山时，以山上某块岩石或者某棵树为界线，认为其上的树都不能砍，是属于神山的。调查时也有边界模糊的情况。比如，在康定市六巴村，询问神山的边界时，村民的回答有两种情况：一种认为仅山顶是神山，周边和它相连的山峰以及

共同构成的山体都不属于神山；另一种认为从山顶至山脚的一条沟的
两侧都是神山。调查时，神山边界的划定以多数村民共同认可的描述
为准。

2.3.3　四川甘孜州神山与其他圣境的关系

在神山内部，通常有数量众多的圣迹。圣迹包括历史上某位高僧
大德修炼的山洞、留下的手印和脚印，山神练兵的场所，天然显现六
字真言的石壁等。圣迹集中的地方一般是神山的核心部位。各种圣迹
都有其历史和说法，尽量保留其原貌。圣迹在寺庙周围和神山外也有
分布，尽管数量多，但圣迹覆盖的面积较为有限。

神山内一些关键区域通过传统的手段设立日卦（意为禁区，也有
的称为封山区）进行保护。在社区共同认可的情况下，由活佛通过特
定的宗教仪式（如埋宝瓶、放朵玛）将一定范围的区域确立为日卦。
日卦的设立以保护为目的，但通常是从宗教角度出发，选择的是神山
核心区域等重要地区，这时日卦和神山在空间上有很大的重叠；也有
的单纯从保护角度出发，比如为防止山体滑坡、水土流失等自然灾害
发生。

以德格县宗萨寺及其周围地区为例，神山、圣湖、日卦和圣迹是
圣境主要的组成形式（图 2.1）。围绕寺庙，通常有大、中、小三条转
山路线。寺庙管护的是这个区域内最有影响力的神山，比如多普沟、
白玛喜布这样的圣地类型的神山（乃日），其他由村子供奉的神山面积
较小。在景观尺度上，神山构成了圣境的主体，在空间上覆盖了绝大
多数圣境面积。

2.3.4　四川甘孜州神山的分区

寺庙周围的广大地区可以分为三个部分：日卦、神山和寺庙影响
区域。不同区域在宗教禁忌上有所不同，反映在资源利用程度上，不
同区域有不同的限制。寺庙周围地区的分区示意如图 2.2 所示。

图2.1　宗萨寺周围地区神山和其他类型的圣境组成示意

日卦：生产活动受到严格限制，通常禁止放牧、挖虫草和采集林副产品。

神山：普遍禁止打猎、砍伐、开荒种地等开发活动和较为严重的人为干扰活动。多数情况下，神山可以放牧、挖虫草和采集林副产品。

寺庙影响区域：以寺庙为中心，信奉此寺庙的村子形成一个实体。寺庙在文化传承、规范和约束社区行为方面起到教育和引导作用。除了佛教不杀生的底线，这个区域的资源利用没有禁忌。

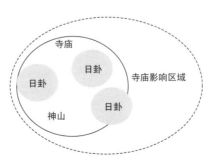

图2.2　寺庙周围地区的分区示意

这样的空间结构蕴含着分区管理的理念：在信仰的基础上，对自然环境进行空间划分，并对不同的空间赋予不同的文化意义，对应于不同的资源利用方式（郭净，2005）。日卦、神山和寺庙影响区域在一定程度上与自然保护区的核心区、缓冲区和实验区相对应。通过分区管理，既能保护关键地区的生态功能，也使村民基本的资源需求不受影响，实质上起到了协调人与自然关系、实现社区可持续生计的作用。

出于宗教目的的分区是否与生态系统和生物多样性保护的目标相一致？也就是说，从生物多样性保护的角度来看，神山是不是这个地区最重要的区域？

从神山的起源来看，这是藏族群众在长期生产实践过程中发展出的一套与自然相适应的经验哲学。在藏族传统的世界观里，破坏神山、猎杀动物会惹怒山神，引发疾病和自然灾害。越是灵验的地方，越被当作神圣的地方供奉起来。选择"神圣"实际是在选择一个地区生态功能最重要的地块。另外，神山一般已经确立了千百年。相比其他区域，神山在较长历史时期里很少受到人类活动的破坏和干扰。理论推测，在人为干预下的生态系统中，神山比非神山应具有更高的生态系统功能和生物多样性。

2.3.5 四川甘孜州神山的数量和面积分布

甘孜州 74 个受访寺庙共记录神山 213 座。没有神山的寺庙有 2 个，单个寺庙最多记录到 14 座神山，平均每个寺庙记录了 2.9 座神山。63 个寺庙的神山边界可以在地图上勾绘出来，这部分寺庙占受访寺庙数量的 85.1%。

甘孜州 6 个被调查县共有 150 座神山（图 2.3）。根据在地图上勾绘的边界测得其总面积为 4189.9 km^2，平均每座神山面积为 27.9 km^2。根据被调查神山面积测算，单座神山最小面积为 0.24 km^2，最大面积 208.4 km^2，与一个中等大小的保护区的面积相当（图 2.4）。44.6% 的神山面积超过 20 km^2。

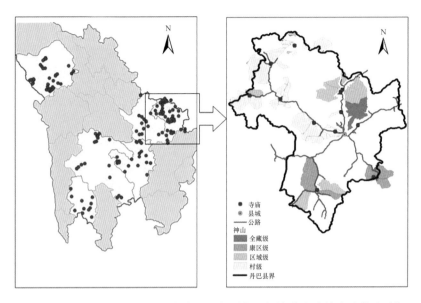

图2.3　甘孜州 6 个被调查县的神山分布（右图标注的是实地考察的寺庙）

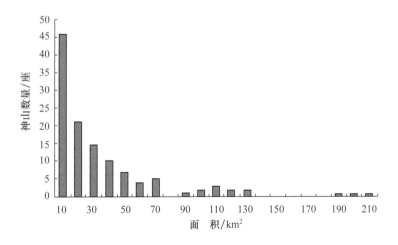

图2.4　甘孜州 6 个被调查县中被调查神山的面积分布

　　从神山等级来看，全藏级神山共 21 座，康区级神山 23 座，区域级神山 78 座，村级神山 89 座，家族级神山不在本次调查范围之内（图 2.5，n=211）。神山的等级越高，数量越少。由于当地人趋向于夸大当地神山的影响力，全藏级和康区级神山的比例可能比实际情况偏高。

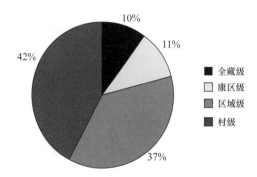

10%
11%
42%
37%

■ 全藏级
□ 康区级
▨ 区域级
■ 村级

图2.5 调查记录到的不同等级神山的比例

不同等级的神山面积差异显著（ANOVA，f=7.422，df=126，p=0.000）。村级、区域级、康区级、全藏级四个等级的神山平均面积分别为 18.9、42.1、51.7 和 61.0 km^2。神山等级越高，面积越大。

与寺庙周围实际分布的神山数量相比，调查获得的神山数量可能偏低，其原因如下：① 在调查过程中可能有遗漏，尤其是在被调查点神山数量较多的情况下；② 我们期望寺庙提供其影响范围内的所有神山信息，但实际上，被访谈人可能只是提供当地最有名的几座神山，容易遗漏离寺庙较远、名气不大的村级神山；③ 家族级神山不在此次调查范围之内；④ 存在少数邻近地区没有寺庙的神山（泽仁晋美，个人交流），这样的神山在寺庙调查过程中会被遗漏。

调查结果显示，调查人员多数情况是以神山所在的整座山作为神山的范围。而部分神山，如一些村级神山，往往以某个位置为界，在此位置以上的范围才属于神山，而并非整座山都是神山。由此推测，调查获得的单座神山的面积可能较实际情况偏大。

在现有结果基础上，我们使用如下公式推算整个甘孜州神山的数量和面积：

神山数量 = 寺庙总数量 ×（调查记录到的神山数量 / 受访寺庙数量）

神山总面积 = 神山数量 × Σ（神山数量百分比$_i$ × 平均面积$_i$）i=1，2，3，4，分别表示全藏级、康区级、区域级和村级 4 个不同等级的神山。

计算结果表明，甘孜州有神山 1482 座，总面积约为 52 245 km^2，占甘孜州面积的 34%。

2.3.6　四川甘孜州神山与自然保护区的空间关系

截至 2007 年底，在甘孜州的被调查县内有 21 个保护区，其中 17 个与图示化的 1 座或者多座神山重叠，其余 4 个没有神山分布的保护区不在调查范围之内。也就是说，所有神山本底调查涉及的保护区均有神山分布。在 150 座图示化的神山中，19.3% 的神山位于保护区内，12.7% 的神山与保护区有部分重叠，68.0% 的神山位于保护区外。多数神山在保护区外。

以宗萨寺周边的神山为例（图 2.6）。该地区有 3 个保护区，分别是：新路海省级自然保护区（以下简称"新路海保护区"）、阿木拉县级自然保护区（以下简称"阿木拉保护区"）和多普沟州级自然保护区（以下简称"多普沟保护区"）。宗萨寺的 6 座神山位于保护区范围内，昂扎神山和保护区部分重叠，其余 7 座神山在保护区范围外。多普沟保护区在多普沟圣地的基础上建立，保护区超过 1/2 的面积与神山重叠。新路海保护区在新路海圣湖的基础上建立，同时有超过 1/3 的面

图2.6　宗萨寺的神山与保护区的位置关系示意

积与多普沟和昂扎沟重叠。多普沟和昂扎神山同时起到了连接 3 个保护区的廊道的作用。

截至 2007 年底，甘孜州的自然保护区的建区历史都不长，绝大多数保护区仅有 10 多年的历史。与宗萨寺个案相似，甘孜州数量众多的保护区是在神山圣湖的基础之上建立起来的，有的保护区甚至以神山圣湖为保护主体，直接采用神山圣湖的名字作为保护区的名字，比如四川亚丁国家级自然保护区、四川贡嘎山国家级自然保护区、四川墨尔多山省级自然保护区和四川卡莎湖省级自然保护区等。保护区与神山圣湖的高度重叠也肯定了神山圣湖在生态保护方面的价值。

2.3.7　四川甘孜州神山的禁忌与管理

1. 针对社区内部的管理方式

神山保护在社区内部体现为很强的自我约束特点。受宗教信仰、社会舆论和村规民约的约束，神山禁忌一般在社区内部都能得到很好地维护。

传统的信仰是保护神山的前提条件。一方面，村民认为祭祀山神能为部落保平安、保障家族的繁衍、求得财富、消除灾难；另一方面，如果违反禁忌，会给自己和村子带来不幸，因此不会做出有悖神山管理约定的行为。每年村里都会举行盛大的祭祀神山的仪式，祈求来年风调雨顺、人畜安康。村民除了敬奉本村的神山，农闲的时候还会到有名的神山朝拜，通过转山为自己和家人带来福气。

历史上，违反神山禁忌者，被发现后会受到部落首领、寺庙僧人以及部落长者的集体审问，村民围观嘲笑犯禁者。犯禁者必须向大家道歉、乞求原谅，并且按照当地的规定接受惩罚。木里县木里寺附近一名 69 岁的老人回忆说：以前寺庙专门有一个管神山的人。凡是在神山砍柴的人被寺庙抓住，必须背一背柴，绕寺庙一圈，高声喊："砍柴了，看我"，意思是砍柴的人的下场就和我一样。情节严重的，要打 50 ~ 100 鞭，或者给全寺约 700 个喇嘛煮一顿茶。目前，仍有相关的村规民约在起作用。

寺庙在神山的管护方面起着核心作用。喇嘛通过法会以及祭祀神山的仪式向村民宣讲保护神山的意义。寺庙是神山管理制度的制定者和监督者。对于行为严重脱离佛法教规者，寺庙会与之断绝关系。当人的行为触犯、污染了神山时，要举行赎罪仪式。在丹巴县顶果山寺，第二十九代活佛制定了一条保护野生动物的规定。他请人在木条上刻下了各种野生动物的形象。在神山上猎杀野生动物的人，必须以木条上这种动物为模子，用糌粑做成 10 000 只被猎杀的动物，敬献给山神，请求山神的宽恕。图 2.7 中显示的是一块存放在雅江县帕姆林寺的玛尼石刻，其上有杀生之后表示忏悔的内容。

图2.7　玛尼石刻（雅江县帕姆林寺）

与神山相关的传统文化的传承依靠两个途径：一是寺庙宣讲、祭祀神山等宗教活动；一是通过故事和传说，即口授历史的方式。我们在访谈过程中，经常能听到因为违反禁忌而受到山神惩罚的故事。比如在石渠县泽日寺据老乡讲：2004 年，有一名原籍石渠县的女牧民，到年吉神山偷挖虫草。回家后过了一个月，她就开始出现反常。于是，家里人请活佛占卜求平安。当时，活佛告诉她家人，因为她在年吉神山偷挖虫草，触怒了山神，要敬山才能好。但就在他们与活佛一起去敬山的半路上，不知道是什么原因，车根本无法前行，只好掉头返回，就在他们返回不到一个星期的时间里，女牧民就生病死了。村民提到的与神山有关的故事中，多数是类似的因为违反禁忌而遭殃的人和事。类似的故事在当地人尽皆知，对村民的行为起到震慑作用。

2. 针对社区外部的管理行为

（1）社区的自发管护。

对社区内部的成员，神山的管理相对容易：第一，村民对神山禁忌有很高的认同，由于神山与自身利益相关，从信仰的角度也能很好地遵从管理；第二，村民行为还受村规民约和社会舆论的制约，同时寺庙作为关键的监督机构，能对村民行为起到强有力的约束作用。因此，在实际生活中，违反神山禁忌的人通常是社区外部的人。甘孜州70%的被调查寺庙反映违禁者主要是外来人。违反神山禁忌的活动主要有两种——打猎和砍树，其中外来人到神山上下套偷猎的情况在违禁事例中占绝大多数。

社区村民在管理神山的过程中能起预警作用。在生产生活中，遇见破坏神山的、偷猎或捕鱼的人，村民通常会：① 上前阻止；② 没收工具；③ 罚款；④ 将破坏神山的人扭送到乡政府或寺庙，交给乡里或寺庙处罚。有19个寺庙（25.7%）在访谈中提到在当地遇见过这样的破坏者。通常情况下，当地人的阻止不会受到外来人的抵抗，但也有少数出现冲突，需要政府协助解决，或者在冲突过程中出现人员伤亡的案例。野生动物较多的传统地区面临较大的盗猎压力。甘孜州丹巴县的金龙寺和雅江县的昌都寺在调查寺庙中较为典型。

金龙寺所在地区由于严格禁止杀生，人与野生动物相处得十分融洽，即便是外来人，也可以拿着食物喂养草地上的野生旱獭（图2.8）。据村民反映，依然有人到当地打猎，并有与打猎相关的冲突事件：① 1989年，有人到莫斯卡村打猎，被发现后枪支被寺庙没收，还挨了打。② 七八年前（访谈时间为2004年），莫斯卡村与丹东村发生冲突，因为丹东村的人下套打旱獭、盘羊，莫斯卡村的人要保护这些动物，后来日穷活佛出面才得以解决，之后丹东村的人再没有公开打过野生动物。③ 五六年前，一些人到莫斯卡村的山上打了一只盘羊。被当地牧民发现，牧民要求打猎者检讨，并对其进行了罚款。
④ 2003 年，有人打旱獭，被发现后罚款 500 元。

　　昌都寺周围偶蹄类动物数量较多，受经济利益的驱动，外来偷
猎林麝和马麝的人较多。据喇嘛讲，曾经发生过 4 起较大的偷猎事
件：① 1991 年，喇嘛在巡山过程中遇到打猎的人，相互之间发生了
冲突，在开枪的过程中将猎人打死，后来由各级部门出面协调，寺
庙给钱才平息了这起事件。② 2002 年，在巡山过程中遇到下套的
人，相互之间发生冲突。两个村民被偷猎的人打伤，偷猎的人逃走。
③ 2003 年，有人在中德差村下套，被当地人抓住后送交县林业公安
部门。④ 2004 年 10 月，村民在挖黄芪时发现钢套后通知寺管会，寺
管会通知乡党委和林业部门的人员。后来组织了一次巡山，巡山过程
中发现 11 头獐子（林麝）尸体，其中 10 头被下套致死，1 头小獐子
被枪打死，收缴大量猎捕动物的钢丝套。

图2.8　老人与旱獭（丹巴县金龙寺）

在青海省玉树州的调查中，记录到多起外来人违禁事件。神山上挖虫草是牧区引发冲突的主要缘由。在杂多县日历寺收集到的冲突事件如下：

① 2002 年，来自囊谦县娘拉乡的 120 多名牧民到喇嘛诺拉神山挖虫草。一直以来，喇嘛诺拉神山周围的牧民对其神山积极保护，禁止山上的采挖行为。因此，神山周围的牧民阻止这批人采挖虫草，并扣押了他们的三辆车。经村民委员会（以下简称"村委"）调解，对采挖虫草的人共罚款 5000 元，要求采挖虫草的人在神山上立一根经幡杆，每人向神山敬献一百尺经幡，并要求在拉则处修建一座长 25 m、宽 5 m 的诵经堂，以洗去他们对神山不敬行为的罪孽。然而此后多次沟通，采挖虫草的人都未履行协议，最后，还把保护神山的当地村委告到法院，经法院裁决，5000 元作为给当地的补偿。

② 2004 年，来自囊谦县娘拉乡的 60 多名牧民到喇嘛诺拉神山采挖虫草，当时由于巡山人少，无法将他们赶走。因此，巡山人员通知乡政府及神山周围的牧民联合上山，没收了采挖虫草的人的工具并赶走他们。

③ 2004 年 4 月，来自囊谦县的 3 名偷猎者，在喇嘛诺拉神山上准备打麝时，被当地的护林员发现。护林员立即组织 11 人上山，没收了偷猎者的猎具和交通工具。

总结我们调查所收集到的案例，可以看出村民自发管理神山的行为的一些共同特点：① 村民的评判标准建立在传统禁忌之上。违反神山禁忌和有悖佛教教义的行为，比如所有杀生行为，即便猎杀的不是国家保护动物都应该被制止。因此在藏族聚居区捕鱼成为一个普遍引发冲突的因素。② 社区村民是保护神山的主力军，在日常生活中起到了很好的监管作用。村民会把发现的违禁行为报告寺庙、村委或乡政府，在解决冲突的过程中，往往有寺庙、村委或乡政府的共同参与。③ 冲突多以双方协商的方式解决。通常的做法是没收违禁者的工具，将捕到的动物放生，要求违禁者赔礼道歉和发誓不再打猎，情节严重的情况下给予一定的罚款。

由于神山崇拜有地域性，不同等级和不同地点的神山的管理者并不相同（表 2.1）。家族级和村级神山，主要由所属家庭和村子管护。

而其他高等级的神山，由于通常有寺庙依神山而建，形成以寺庙为主
体，多个村子共同管护的管理形式。

表 2.1　不同等级神山的管理者

神山等级	影响范围	神山管理者
全藏级	整个藏族聚居区	寺庙和周围的村子
康区级	康区	寺庙和周围的村子
区域级	相邻的一个或者多个县	寺庙和周围的村子
村级	一个或多个村子	一个或多个村子
家族级	一个或多个家庭	一个或多个家庭

（2）寺庙对神山的管理。

随着经济的发展，人口流动性增加，神山保护的压力在加大。外
来人由于不了解当地文化或不尊重当地的文化习惯，与当地人发生冲
突的情况时有发生。绝大多数寺庙不同程度地采取措施应对神山保护
过程中出现的外部危机，主要包括安排专人进行管护和巡山。

在受访寺庙中，73% 的有专门负责管理神山的人，多为寺管会的
成员、铁棒喇嘛（维护秩序的喇嘛）或者是由寺庙安排的扎巴（普通
僧人）和村民。64% 的有针对神山的巡护活动。不同寺庙的巡护行
为差异很大（图 2.9），按照组织和实施的规范程度，可以将巡山分
为两类：

① 组织松散的巡山：寺庙对巡山没有规范的组织和管理，喇嘛
有空闲的时候自愿上山，看看是否有人下套打猎、是否有砍树等破
坏行为。还有就是在发现有打猎的迹象后，组织喇嘛和村民巡查。
这样的巡山是一种被动的防范，没有上升为长期的、有计划的管理
行为。

② 组织规范的巡山：有指定的巡护人员，由寺庙的喇嘛或者寺庙
聘请的临近村子的村民轮流巡山，人员相对固定，人数也不会太多。
有比较固定的巡山时间、巡山路线和巡护范围。由寺庙发给巡护人员
一定的实物和经济补贴。巡山活动有较好的组织性、计划性和针对性，
能够起到防范作用。

　　另外 29% 的寺庙反映，不是因为要保护神山而组织专门的巡山活动，而是借宗教活动的机会，在每年的转山节或庙会的时候转山。这在一定程度上起到了巡山的作用，比如收缴捕猎用的钢丝套和抓到盗猎者。

　　寺庙开展的巡护通常以寺庙周边地区和神山为重点，主要目的因季节和地区的不同而不同。巡山有如下几类：① 虫草采集季开展的巡山。为了防止外来人在本村神山上挖虫草，在每年 4—7 月虫草采集季加大巡护力度。② 护林防火季节的巡山。寺庙大多与地方林业部门签有护林防火责任书，主要任务是在冬季防火期（11 月至次年 5 月）负责周边地区的森林防火工作。部分寺庙有针对防火的巡山，个别寺庙还得到了当地林业部门在资金和设备方面的支持。③ 以反盗猎为主要目的的巡山。这是由于当地面临较大的盗猎压力而组织的巡山活动，多数情况是在发现山里出现可疑的人或有捕猎用的钢丝套后，组织喇嘛和村民搜捕盗猎者、收缴钢丝套。视受威胁种类和强度的不同，一个地点的巡山活动在不同季节也有变化。

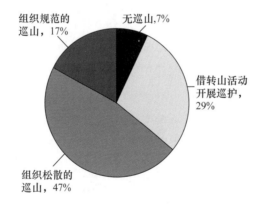

图2.9　寺庙开展巡护活动的基本情况

　　不管是哪种类型的巡护活动，都可以发挥两个方面的作用：一方面是发现和阻止破坏神山的行为，比如在巡山过程中收缴捕猎的钢丝套，干预或处罚捕鱼、打猎和砍伐的人，直接保护了神山上的植被和野生动物；另一方面是通过巡山的方式，对当地村民起到宣传教育和行为规范的作用，使保护神山的理念深入人心，并融入村民的日常生活中。

　　我们将所有巡山活动（包括借转山活动开展巡护）分类做了统计，整体呈现如下特征。

　　A. 巡山的频率（图2.10）。每年巡山1～2次的寺庙有21个，都是在祭祀神山和开庙会的时候巡山；3～6次的寺庙有27个；大于6次的寺庙有14个，平均每两个月至少巡山1次。另外5个寺庙的神山有专人常年看守。

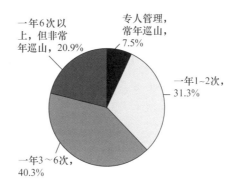

图2.10　寺庙巡山的频率

　　B. 参加巡山的人员（图2.11）。参加巡山的人员并不局限于寺庙喇嘛，多数情况下，巡山都有村民参加。为了加强集体林的管理，地

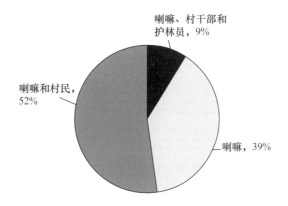

图2.11　参加巡山的人员组成

方林业主管部门在乡村都设有护林员，并给予一定的报酬。寺庙的巡山与当地护林员的工作有一定的结合。在访谈寺庙时，提到巡山有村干部、护林员参加的占 9%。

　　C. 巡山费用。巡山的直接花费包括参加巡山人员的食宿。多数巡山只是在附近的区域查看或者当天能返回，不产生额外花费。巡山能给当地人带来一定的经济收入，比如在山上捡药材、鹿角来卖；但更多的情况下，巡山使当地人损失机会成本，比如虫草采集季的巡山，占用了巡山人挖虫草的时间，牺牲了一定的经济利益。

　　绝大多数寺庙没有给巡山人员付任何报酬，参加巡山的喇嘛与其他喇嘛待遇相同。有 11 个寺庙不同程度地给予了一定的巡山报酬（图 2.12），其中：3 个寺庙以实物补助巡山人员，向他们发放一定的粮食、牛肉、酥油或者糌粑；5 个寺庙出钱，付给巡山人员一定的巡山费用，比如灵雀寺，有 4 名巡护人员，每人每月能从寺庙得到 150 元巡山补助；3 个寺庙因为与地方林业主管部门有合作，出于保护区管理和护林防火的目的，由林业主管部门出钱，寺庙请喇嘛或者村民巡护。

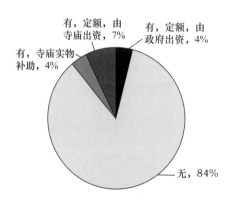

图2.12　巡山报酬

　　（3）与地方政府部门的合作。

　　考虑到寺庙在当地的影响力，同时林业管理的目标和寺庙提倡的生态保护目标较为一致，少数地方林业主管部门和乡政府在基层的林业工作自发地与寺庙管理相结合（图 2.13），比如请寺庙负责保护区和集体林的管护；政府工作人员参加寺庙组织的巡山，乡政府帮助组织巡山以及派护林员参加巡山等。

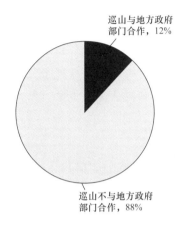

图2.13　寺庙组织的巡山与地方政府部门合作状况

（4）部分寺庙参与保护得到地方政府的认可。

被问及是否有政府委托管理神山时，分别有 39% 和 25% 的受访寺庙回答有地方政府（主要是县林业部门）口头委托或书面委托管理神山（图 2.14）。

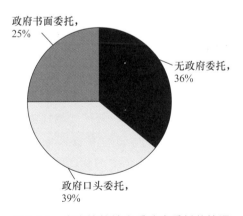

图2.14　寺庙管护神山受政府委托的情况

实际上，寺庙所说的委托多数是指与林业部门签订的护林防火责任书。地方政府部门明确承认神山为寺庙的封山区，并由寺庙管理的仅有德格县宗萨寺（具体情况见"3.巡山案例列举"）、石渠县泽日寺、杂多县日历寺和囊谦县嘎尔寺。社区反映，盗伐盗猎者通常是外来者，在保护过程中最大的困难是没有权力和法律依据对这些破坏行为进行有效干预和惩治。传统的资源权属和资源管理方式没有得到外界的认可和尊重，缺少政策和法律的支撑，是神山保护过程中产生矛盾冲突的根本原因。

（5）主要人为干扰活动。

神山上主要的人为干扰活动包括采集林副产品（药材、松茸和虫草为主）、打猎、捕鱼和砍树（图 2.15）。在访谈过程中，由于调查人员没有将问题明确限定在神山范围内，因此获得的结果可能偏高。

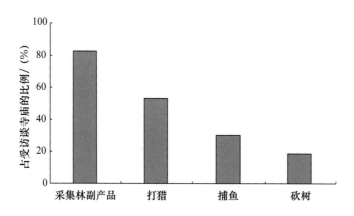

图2.15　寺庙反映神山上的主要人为干扰活动

关于神山上是否有修路、旅游、开矿和建水坝四种大型开发活动（图 2.16），调查人员在提问时，同样存在所指区域范围不明确的问题，因而得到的结果更可能是被访谈地区的情况，即被访谈人提到的开发活动应该发生在整个地区。

（6）寺庙管理神山存在的困难。

据寺庙反映，目前在神山管理方面的困难主要包括：① 缺乏资金，无法支付巡山必需的费用和装备（38%）。比如租马的费用、给喇嘛和

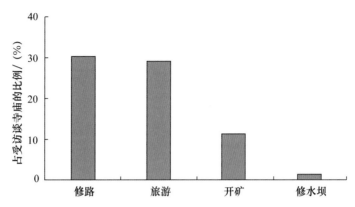

图2.16　寺庙反映神山上大型开发活动发生的频率

村民的巡山报酬。有的寺庙想在曾经被破坏的神山上种树，但是缺少买树苗的费用。② 神山管理存在的客观困难多（30%），包括偷猎和砍伐的人多、道路不好走、巡山辛苦、旅游和朝拜的人带来环境压力大等。③ 缺少政策和法律的支持（23%），喇嘛在发现破坏神山的人之后，不能有效地制止其破坏行为。这也是寺庙和村民在处理冲突过程中出现过激行为的原因。④ 缺少管理和巡山人员（12%），尤其是在农忙的季节和采集农副产品的季节。

3. 巡山案例列举

（1）德格县宗萨寺

1987 年，在寺庙的倡导和组织下，多普沟和昂扎沟的村民开始义务巡山。寺庙组织村民每三天巡护一次，每次由两户人家各派一人参加。巡山时，村民在最远处插一根竹竿，三天后由下一次巡山的人取回，以防止有人在巡山的过程中偷懒。

1996 年，宗萨寺寺管会向当地政府部门提交申请，要求将宗萨寺周围的神山划为宗萨寺的封山区。申请得到了岳巴乡、普马乡和达马乡政府的书面回复，承认 6 座神山为宗萨寺的封山区，由宗萨寺管理。

2000 年，多普沟保护区成立。2002 年，县林业部门与宗萨寺签订合同，将保护区内的多普和昂扎两座神山的区域交给宗萨寺管理。宗萨寺聘请两名村民作巡护员，由县林业部门支付每人每月 130 元的酬劳。

（2）雅江县德差乡

当地的巡山以反盗猎为主要目标。2002年前，由昌都寺的活佛组织村民巡山。活佛圆寂后，由乡干部和村里老人负责组织巡山。村民在日常发现有人下套打猎，立即通知寺庙和乡政府，乡政府、村委会、寺管会成员一起组织三个村的村民在周围地区巡查，并收缴下套用的钢丝套。每户有一人参加，共120多户，一次巡查有100多人参加。

（3）雅江县唐乔寺

1993年，寺庙活佛开始组织村民巡山。当时规定全村每户要有一人参加巡山，不参加巡山的罚款25元，2005年改成了罚款50元。为了避免一些年轻人上山后在半山睡觉，下山后都要到活佛那里赌咒。一年巡山2～3次。巡山没有抓到过打猎的，但捡到过钢丝套。

（4）德格县竹庆寺

在调查中，嘎措喇嘛（负责管理寺庙周围的神山）反映：夏季，铁棒喇嘛经常派人巡山。派去的人不给补贴，如果发现问题会有一些奖励。巡山主要在生产性的季节（开展），比如挖虫草的季节。冬季也经常巡山，因为常有外来人下套。现在打猎人少了，偶尔转转。

寺庙周围一共有三条沟，其中两条沟由村民管理，寺庙很少去，但也知道情况。几年前曾抓到一起打猎的人，村民发现（打猎的人）后告诉乡政府。喇嘛常去村里、乡政府，所以了解情况。

巡山一次2～3人。任务重的时候也给一些巡山报酬，比如供奉寺庙的钱，平均每人分1元，巡山的可以多得5角。巡山一次两天，晚上住山洞，自带食物。巡山时偶尔可以捡一些"森柯子"（一种藏药的音译）。

管护神山会与群众发生冲突。对方偶尔会骂两句，（群众）多是年轻人。但（说他们）会听，相互之间都认识，内部人不会有冲突，也少违抗。（有冲突的）多是外来人（，来）捡药材，甘孜（县）、白玉（县）（的人）来打工，寺庙干杂活的人不知情。

村民：各村有自己的神山，把寺庙敬奉的神山当作主要的神山。村里的神山不能砍柴、打猎，但可以挖虫草。村民日常生活中自觉承担管理任务，没有专职管护。（如果出现问题）向乡（政府）、寺庙汇报。近两年外来人挖虫草、川贝，但被阻止都会回去。主要是夏天，冬天大雪封山，来的人少。

夏季（有）45 天寺庙会立界碑不让放牧（指寺庙后山的三条沟，夏季在一定范围内禁牧）。违者被罚在寺庙点酥油灯、磕头。群众都乐意遵从。界碑由寺庙单方面确认，但大家都清楚，每年界限大致相同。有的年轻人对佛法知识欠缺，可能不太服（从），但大家都还是遵守。

（5）雅江县帕姆林寺

巡山由寺管会主任和副主任负责，每年冬季的 11 月 1 日到第二年的 5 月 31 日，由寺里的扎巴巡山。每天一次，每次 1～2 人，每次巡山 4 小时。林业部门每年提供 2000 元，由寺庙发给巡山的扎巴。

（6）杂多县日历寺

每年的 5 月 1 日至 7 月 1 日巡山。一次有 7 人参加，包括地青村村党支部书记（以下简称"村支书"）、村民委员会主任（以下简称"村主任"）、4 名护林员和 1 名牧民，其中牧民常年巡山。3 人由政府补助，每人每年 500 元；1 人由村里补助，每年 1000 元；另外 3 名护林员在虫草采集季每人补助 1350 元，此经费由村里负担。

4. 寺庙管理行为的量化

我们尝试着对寺庙管理神山的行为，包括神山保护的被认可程度、管理力度、社区参与度和巡山的规范性，进行量化评估。寺庙神山管理行为量化标准如表 2.2 所示，满分为 13 分。

表 2.2　寺庙神山管理行为量化标准

内　容	计　分
是否有政府委托	
无	0
有口头委托	1
有书面委托	2
是否有专人管理	
无	0
有	1

续表

内　容	计　分
是否组织巡山	
无	0
有	1
巡山是否与政府合作	
无	0
有	1
巡山是不是定期	
不定期	0
定期	1
巡山频率	
一年 1～2 次	0
一年 3～6 次	1
一年 6 次以上或常年巡山	2
什么人参加巡山	
寺庙喇嘛	0
寺庙喇嘛和村民	1
寺庙喇嘛、村民和护林员 / 村委会等	2
巡山有无报酬	
无	0
有，但不定额	1
有，定额	2
有，定额，并且由政府出钱	3
满分	13

　　通过寺庙神山管理行为量化，我们得到不同得分的寺庙数量分布（图 2.17）。甘孜州 6 个县的寺庙管理神山平均得分为：丹巴县 3.5 分，乡城县 3.8 分，道孚县 4.7 分，理塘县 5.3 分，雅江县 5.8 分，德格县 7.1 分。寺庙对神山管理得分可能与传统文化在当地的影响程度有关。

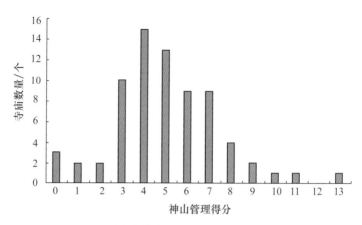

图2.17 甘孜州被访谈寺庙神山管理得分分布

2.3.8 四川甘孜州神山的权属

神山的土地所有权有两种形式，即国家所有和集体所有。两种形式的土地各占一定比例。作为传统的资源利用方式，神山管理没有土地权属为依托，在神山的资源使用和开发过程中会产生一些冲突。

20世纪五六十年代的生产建设以及之后的木材经济年代，一些国有林区的神山遭到大规模采伐，采伐规模难以统计，且各地区之间也有所不同。昌都市贡觉县东巴村的村民回忆说：以前活佛在神山上放过朵玛，也埋过宝瓶，神山和寺庙周围的树是不能砍的。（20世纪）50年代的时候这里是茂密的森林，即便是在林子里烧火，在外边都看不到烟。（19）62年前后，因为新建昌都需要木材，大部分的树被砍掉运到了昌都。商业采伐时期与"文化大革命"处于同一时期，当时宗教受到破坏，传统文化被摒弃，这个时期是近代神山动植物资源遭受破坏最严重的时期。

1998年，国务院签署长江上游地区天然林禁伐令，神山上大规模采伐的情况同时得到了抑制。据寺庙反映，目前神山上砍树的情况并不多，但因为林地权属问题，在林业管理上还存在小冲突。受访寺庙中有两处神山的森林被划为薪炭林。寺庙希望县林业部门做一些调整，把神山划到薪炭林之外。

随着国家西部大开发政策的实施，藏族聚居区正在经历经济的快速发展。少数修路、开矿、建水坝等资源开发活动涉及神山，还有一些不尊重传统文化的旅游开发行为在一定程度上伤害了当地人的感情。比如，1991 年某登山队攀登云南省卡瓦格博神山，2003 年某水电企业计划在康定县（现康定市）木格措圣湖修建水坝等，都遭到当地村民的强烈反对。我们在调查中记录到三起在神山开矿的事件，当地村民对此非常担忧。经济发展过程中，当资源开发与神山保护相冲突时，应当在尊重当地传统文化的前提下，为社区村民提供参与决策制定过程的途径，建立利益相关者协商机制。

2.4 青海玉树杂多县神山的等级、地理特征及保护

2.4.1 杂多县神山数量及分布情况

通过访谈与参与式绘图，在杂多县共记录到神山 77 处，总面积为 1691.1 km²，占杂多县总面积的 5.6%。神山的面积从最小的 0.09 km² 到最大的 789.4 km² 不等（图 2.18），平均面积为 22.0 km²，神山的平均覆盖面积与 Shen（2012b）在四川甘孜州藏族聚居区神山调查的结果相近，神山对县域土地的总覆盖率低于甘孜州藏族聚居区。

在四川甘孜州的调查中，将神山按影响等级分为全藏级、康区级、区域级、村级、家族级五类。在杂多县，仅有喇嘛诺拉神山一座影响力较大的神山；草原牧区人口数量较少、人口密度小、居住相对分散，村级和家族级神山的区分不甚明显。同时，寺庙对神山的严格管理更为凸显。因此，根据杂多县的具体情况，将全藏级、康区级神山归并为康区级，将村级、家族级神山归并为社区级，并对部分因位于寺庙周边而成为神山的区域单独列出，从而形成康区级、区域级、社区级、寺庙周边级四类神山。数量最多的神山是区域级神山，相关的山神只与某一家族或某一村社有关，通常只涉及一个山头，这类神山面积通常在 0.1 ～ 10.0 km² 之间。区域级神山通常由邻近的若干座山组成，

其他神山可能是主要神山的家人、将领、卫兵等，具有完整的传说，影响范围主要是杂多县及邻近县。杂多县唯一的康区级神山——喇嘛诺拉神山覆盖了周边的广大区域，在康区和其他藏族聚居区都有一定影响力。杂多县神山覆盖了 1563.1 km² 雪豹潜在栖息地，占杂多县雪豹潜在栖息地面积的 10.9%。

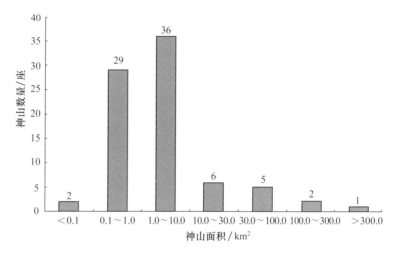

图2.18 杂多县神山面积分布

所谓牧民对某一神山了解指的是牧民能够说出神山的名称，并能在地图上准确指出神山的位置。不同牧民对神山了解的差距很大，当地的文化精英能够细致描述整个杂多县内的神山情况及神山背后的故事；社区领导、社区精英能够指出乡内多座神山的名字、位置，并能说明神山中的多项禁忌；而普通村民通常只了解等级最高、名气最大的神山和自己所在社区的最大的神山。在扎青乡的调查中，有 4 名受访者说出了三座以上神山的名字和位置，17 名牧民说出了两座，其他牧民说出了一座，牧民了解的神山主要是冈仁波齐、阿尼玛卿等全藏级神山，对本土神山的了解仅限于杂多县最大的神山喇嘛诺拉。在昂赛乡的调查中，牧民普遍了解全藏级神山、区域级神山。调查中，大多数牧民仅能了解本土最大、最有名气的神山和距离自己最近、与自己家族直接有关的神山。仅有少数人对自己所在社区之外的神山有所了解，还能讲出神山的文化、故事等相关内容。

2.4.2　神山自然禁忌限制牧民自然资源利用行为

在藏传佛教中，山神都是世间神，而不是出世神，山是当下、世间的皈依处，而不是最终的归宿，与神山相关的禁忌和仪式不仅从思想上影响着藏族群众，而且影响了他们的行为。神山是藏族群众与自然"有情互动"的圣地，具有动态性、世俗性，而不是超凡性（郁丹，2010）。因而，三江源地区的神山是当地牧民自然观的外在体现。

三江源地区的神山具有悠久的历史。牧民对神山的认识，大致可以分为有关神山的故事与传说、与神山相关的仪轨和神山相关的自然禁忌等方面。其中，自然禁忌一方面影响牧民对神山的观念，另一方面直接影响和规范着牧民的行为。在猎捕野生动物仍然是牧民生活重要组成部分的漫长时期，"神山里不能打猎"是牧民印象最为深刻的神山禁忌（图2.19）。

山神的性格是不一样的，有些脾气好，有些脾气差，老人和僧人会给大家讲山神的故事，那些脾气不好的山神千万不能惹，违反了规矩就会有灾祸。这里一直有在神山里打猎，后来被雷劈死，或者全家

图2.19　神山禁忌说明
2016年摄于杂多县瓦日年秋神山，石碑上的文字：神山内严禁打猎、采集虫草等药材、取土、盖房子、乱扔垃圾、大声喧哗。

生病死光了的故事。在神山里打猎也会被寺庙重罚（杂多县扎青乡牧民访谈，2015 年）。

允许打猎的年代，神山里面动物确实多，那时候有说法，动物看到了猎人都会往神山里面跑，知道跑进神山猎人就不敢打了。现在的话，打猎到处都没有，动物（在）神山里面、外面都多得很，我觉得没太多差别（杂多县苏鲁乡牧民访谈，2015 年）。

除猎捕野生动物的禁忌之外，在神山内砍柴或者采集药材同样被严格禁止。虫草经济的发展使虫草采集在牧民生计中的地位越来越重要，从而让"禁止采集虫草"成为一条需要强调的专门禁忌。而在不同地点、不同时期的牧民观念中，放牧都不属于神山禁忌的范围。

在对牧民的访谈中，牧民认同的神山禁忌包括：禁止在神山内采集药材、打猎、大声喧哗、采矿等（图 2.20）。值得注意的是，没有牧民认为当地主要的生产方式——放牧在神山中是不允许的。

可以看到，"挖虫草"和"打猎"是牧民普遍认为最为重要的神山禁忌。牧民普遍认为在神山之内必须谨言慎行，能够将神山的禁忌一条一条如数家珍地罗列出来，则是社区精英的专属。

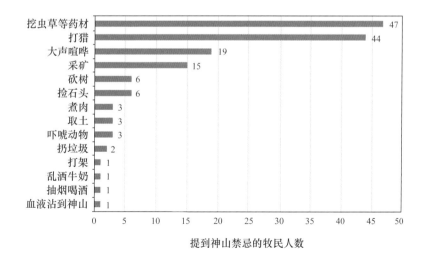

图2.20　调查中牧民提到的神山禁忌（*n*=66）

　　为了调查方便，根据神山的影响范围，将杂多县的神山分为以下四级（表2.3）。

　　（1）康区级：杂多县的康区级神山只有喇嘛诺拉神山一座，喇嘛诺拉神山面积大，在整个藏族聚居区都有一定的影响力。当地牧民对喇嘛诺拉神山非常尊崇，会自觉约束自己在神山中的行为。当地寺庙和政府也会组织巡视神山的活动。

　　（2）区域级：在全县范围内具有影响力，当地牧民通常能够说出神山的名字、位置，但因神山距离居民点远，通常不会有专门的巡护活动。

　　（3）社区级：距离居民点较近，是部落时代流传下来的某百户或百长部落的守护神山，是社区精神的核心之所在，也是社区守护神的居住之所，故社区内的牧民非常重视，会经常组织巡护及转山、煨桑等活动。

　　（4）寺庙周边级：寺庙周边区域自然成为神山，所有藏传佛教信徒都知道在寺庙附近应当收敛自己的行为。因距离寺庙较近，这部分神山在寺庙的严格管理之下。

表2.3　杂多县神山的分级

	到居民点距离	管理严格程度	影响范围
1. 康区级	较远	非常严格	整个康区或更大
2. 区域级	远	松散	杂多县及周边县
3. 社区级	很近	严格	乡、村、家族
4. 寺庙周边级	紧邻寺庙	非常严格	整个藏传佛教区

　　各等级的神山上都有经幡表明其神山属性。康区级神山有复杂的文化仪式，如喇嘛诺拉神山每年夏天有杂多县最大寺庙——日历寺僧人带领的转山活动，转山中有煨桑、诵经、祈福等各种宗教仪式，有专门的经文。区域级神山的转山和煨桑规模较小，没有专门的经文。而社区级神山通常只有煨桑仪式。

　　神山禁忌一方面依靠牧民自觉遵守，另一方面寺庙和社区也会有专门巡护神山的组织和人员进行维护。对于喇嘛诺拉神山，日历寺每个月都会派出专人巡视神山，一边检查是否有违反禁忌的人，一边捡拾神山中的垃圾，维持神山环境清洁。在虫草采集季，寺庙和社区会联合派出专门人员，在神山内昼夜值守，防止有人进入神山偷采虫草。大小神山都有相应的巡护人员。而寺庙周边的神山在寺庙附近，专门负责神山守卫的僧侣每天都会在神山上巡护。

2.4.3　不同历史时期的神山保护

部落时期，历史文献中记载"番地多野性，番酋往往封断山林，禁部民采取"（周希武，1986），"唯寺院及千百户等，往往有迷信封山禁止猎兽者，如囊谦千户"（蒙藏委员会调查室，1941），神山内部是严格禁止猎捕野生动物的，部落头人和寺庙都会监督牧民，防止其违反神山禁忌。

在集体化时期，外部政策限制宗教相关活动，神山相关的仪式及对神山的巡护均几乎停止。不过，牧民仍然保持着对神山的尊敬，在猎捕野生动物时仍然会主动避开神山区域。因此，神山区域成为实际的禁猎区。在这一时期，虽然对神山内利用自然资源的有形限制已经解除，但社区精英、老人在私下里仍然会讨论、传播有关神山禁忌的说法，以及违反神山禁忌可能带来的恶果。神山对牧民行为的限制仍然存在。

允许打猎的时候大家还是尽量不去神山里，反正其他地方动物也不少，大家还是害怕在神山里打猎会有不好的事情。这样神山里的动物比外面要多，大家也愿意把神山保护起来，再加上寺庙也有能力把神山管起来，所以最早州里的保护区就定了寺庙和神山（囊谦县巴扎林场干部访谈，2016 年）。

进入畜草双承包时期，宗教活动逐步恢复后，神山作为藏族文化的重要组成部分重新得到认可，与神山相关的转山、祭祀等仪式恢复，社区和寺庙对神山的巡护工作也得到恢复。同时，神山在文化和生态保护中的重要性得到政府的承认。20 世纪 90 年代初，当野生动物保护成为重要的政策后，玉树州最早确定的保护区是州内 22 个寺庙及寺庙周围的神山区域。

进入生态保护时期，随着生态保护相关法律和政策的宣传，神山在生态保护中的价值越来越被牧民熟悉。神山不仅是具有文化价值的地点，而且也是具有生态和文化价值的地点。

在不同历史时期，牧民对于神山的信仰和自觉遵守神山禁忌的观念是较为稳固的。而由社区和寺庙中的社区精英和社会机构共同组织对神山的巡护和对神山禁忌的监督，进一步杜绝了破坏神山禁忌的侥幸行为，维护了社区成员对神山禁忌的认同。长此以往，神山禁忌的自觉遵守成为牧民的自觉习惯，即使在传统社会机构受到外部政策影响，对神山的监管较弱的时期，也极少有牧民违反神山禁忌的情况出现。

在对牧民保护神山态度的调查中，使用了三部分、六道题目来考察当地牧民对神山的态度（调查结果如表 2.4 所示）。调查态度时使用了李克特 5 分量表，其中 1 表示非常反对，2 表示反对，3 表示中立，4 表示支持，5 表示非常支持。

第一部分：对神山的认识。

这部分使用了两道题目：请表明你对以下说法的态度，"我认为神山内的自然环境比神山外更好"和"我认为神山内的野生动物比神山外更多"，得到的牧民组平均分分别为 4.15 分和 4.08 分。一部分牧民认为神山确实是野生动物最多的区域，而另一部分牧民认为，在可以打猎的时代，神山内因为禁止打猎，野生动物数量较多，而现在所有打猎都已经停止，神山内外的野生动物数量也就不再有差别。

第二部分：对保护神山的态度。

这部分使用了两道题目：请表明你对以下说法的态度，"我认为保护神山比保护其他区域更重要"和"我更愿意参加保护神山的活动"，得到的牧民组平均分分别为 3.90 分和 3.86 分。约有 1/3 的受访牧民认为保护所有地区的环境应当是同等重要的。

第三部分：保护神山的益处。

这部分使用了两道题目：请表明你对以下说法的态度，"保护神山可以为个人带来福气"和"违反神山的禁忌会带来厄运"，得到的牧民组平均分分别为 4.32 分和 4.31 分。与藏族聚居区年老一代牧民对神山的认识相比，青年人整体对神山的态度变淡，他们对神山的宗教、文化属性仍然较为认同和重视，但对神山的自然特殊性认识不多。

表 2.4　牧民与城镇居民对神山态度的比较

题　目	牧民组（n=66）	城镇青年组（n=60）	t 检验
我认为神山内的自然环境比神山外更好	4.15	3.75	0.056
我认为神山内的野生动物比神山外更多	4.08	3.69	0.048
我认为保护神山比保护其他区域更重要	3.90	3.28	0.005*
我更愿意参加保护神山的活动	3.86	3.34	0.005*
保护神山可以为个人带来福气	4.32	3.69	0.002*
违反神山的禁忌会带来厄运	4.31	3.45	0.001*

注：*，$p < 0.05$。

绝大多数牧民提到"神山是环境最好的区域"，但这里的"环境"更多的是对神山文化意义的认同，这种认同并不会影响牧民通过自身观察与生活感知自然。喇嘛诺拉神山这样的大神山中动物多为大家所认可，而动物多的地方也未必全为神山所覆盖。

确实听到过神山的环境最好、动物最多这种说法，不过我自己看来，神山里面跟外面的环境没什么太大的差别。不过我觉得保护神山还是重要，因为能带来福气（扎青乡牧民访谈，2016 年）。

允许打猎的年代神山里面动物确实多。现在到处都没有打猎，动物（在）神山里面、外面都多得很，我觉得没太多差别（扎青乡牧民访谈，2015 年）。

神山里面草地肯定是好，但外面也有草地一样好的地方，不能说神山就是最好的。动物嘛，神山里生活在山上的动物多一点，（如）雪豹、岩羊这些；神山外面野牦牛、熊这些动物多一点，这个也不一样的（措池村牧民访谈，2016 年）。

这些看法也能够在一定程度上解释青年人对神山认知的变化，青年人对神山的文化属性仍然有很高的认同，而对神山内的环境、优先保护神山的重要性等方面的认同则降低不少。从对神山的认识中，再次印证了传统文化和传统知识在牧民和社区中的分布和掌握是不平衡的，绝大多数传统知识掌握在少数人手中。如前文所述，大部分牧民只了解本地的一两座最有名的神山、了解神山的主要禁忌，而社区精英则能够说出本地的大小神山、神山各方面的详细禁忌，以及有关神山的故事、传统等。这在放牧知识、野生动物知识、气候知识等方面同样明显。

第三章

藏族聚居区神山的生态保护成效

3.1　森林地区神山生态保护成效——以甘孜州丹巴县为例

在丹巴县的神山本底调查中，我们共在 GIS 中勾绘了 44 座神山的边界，其中 41 座神山分布在丹巴县行政区范围内。丹巴县是我们在甘孜州 6 个被调查县中勾绘神山数量最多的一个县，因此我们选择丹巴县，以 1975—2000 年间森林退化面积和森林覆盖率为指标，比较神山和非神山在森林保护成效上的差异。

3.1.1　森林面积、森林退化面积遥感分析

我们使用美国陆地资源卫星 Landsat 遥感影像图片（以下简称"卫片"），通过遥感解译获取丹巴县多时相的森林分布影像。使用的 Landsat 遥感数据包括 1975 年的 MSS 遥感影像、1990 年的 TM 遥感影像和 2000 年的 ETM+ 遥感影像各两景（GLCF，University of Maryland）（表 3.1），用 ERDAS IMAGINE 9.1 专业遥感处理软件对原始遥感数据进行处理和分析。

表 3.1　丹巴县卫星遥感影像解译所使用的卫片

卫片行列号	卫星	成像传感器	空间分辨率 /m	时相
P141r038（WRS1[a]）	Landsat-2	MSS	78	1975-11-10
P141r039（WRS1）	Landsat-2	MSS	78	1974-01-04
P141r038（WRS1[b]）	Landsat-5	TM	28.5	1994-09-05
P141r039（WRS2）	Landsat-5	TM	28.5	1989-01-02
P141r038（WRS1[a]）	Landsat-7	ETM+	28.5	2000-10-31
P141r039（WRS2）	Landsat-7	ETM+	28.5	1999-10-29

注：a. World Reference System 1（世界标准参照系1）；b. World Reference System 2（世界标准参照系2）。

1990 年的 TM 遥感影像和 2000 年前后的 ETM+ 遥感影像具有相同的空间分辨率和相似的光谱波段组合，我们依次选取前后两个时相

的 TM 和 ETM+ 数据的 1、2、3、4、5、7 六个波段进行叠加，最终合成包括了前后两个时相信息的 12 波段图像。在 ERDAS IMAGINE 9.1 中使用最大似然法对此 12 波段图像进行监督分类，通过一次解译获得 2000 年的森林 / 非森林分布图和 1990—2000 年的森林变化图。其中，监督分类时定位的地表覆盖物类型主要包括：

（1）森林-森林，指 1990 年和 2000 年两个时相的影像中都是森林的类型。

（2）森林-非森林，在前期的影像中显示为森林，而在后期的影像中显示为非森林的类型，即森林退化消失。

（3）非森林-非森林，在前后时相影像中均为非森林的类型。

（4）非森林-森林，在前一时相中为非森林，后一时相中为森林的类型，即森林的恢复。

在丹巴县的研究区域内，没有发现明显的森林恢复斑块。我们对监督分类的解译结果进行了滤波处理，滤波设置中最小斑块面积设置为 25 个像素，即面积约为 2 公顷。我们使用地面实地植被调查点和 Google Earth 高分辨率卫片标定点对遥感解译的结果进行了精度评估，结果表明，遥感解译的精度为 89.1%。此部分直接采用王大军、李晟等在西南山地保护成效监测项目中对 1990 年和 2000 年遥感影像解译的结果。对于 1975 年的 MSS 遥感影像，我们选取 1、2、3、4 四个波段进行叠加，合成多波段图像。由于 MSS 影像空间分辨率较低（78 m），成像质量较差，在目视解译时比较难以区分森林和灌丛 / 年轻次生林。为了避免因为解译过程中分类的偏差对结果造成影响，我们没有对 MSS 影像进行单独解译，而是比照 1990 年的 TM 遥感影像和 2000 年的 ETM+ 遥感影像，在 ERDAS IMAGINE 9.1 和 ArcView 3.2 中采用了目视比对和手工勾绘的方法，获得 1975—1990 年森林变化斑块的图层，并结合 1990 年和 2000 年的森林 / 非森林分布图，生成 1975 年的森林 / 非森林分布图。

1975 年和 1990 年的地面实地植被调查数据已经不可获得。通过实地调查以及与当地林业主管部门和当地居民的访谈，我们对解译得到的各时相间的部分森林退化斑块进行了核实，并调查了这些森林斑块退化的原因，将其归为人为作用（商业采伐、居民砍伐等）和自然作用（自然火灾）两种类型，确认了其中由火灾引起的大面积森林退化斑块。在后文比较分析过程中，仅考察由人为作用引起的森林退化。扎西仁青岭寺的给入神山曾经于 1987 年发生火灾，造成该区域森林退化面积超过 2 km²，这块由火灾造成的森林退化区域就没有计算在内。

分析使用的软件包括：ArcView 3.3，用于矢量和栅格图层的操作、转换、浏览和图层空间属性的计算；ERDAS Imagine 9.1，用于遥感影像的浏览、预处理、解译、精度评估；ArcGIS 9.0，用于矢量和栅格图层的操作、转换、浏览和制图。

1. 数据分析

我们分别计算了丹巴县神山内和神山外在 1975—1990 年和 1990—2000 年间的森林退化面积，比较两个时相发生在神山内外的森林退化面积的差异。受东南季风的影响，大渡河干流在海拔 1600 ~ 2400 m 的地区生长着干热河谷灌丛（张荣祖 等，1997）。为了去除干热河谷对森林分布的影响，在比较神山内和神山外的森林覆盖率时，我们设定 2400 m 为研究区域的海拔下限。丹巴县林线在 4200 m，阳坡的森林上限略低于阴坡，由于气候、地形等因素的影响，林线附近的森林和非森林往往呈现犬牙交错的特点。因此，我们设定 3800 m 为研究区域内统一的森林分布的海拔上限。根据 2000 年森林分布影像，使用 ArcGIS 9.1 软件的空间分析模块，分别计算了神山内外 2400 ~ 3800 m 区域的森林覆盖率。

神山面积在不同海拔是否随机分布是影响神山内外森林覆盖率差异性的因素之一。我们将丹巴县海拔 2400 ~ 3800 m 森林主要分布区域按照 200 m 的海拔跨度，分为 7 个海拔带：2400 ~ 2600 m、2600 ~ 2800 m、2800 ~ 3000 m、3000 ~ 3200 m、3200 ~ 3400 m、3400 ~ 3600 m、3600 ~ 3800 m，考察了神山在各海拔带的面积分布特点，分海拔带比较了神山和非神山森林覆盖率的差异；并采用 1 : 25 万丹巴县居民点图层，计算了各海拔带居民点密度。使用 SPSS 13 "One-Sample Kolmogorov-Smirnov Test" 检验数据的正态性。在数据正态分布的前提下，用 "One-Sample T Test" 检验神山内外森林覆盖率的差异，用"Independent-Sample T Test"比较了不同神山管理力度、不同等级以及 1975—2000 年间有无砍伐的神山之间森林覆盖率的差异。

2. 研究地区

丹巴县位于甘孜州东部，地理范围为东经 101°17′ ～ 102°12′，北纬 30°24′ ～ 31°23′。丹巴县地处大、小金川河下游，大渡河上游，与阿坝州的小金县、金川县，甘孜州的康定市、道孚县相邻。全县面积 4509 km²。

丹巴县地处青藏高原东南边缘，在大雪山脉和邛崃山脉之间，属典型的高山峡谷地貌。全县西高东低、北高南低，最低点海拔 1700 m，最高点海拔 5820 m。按照海拔梯度分为 7 个气候带：海拔 1700 ～ 2200 m，河谷北亚热带；2200 ～ 2600 m，中山暖温带；2600 ～ 3200 m，中山温带；3200 ～ 3800 m，亚高中山寒温带；3800 ～ 4200 m，高中山亚寒带；4200 ～ 4700 m，高山寒带；4700 m 以上，永冻带。全县森林资源主要分布在 2600 ～ 4200 m，主要树种包括冷杉、铁杉、云杉、白桦、高山松、落叶松和栎类等（四川省甘孜藏族自治州丹巴县志编纂委员会，1996）。按植被类型分区，丹巴县属于青藏高原山地针叶林区（张荣祖 等，1997）。海拔 1700 ～ 2400 m 生长着干旱河谷灌丛，可见到较大面积的高山松和云南松林，含有栎及石栎等常绿树种；海拔 2400 ～ 3200 m 为山地针阔叶混交林带；海拔 3200 ～ 4200 m 为山地暗针叶林带；海拔 4200 ～ 4400 m 分布着高山灌丛和草甸。丹巴县森林工业（以下简称"森工"）采伐始于 1958 年，直至 1998 年 6 月全面停止天然林砍伐（四川省甘孜藏族自治州丹巴志编纂委员会，1996；丹巴县地方志编纂办公室，2005）。

3.1.2　神山内外森林退化率比较

遥感解译得到的 2000 年丹巴县森林分布结果如图 3.1 所示，丹巴县森林面积为 1486.6 km²，其中神山范围内的森林面积为 456.1 km²，

占全县森林总面积的30.7%。1975—2000年间，全县森林退化（图
3.2）（不包括火灾引起的森林退化）均发生在2400～4200m的海拔
范围内。森林退化总面积为21.8 km²，占全县森林总面积的1.5%。
有森林退化的神山共计10座，占全县所记录的神山总数的24.4%，
其中包括区域级神山3座和社区级神山7座。神山内森林退化总面积
为6.24 km²，占丹巴县森林退化总面积的28.6%，占神山内森林总面
积的1.4%。1975—2000年间，神山内的森林退化率（森林退化面积 ÷
森林总面积）略低于全县的森林退化率。

　　将森林退化情况分时相来看（图3.2），1975—1990年间，全县
森林退化总面积为11.6 km²，其中有森林退化的神山一共8座，退化

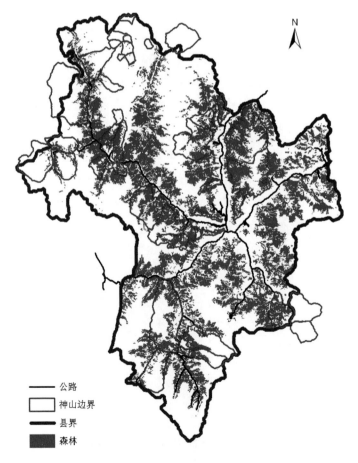

图3.1　2000年丹巴县神山内森林分布示意

面积为 4.50 km²，神山内森林退化率为 1.22%；神山外森林退化率为 0.85%。1990—2000 年间，全县森林退化面积为 10.2 km²，其中有森林退化的神山 4 座，退化面积为 1.74 km²，神山内森林退化率为 0.48%；神山外森林退化率为 1.02%。

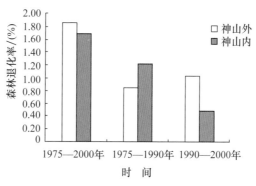

图3.2　神山内外各时相的森林退化率

3.1.3　商业采伐和神山的关系

1975—2000 年间，丹巴县森林采伐主要有三种经营方式：甘孜州下属的国有林场采伐，丹巴县下属的国有林场采伐，以及 20 世纪 80 年代出现的乡办集体林木材生产经营（四川省甘孜藏族自治州丹巴县志编纂委员会，1996）。其中国有林场的采伐以皆伐为主要形式，是造成 1975—2000 年间森林退化的主要原因。

丹巴县有近 1/4 的神山在 1975—2000 年间存在由砍伐引起的森林退化。1975—1990 年间，神山内的森林退化率明显高于神山外。从森林退化斑块与神山位置关系来看（图 3.3），神山内外交通可及性相差不大。商业采伐以收获木材为主要目的，森工企业的采伐倾向于选择神山上的森林，这在一定程度上说明，相比于神山外，神山内的树更大，森林更为原始（图 3.4）。

而 1990—2000 年间，神山内森林退化率明显低于神山外。是什么原因造成后一时期神山内的采伐大幅度减少呢？经与工作人员交流，丹巴县 1975—1990 年间的主要伐区，相当部分位于神山内；而尽管

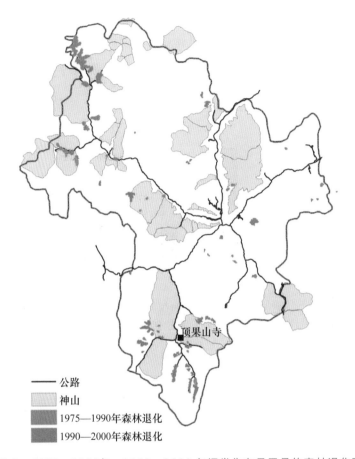

图3.3　1975—1990年、1990—2000 年间发生在丹巴县的森林退化斑块

1990—2000 年间的采伐规模大，但主要伐区基本不涉及神山，少数
几处发生在神山内的森林退化斑块都在神山的外缘。我们实地调查发
现，当地神山内的原始森林并没有遭到大面积破坏。根据调查遇见的
个案推测，我们认为后一时期神山内森林采伐量下降并非偶然现象，
而是森工企业在伐区设计时有意识地避开了部分神山（罗布加它，丹
巴县林业局局长，个人交流）。1990—2000 年间神山内森林采伐量的
大幅下降与1984 年之后宗教信仰自由政策的重新落实，社区恢复对
神山的保护有密切关系。

　　从调查过程中接触到的案例来看，森工企业在伐区设计时有意识
地回避神山，主要出于两个原因：

图3.4　丹巴县顶果山寺周围的原始林

（1）自下而上的力量。20世纪80年代初，藏族聚居区恢复宗教信仰自由政策，寺庙多在80年代重建，90年代是信仰恢复、寺庙影响力回升的时期。村民出于对神山的崇拜和保护，可能抵制森工企业在神山上的采伐，林业部门则出于对当地文化的尊重而放弃采伐。比如，1993年，雅江县森林工业局（以下简称"森工局"）将公路修到扎嘎寺，目标是砍伐寺庙周围的原始云杉林。活佛坚决反对，反复找县政府协商，最终阻止了森工局对神山森林的采伐。有意思的是，这段时期也是扎嘎寺影响力的恢复时期，活佛在当时并没有建立起足够的威信，以至于村民出于期望在森林采伐过程中获益的原因，心里怨恨活佛断了自己的财路。90年代末，藏族聚居区松茸价格上涨，成为当地村民重要的经济来源之一。原始林里松茸产量高，价格也卖得相当好，这个时候村民开始感激活佛保住了这片林子，为大家的生活带来了福利。

（2）自上而下的力量。林业部门和森工企业的工作人员多是当地藏族人，出于对神山的崇拜和敬畏，主动避开在神山上的采伐。比如在雅江县下德差乡，从 20 世纪 70 年代开始伐木，几条沟里的林子只在半山腰处被砍光。我们在调查过程中接触到地方林场工作人员，多次听到他们回忆在神山上打猎和砍树时出现的奇怪现象。雅江县林业部门的工作人员曾经在那里砍了十几年的树，他们回忆说，当时也经常打猎改善伙食，但是在神山上打猎遇到的怪事特别多。比如打猎必然会降冰雹；或者明明打中猎物，走近了却找不到尸体；或者打猎的人出现病痛。出现这样的怪事以后，也没人再去神山打猎。由于相信神山的威力，尽管神山周围的森林都被砍得七零八落，神山上的原始森林始终没有遭到破坏。

3.1.4　神山内外森林覆盖率的比较

在丹巴县海拔 2400 ～ 3800 m 区域一共有森林 1038.2 km²，森林覆盖率为 57.5%。该海拔范围内共涉及 30 座神山，神山内森林总面积为 313.6 km²，森林覆盖率为 66.7%；神山外森林覆盖率为54.3%。30 座神山平均森林覆盖率为（61.2±14.0)%，神山内的森林覆盖率显著高于神山外（$t=2.679$，$df=29$，$p=0.012$），说明神山对森林的保护有明显的促进作用。其中，19 座神山内的森林覆盖率高于神山外，占神山总数的 63.3%。森林覆盖率低于神山外的 11 座神山中，有 4 座在 1975—2000 年间遭受过大面积的森林砍伐，森工企业的采伐是造成神山内森林退化的原因之一。除此之外，森林覆盖率低于神山外的神山，有 5 座属于扎西仁青岭寺，1 座属于德慈莫寺，1 座属于顶果山寺，森林退化的原因需要追溯至 1975 年之前，还有待于进一步调查。

3.1.5　影响神山森林覆盖率的因素分析

采用寺庙对神山管理的量化指标，分析神山的森林覆盖率和寺庙管理力度的关系（图 3.5）。11 个寺庙对应 30 座神山，其神山管理

力度的得分从 0 ～ 6 分不等。将神山按寺庙管理力度得分分为 0 ～ 3
分和 4 ～ 6 分两组，两组神山在森林覆盖率上没有显著差异（$t=$
-0.575，$df=28$，$p=0.570$），说明现阶段寺庙对神山的管理力度与神
山森林覆盖率没有关系。寺庙管理力度只是在最近 10 年才得以恢复，
而神山的森林覆盖率可能受到更长时间里其他因素的影响。

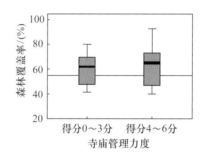

图3.5　不同寺庙管理力度下的神山森林覆盖率

　　从神山等级来看，社区级神山共有 22 座，平均森林覆盖率
为（58±15）%；等级高于社区级的神山共有 8 座，平均森林覆盖
率为（69±7）%，其森林覆盖率显著高于社区级神山（$t=-2.678$，
$df=24.733$，$p=0.013$）（图 3.6）。一方面，可能因为等级高的神山的
面积也更大，同样规模的森林退化对面积大的神山的影响更小；另一
方面，信奉社区级神山的群体较小，其影响范围有限，抵御外来干扰
和破坏的能力较高等级的神山弱。

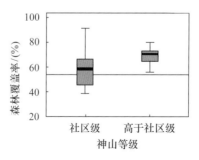

图3.6　不同等级神山的森林覆盖率

　　1975—2000 年间被采伐的 10 座神山，其森林覆盖率与其余神山
没有显著差异（$t=0.979$，$df=28$，$p=0.336$）（图 3.7）。发生在这个时

期的砍伐虽然影响了部分神山内的森林面积，但因砍伐面积仅占神山内森林总面积的 1.7%，并没有造成神山整体森林覆盖率的显著变化。

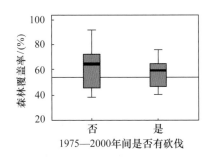

图3.7　1975—2000 年砍伐对神山森林覆盖率的影响

3.1.6　不同海拔带神山内外森林覆盖率的比较

在 2400 ～ 3800 m 海拔带，低海拔地区的森林覆盖率低于高海拔地区。随着海拔带的升高，神山内外森林覆盖率均增加。低海拔地区，神山内外森林覆盖率的差异更明显；随着海拔的上升，森林覆盖率的差异降低。在 3400 ～ 3600 m 和 3600 ～ 3800 m 两个海拔带，神山内外森林覆盖率基本相同（图 3.8）。

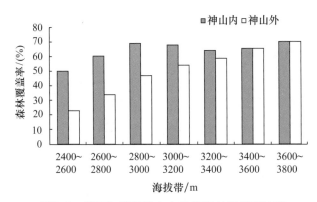

图3.8　不同海拔带神山内外的森林覆盖率比较

丹巴县居民点主要分布在 3000 m 以下区域。从 2400 ～ 3800 m，随着海拔的升高，居民点密度下降。居民点密度越高的低海拔地区，神山内的森林覆盖率越高于神山外的森林覆盖率。神山内外森林覆盖率的差值与居民点密度明显正相关（图3.9）。此结果表明，神山对森林的保护作用在低海拔居民点密度高的地区更明显。高海拔地区由于人口密度低，神山内外森林受到的人为破坏都较少，森林覆盖率没有明显差异。

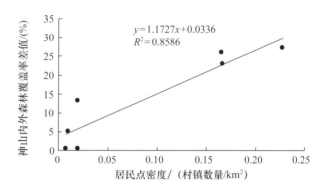

$$y=1.1727x+0.0336$$
$$R^2=0.8586$$

图3.9 神山内外森林覆盖率差值与居民点密度的关系

3.2 草原地区神山生态保护成效——以三江源地区为例

3.2.1 草原地区神山与森林地区神山的区别

已有使用自然科学方法探讨自然圣境保护价值的研究大多数是在农耕、森林地区开展的。在这些地区，自然圣境禁忌和管理的核心内容是对林木砍伐的严格限制（Dudley et al.，2009，2010），所以自然圣境的植被类型与周围环境常常显著不同，其中存留的植被板块在景观尺度上具有重要意义，其保留了重要的本土植物，成为重要的野生动物（尤其是鸟类）栖息地，并提供重要的生态系统服务功能（Rutte，2011；Brandt et al.，2013）。

在我们研究草原地区自然圣境时，发现情况与农耕、森林地区有所不同。首先，草原地区自然圣境的面积较大，例如，杂多县神山的平均面积达到 22.0 km^2，而农耕地区自然圣境的面积普遍在 0.1 ～ 1 km^2（Bhagwat et al.，2006）。

　　森林地区神山的自然禁忌主要是砍伐，这使神山区域在景观上、物种构成上与周围区域有明显区别，神山区域具有明确的自然与文化双重价值，可以直接采用设立保护地的方式进行保护。在草原地区，放牧通常并不属于神山禁忌，神山内 EVI 增加的面积较大，这仍然可能与神山较为严格的管理有关。

　　在猎捕野生动物较为普遍的时期，神山发挥着"禁猎区"的作用，成为野生动物的避难所。而现在在三江源地区的捕猎普遍被法律和政策禁止，加之神山内外景观和植被上的相对同质性，使神山内外野生动物的分布没有出现明显差别（表 3.2）。可以说，保护野生动物的政策已经覆盖神山内外，原本神山具有的生物多样性热点区域的属性，在三江源地区已经不太明显，其主要价值在于文化价值。

表 3.2　自然圣境内外生物多样性研究结果比较

研究信息	研究地点	生态系统	主要自然禁忌	允许的资源利用行为	神山内外比较
Anderson et al.，2005	中国云南卡瓦格博神山	森林	禁止砍伐树木，禁止猎捕野生动物	采集真菌	神山内森林覆盖率较高，真菌种类较多
Bhagwat et al.，2006	印度西高止山脉	森林	禁止砍伐树木，禁止猎捕野生动物	捡拾薪柴	神山内的植物种构成更接近原始林，神山内鸟类多样性较高
Salick et al.，2007	中国云南白马雪山	森林	禁止砍伐树木，禁止猎捕野生动物，禁止动土	采集药材，采集真菌	神山内植物的濒危种、本土种、特有种较多
Shen et al.，2012b	中国四川甘孜州	森林	禁止砍伐树木，禁止猎捕野生动物	无	神山内森林覆盖率较高
Allendorf et al.，2014	中国云南香格里拉	森林	禁止砍伐树木，禁止猎捕野生动物	采集真菌	神山内鸟类和小型兽类多样性较高
本研究	中国青海杂多县	草地	禁止猎捕野生动物，禁止采集虫草等药材，禁止动土	放牧	神山内草地变化较小，兽类多样性无明显差异

在草地生态系统中，大神山乃日适合直接建立保护地。乃日的影响范围被转山路线清晰地规划出来，且通常是风景优美、自然环境良好、面积较大的区域，可以作为完整的保护单元，对野生动植物保护起到重要作用。三江源国家级自然保护区中的阿尼玛卿、年保玉则分区就是以神山区域为核心的，而以喇嘛诺拉神山为代表的很多神山还在国家的严格保护地体系之外，从生态价值、完整度、管理可行性等方面，都可以作为建立新保护地的备选。还有一类适合直接建立保护地的是寺庙周边地区，藏传佛教寺庙在选址上对周边环境颇有讲究，寺庙周围也是保护力度最高的区域。20 世纪 90 年代初，玉树州建立的第一批自然保护地就是 22 处寺庙及周边的神山区域（玉树藏族自治州地方志编纂委员会，2005）。而数量更多、分布更为广泛的社区级神山，或普通"山神"，其面积大多在 0.1 ～ 10 km^2 之间，对于活动范围较广的高原野生动物而言，这些并不足以作为单独的栖息地单元，其更重要的还是神山文化意义的传承。

不论从牧民认知的角度，还是从自然环境的角度，三江源神山最大的特点就是"稳定"。有关神山的禁忌在不同时代，不同社会、经济、文化条件下变化不大，并一直为牧民所遵从。受限的人为活动使神山区域受到的干扰较少，其自然环境也保持相对稳定的状态。牧民对神山禁忌的自觉遵守和寺庙、社区等社会机构对神山的格外重视与保护，使神山内的人为干扰程度一直较低，也使神山内的生态环境处于相对稳定的状态。

这种稳定可能与多方面因素有关。神山作为神圣空间、藏族传统中自然观念与宗教文化的外化，以及文化上调节"天"与"人"关系的纽带，其重要性和禁忌是不需要进行阐释的。同时，藏族神山文化冲突和融合的结果，并非植根于某种具体的文化或形态中，而是与青藏高原的自然环境和藏族牧民的生产生活紧密结合的，代表着长期以来形成的、符合当地自然条件的人与环境的关系和互动方式，而这并不容易因外部经济社会条件的改变而轻易动摇或改变。作为藏传佛教文化的一部分，藏族牧民信仰的藏传佛教本身在精神层面上具有严密完整的体系，并且拥有以寺庙和僧侣为核心的、具有相当资源和行动力的组织体系，也进一步加强了藏族神山的稳定性。

如此，在神山禁忌的稳定体系中，被提及最多的"猎捕野生动物""挖虫草""放牧"三种行为反映了在藏族文化与对自然的观念之下，对具体的自然资源利用行为的"阐释"。至少在某个时期，这三类行为都是毫无疑问的生计，而从旁观者的角度来看，它们都涉及对神山内资源的取用，都是对神山的神圣性的挑战。就如同无论猎捕野生动物在生计中的占比如何，直接的"杀生"行为在神山中都是不被允许的，且在不同时代都鲜有挑战者。而虫草采集变为主要生计之后，神山内的虫草采集禁忌也就被单独提出并被强调。在采集季，社区愿意集资雇用可靠的人员驻守在神山，每日巡逻以杜绝在神山范围内盗采虫草的行为。而有关违反神山禁忌带来灾祸的故事也有了虫草版本的新变体。

> 有隔壁村年轻人跑到神山上挖虫草，神山上环境好嘛，虫草也不让挖，个头大得很，他挖了好多，赚钱不少。过了几个月走路的时候就被雷劈中了，尸体掉到崖下面，费了劲才找到。老人说这个就是报应来了（杂多县扎青乡牧民访谈，2016 年）。

而即使在神山区域内，放牧也没有被禁止，放牧行为与牲畜本身并不会影响神山的神圣，因为放牧乃是当地最大的生计，或者说，放牧本身就是神圣性的一部分：

> 我们这个地方的环境，老百姓要生活就只能依靠放牧，放牧是神明交给我们藏族人的生活方式，也是祖祖辈辈一直传下来的生活方式。所以在神山上放牧是不会让山神不高兴的。按照正确的方法放牧，对草地也不会有不好的影响。反倒是没有家畜吃草，草不一定长得好（杂多县扎青乡干部访谈，2015 年）。

在三江源东部地区，山地与平地交织的草地生态系统是支持整个社会-生态系统的本底，这一系统有至少千年的放牧历史，人的活动已经深刻改变了环境，形成了特殊而稳定的文化景观。牧民在山谷、平滩活动密度较大、时间较长，但山地作为季节性草地，对牧民生产生活仍然是不可或缺的，并且提供了重要的生态系统服务（南文渊，2000；罗鹏 等，2001）。山地不仅在文化上沟通了人与自然，也是家畜与野生动物发生关联的主要区域。在山地，家畜与野生动物的竞争相对缓和，从而在人类密集活动区域保存了较为完整的、包括大中型兽类的山地生态系统（罗鹏 等，2001；李娟，2012；肖凌云，2017）。神山作为山地生态系统中具有突出文化价值的代表，在精神层面代表了藏族文化中对自然的尊重、敬畏、共生，而不是与自然的对立；在管理层面，对自然资源利用行为的允许、限制和禁止，正是文化景观维持的核心。在更广泛的区域，需要的是在维持神山的重要文化意义之外，使关注点从神山区域扩展到三江源的整个山地生态系统，乃至三江源东部地区的整个文化景观和社会-生态系统，而这与当地牧民的管理是不谋而合的：

> 我觉得大家对保护神山的关注已经很高了，大家也都愿意去做保护神山的事情，接下来保护别的地方可能更重要一点（昂赛乡牧民访谈，2016 年）。

故而，作为沟通世俗世界与精神世界（宗教世界）、人与神的地理区域，对放牧的许可更表现了神山是入世的、可亲近的（郁丹，2010；英加布，2013）。三江源的宗教与山神并不排斥人类，并不隔离人与自然，而需要遵守一定的规矩。而放牧，正是传统文化中被豁免的人与环境互动的方式，基于神山禁忌的社会规范和传统管理机构在神山文化的实践上始终起着关键作用。

3.2.2 神山内外植被指数及其变化的比较

神山受到的管理越严格，其结果可能是草地越能够长期维持较好的质量。质量好的草地的一项特征就是有较高的生物量，已有多项研究表明，在青藏高原，草地生物量与 EVI 有正相关关系（宋瑞玲 等，2018）。

使用 MODIS-EVI 数据集中 2000—2019 年逐年的夏季 8 时相数据，即三江源植物生长季的平均 EVI，以每个像素为单元对连续 20 年的数据进行线性回归，提取回归方程斜率，并检验其显著性。若斜率为负值且 $p < 0.05$，则认为该像素点在 2000—2017 年间 EVI 显著下

降；若斜率为正值且 $p < 0.05$，则认为该像素点在 2000—2017 年间 EVI 显著增加；$p > 0.05$ 则认为 EVI 变化不显著。以杂多县全境内三种变化的频率作为理论背景值，若神山对草地的状况没有作用，在神山内，三种变化的频率应该与理论背景值一致，使用卡方检验判断实际观察值与理论值的吻合度。

实际上，卡方检验的结果是显著的（$p=0.0001$），如表 3.3 所示，神山内 EVI 的三种变化的频率分布与理论背景值有显著差异，从数值上看，神山内显著降低的频率低于背景值，显著增加的频率高于背景值，显示神山内 EVI 增加的面积占比多，减少的面积占比少。说明神山内草地确实发生了与神山外不同的变化，可能与神山的严格管理有关系。

表 3.3　杂多县神山内外 EVI 的比较

类别		实际栅格数	频率	理论栅格数	卡方检验
神山内	显著降低	193	0.043	246.9	0.0001**
	无显著变化	3933	0.879	3924.8	
	显著增加	350	0.078	304.2	
神山外	显著降低	28 671	0.055		
	无显著变化	454 874	0.877		
	显著增加	35 216	0.068		
神山内＋神山外	显著降低	28 864	0.055		
	无显著变化	458 807	0.877		
	显著增加	35 566	0.068		
合计		523 237			

注：**，$p < 0.01$。

因为本研究调查的神山主要集中在杂多县东部，为了排除东西部 EVI 之间本身存在的差异对结果的影响，所以在研究中采用了同样的方法，进一步比较了神山与神山相邻区域内 EVI 及其变化情况。首先计算地图上每个栅格到神山边界的直线距离，然后以神山内直线距离的最大值为阈值，所有神山外直线距离小于此阈值的区域，定义为神山相邻区域。这种方法得到的结果显示，神山内 EVI 的三种变化的频率分布与理论背景值有显著差异（p=0.0001），从数值上看，神山内显著降低的频率低于背景值，显著增加的频率高于背景值，显示神山内 EVI 增加的像素点多，减少的像素点少，与神山和全县的比较结果一致（表 3.4）。

表 3.4　杂多县神山边界两侧相同距离范围内，神山内外 EVI 的比较

类别		实际栅格数	频率	理论栅格数	卡方检验
神山内	显著降低	193	0.043	326.7	0.0000**
	无显著变化	3933	0.879	3905.4	
	显著增加	350	0.078	244.0	
神山外	显著降低	2979	0.076		
	无显著变化	33 988	0.872		
	显著增加	2019	0.052		
神山内＋神山外	显著降低	3172	0.073		
	无显著变化	37 921	0.873		
	显著增加	2369	0.055		
合计		43 462			

注：**，$p<0.01$。

3.2.3　红外相机兽类多样性调查

红外相机是一种无损取样方法，尤其适合对种群密度低、家域大、活动隐蔽、难以进行直接观察的兽类进行调查。利用红外相机得到的信息，可以研究物种的栖息地选择、家域、种群数量等，对雪豹这样不同个体具有不同斑纹式样的动物，还可以进行个体识别。

在本研究中，在杂多县扎青乡地青村布置红外相机进行兽类多样性调查，参考森林生态系统中比较神山内外鸟类多样性的方法（Bhagwat et al.，2006），比较神山内外兽类多样性的差异。研究区域内有杂多县面积最大的神山——喇嘛诺拉神山以及较小的三处神山区域。在社区牧民监测员的配合下，共在地青村布设红外相机监测点 32 处（图 3.10），取 5 km×5 km 的网格作为红外相机调查取样

的单元，在单元中选取动物活动痕迹最为密集的位置，放置两台红外相机以获得最大捕获率。在神山内共布设监测点 7 处（其中一处设置了 2 个点位），神山外 25 处。32 台红外相机在 2016 年连续工作149 ～ 165 天，平均每台工作 154.5 个相机日，合计 4944 个相机日。对红外相机照片数据进行处理，鉴定记录物种并分别计算物种的捕获率，以超过半小时的记录为一次独立捕获（李娟，2012；肖凌云，2017）。对神山内外红外相机监测位点的捕获率进行比较。物种捕获率计算公式为：

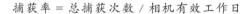

$$捕获率 = 总捕获次数 / 相机有效工作日$$

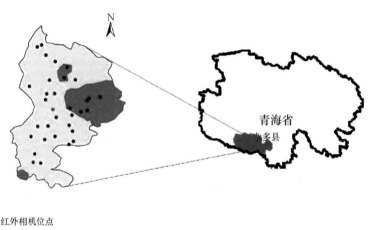

图例

- 红外相机位点
- ■ 地青村神山范围
- □ 地青村范围

图3.10　地青村神山内外兽类红外相机调查位点示意

32 台相机共监测到雪豹、赤狐等 10 种野生动物，以及牦牛和狗2 种家养动物。雪豹和赤狐在神山内外被拍到的次数都是最多的，分别被 30 台和 26 台相机捕获。捕获相机数最少的是欧亚猞猁（共 6台，内 4 外 2）、棕熊（共 5 台，内 2 外 3）、藏狐（共 3 台，内 1 外2）和马麝（共 3 台，内 1 外 2）。

如表 3.5 所示，仅从捕获率平均值上比较，神山内高于神山外的是赤狐、欧亚猞猁、狼、藏狐 4 种，雪豹、岩羊、兔狲、白唇鹿、棕熊、马麝、牦牛和狗等 8 种动物的捕获率都是神山外高于或等于神山内。做成组数据的 t 检验，只有岩羊（p=0.12）、欧亚猞猁（p=0.15）、牦牛（p=0.23）三种动物在神山内外的捕获率可能有差别，然而均没有达到 0.05 的显著水平。

上述结果显示，神山内外野生动物的红外相机捕获率没有显著差别。

表 3.5　杂多县地青村神山内外动物活动情况比较

物种		神山内（n=7）			神山外（n=25）			捕获率 t 检验（p）
		捕获相机数/捕获相机占比	捕获率平均值	捕获率标准差	捕获相机数/捕获相机占比	捕获率平均值	捕获率标准差	
野生	雪豹	7/100.0%	0.0370	0.0370	23/92.0%	0.0507	0.0484	0.54
	赤狐	7/100.0%	0.0228	0.0228	19/76.0%	0.0226	0.0239	0.99
	岩羊	6/85.7%	0.0146	0.0146	17/68.0%	0.0272	0.0350	0.12
	兔狲	4/57.1%	0.0062	0.0062	10/40.0%	0.0121	0.0372	0.49
	欧亚猞猁	4/57.1%	0.0024	0.0024	2/8.0%	0.0008	0.0031	0.15
	白唇鹿	3/42.9%	0.0058	0.0058	11/44.0%	0.0067	0.0103	0.83
	狼	3/42.9%	0.0047	0.0047	4/16.0%	0.0035	0.0020	0.77
	棕熊	2/28.6%	0.0028	0.0028	3/12.0%	0.0029	0.0127	0.97
	藏狐	1/14.3%	0.0005	0.0005	2/8.0%	0.0004	0.0016	0.91
	马麝	1/14.3%	0.0005	0.0005	2/8.0%	0.0005	0.0018	0.98
家养	牦牛	5/71.4%	0.0131	0.0131	14/56.0%	0.0249	0.0387	0.23
	狗	1/14.3%	0.0011	0.0011	4/16.0%	0.0024	0.0089	0.54

3.2.4　神山的新知识与新变化

随着神山在生态保护中的价值被强调，部分社区和宗教精英开始考虑如何综合考虑神山的生态与文化价值。传统上，神山或是神灵的化身处，或是社区家族寄魂物的所在地，或是高僧大德留下事迹的地点。而热爱鸟类、了解科学知识的年保玉则白玉寺堪布扎西桑俄，依靠自己在社区内的威望，将重要鸟类的栖息地加持为新的神山，使其受到与传统神山同样严格的保护。新神山在寺庙的巡护之下，其禁忌得到牧民的认同和遵守。

为了更好地保护生态环境，神山的范围可以发生变化，生态内自然资源管理的方式也可以发生变化。在调查中唯一一处禁止放牧的神山区域，禁止的目的是保护野生动物。当地僧侣介绍：大概是 2011 年吧，寺庙后的神山上跑来了几只鹿，是我们这里没见过的动物。鹿是吉祥的动物，能带来福气。我们商量了一下，决定把神山这一块围起来，不让放牧了，让动物好好生活。老百姓也同意，我们就把神山围了起来（久治县白玉乡僧侣访谈，2014 年）。

因此，神山及神山文化并不是固定不变的，而是可以依据其新的内涵发生变化的。

3.3　藏族聚居区神山与生态保护相关讨论

3.3.1　神山保护在生态保护中的作用

总而言之，藏族神山保护对生态保护的作用体现在以下几个方面：

（1）神山分布广、数量多、面积大、生境类型多样。

神山的分布贯穿整个藏族聚居区，与人的居住区紧密相连。有村子的地方就有神山，并且呈现出相似的分布格局。每个藏族村子都有其供奉的神山（图 3.11，类别①），有多个村子共同供奉同一座神山的情况（图 3.11，类别②），社区级神山与信奉它的村子关系最为密切。除此之外，寺庙管护的神山通常是一个地区等级最高的神山（图 3.11，类别③），供奉寺庙的村子也同时供奉寺庙管护的神山。由此推测，神山的数量大致与村子的数量相当，或略高于村子的数量。甘孜州下辖 18 个县（市），2181 个行政村（其中包括非藏族村）。初步推测，我们对甘孜州神山数量的推算可能是一个偏低的估计。

如此数量众多的神山构成一个庞大的系统。相比世界上其他形式的圣境而言，面积大是藏族聚居区神山突出的特点。国外报道的其他

图3.11　神山的分布特点（绘图 张璐）

圣境多数为镶嵌在农业景观中的破碎化斑块，且面积较小（Bhagwat et al.，2006）。在印度，4415 处神树林平均面积仅为 9.6 公顷，神树林的总面积约占印度国土面积的 0.01%（Malhotra et al.，2001）。而藏族聚居区单座神山的面积可以达到上百平方千米，与中等大小的自然保护区面积相当。大面积的生态系统相对小的生境斑块而言，承载了更为复杂多样的生态群落，抵御外来干扰的能力更强，稳定性更高（邬建国，2000）。

甘孜州的保护区总面积超过 40 000 km²，而根据我们的推算，神山的面积占州面积的 34%，超出了已有保护区的面积。甘孜州神山面积为州面积的 30% ～ 40%（据泽仁晋美研究员估算），与我们推算的结果相一致。由于多数神山分布在保护区外，神山和保护区覆盖的总面积将更大。对于保护区所不能覆盖的重要的生物多样性区域，神山能起到填补其保护空缺的作用。

我们调查记录到的神山从低海拔地区到高海拔地区均有分布，覆盖了甘孜州所有典型的生境类型，包括低海拔的针阔叶混交林、中高海拔的落叶针叶林、暗针叶林、硬叶阔叶林，以及高海拔地区的高山灌丛、草地和流石滩等。对单座神山来讲，通常也覆盖了从山脚（神山下限）至山顶的完整的垂直植被带谱。

（2）神山管理以社区村民的普遍参与为特色，保护成本低。

神山的保护根植于宗教信仰。从传统认识来看，神山具有两重性。村民一方面敬奉神山，感谢山神保护部落平安，祈求风调雨顺、庄稼丰收、人丁兴旺；另一方面又畏惧神山，严格约束自己的言行，不使自己触犯山神，受到不必要的惩罚，因而形成禁忌和约定俗成的生活伦理要求。因为这样的两重性，神山在管理上体现出社区内部严格自律，以及社区成员主动抵制外来威胁的特点。

神山的管理建立在传统的社区制度（村规民约）和社区组织之上。社区内部神山管理的好坏与寺庙的影响力以及社区组织的强弱有关。尤其是 20 世纪 80 年代之后，神山的管理经历了一个从无到有的恢复过程。寺庙影响力大的地区，村民的宗教信仰更浓厚，对神山保护的认同度更高，一般地讲，有寺庙影响力弱、神山管理也弱的特点。而强有力的社区组织对于村规民约的恢复和重建、社区成员的相互监督以及社区内部的管理也更为严格有效。

神山的威胁主要来自社区外部，包括其他地区不信奉此神山的藏族人以及其他不同文化背景的外来者对神山的破坏。社区成员通常会主动劝说、制止外来者破坏神山的行为，这种保护神山的意识弥漫在日常生活中。从寺庙访谈结果来看，74% 的寺庙不同程度地采取了保护神山的措施，包括指定专人进行管护和巡山。寺庙管理神山的力度受寺庙的影响力及寺庙的人力、物力等多个因素的影响。值得注意的是，巡山的组织形式并非完全反映一个地区的神山的管护水平，很大程度上还与这个地区的盗伐尤其是盗猎压力有关。巡山组织得好的地区对神山的管护好，但反之并不一定完全成立。相比保护区的管护，社区对神山的管护成本更低。绝大多数社区并没有安排专人巡护神山，而村民在日常生产活动过程中自发地起到了监管作用。即便是寺庙安排专人巡护，也不需要向巡护人员支付很高的报酬。

（3）社区对神山的保护对自然资源的有限使用起到约束作用。

丹巴县神山内外森林生态系统的比较研究表明，神山能起到有效保护森林的作用。甚至在 1990—2000 年期间，社区对神山的保护在一定程度上起到了阻止国有森工企业在神山上采伐的作用。甘孜州尽管人口密度较低，绝大部分地区仍然有人居住，神山成为人居环境中人为干扰最少的区域。由于严格禁止砍树、动土，神山上的森林通常是当地最为成熟、原始的森林。对神山上植被的评价必须放在更长的历史背景来看，对其生物多样性的评价亦然。20 世纪 50 年代起，尤其是"文化大革命"期间，以宗教信仰为核心的藏族传统文化被摒弃，直到 80 年代宗教信仰自由政策恢复，其间差不多一代人在传统文化缺失的环境中长大。这个时期也是近代历史上神山乃至甘孜州整个地区的植被和野生动物破坏最严重的时期，其中有部分当地人因缺乏信仰约束的作为，也有国家发展建设以及商业采伐给当地自然环境带来的影响。丹巴县记录的神山森林近 1/4 在 1975—2000 年间遭到一定程度的采伐，如果算上 1975 年之前的破坏，这个比例会更高。这也是丹巴县目前有约 1/3 的神山内的森林覆盖率低于神山外的原因之一。

从 80 年代起，随着宗教信仰的恢复，村民基于传统文化的保护行为逐渐恢复。从 90 年代后期开始，国家政策更加重视生态保护。而 80 年代至 90 年代后期，基于传统文化的社区保护在一定程度上弥补了国家保护力量的缺失。通常情况下，神山内的植被相对神山外的植被更为原始，其植物物种的多样性是否也更高？我们现有的调查并不能回答这个问题。而邹莉等在云南省香格里拉大峡谷的研究和 Salick 等在卡瓦格博神山的研究结果并不一致（邹莉 等，2005；Salick et al.，2007）。从我们在调查过程中的观察来看，此问题不能一概而论。一方面，神山的植物多样性与神山历史上受到的干扰程度有关。神山内如果多原始植被，其生物多样性反而不及有一定程度干扰的次生植被的生物多样性高。另一方面，神山并非完全不能利用，多数神山允许放牧和采集林副产品，对于林下灌木和草本植物同样存在人为干扰，其干扰强度因地而异。神山内如果出现过度放牧和采集，将会抑制林下植物的生长和演替，其灌木和草本植物的多样性并不一定会高于神山外。

3.3.2　神山保护与政府主导的保护体系的关系

神山保护与政府主导的保护体系的关系可以从以下两方面探讨：一方面是神山与保护区的空间关系如何，两者在空间分布上是否重叠；另一方面是社区对神山的管理与保护区以及林业系统的管理是否结合。根据调查的结果，神山保护与政府主导的保护体系的关系呈现如下特征：

（1）保护区内均有神山分布，而多数神山分布在保护区外。

现有保护区并不能覆盖所有生物多样性保护的关键地区。以甘孜州为例，尽管保护区面积已占州面积的 29.1%，但西南山地生物多样性热点地区与甘孜州重叠的区域中有一半以上的面积没有被任何保护区覆盖。神山因其数量多、面积大、分布广，对保护区体系是一个有力的补充。总结神山与保护区的空间关系，有以下三种（图 3.12）：神山 I 在保护区内，直接促进保护区内的生物多样性保护；神山 II 与保护区重叠，或者与其他神山重叠，起到连接保护区，或者连接神山的廊道作用；神山 III 在保护区外，促进保护区外生物多样性重要区域的保护，弥补保护区体系的不足。

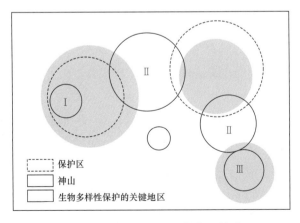

图3.12　神山和保护区的空间关系

　　（2）神山管理与保护区管理基本分离，但在基层林业部门的管理上存在一定程度的结合。

　　甘孜州 74 个受访寺庙中，分布在保护区内的寺庙共计 16 个，占受访寺庙总数的 21.6%（表 3.6）。社区对神山的管理与保护区管理结合的案例只有德格县宗萨寺 1 例，而且也是唯一的 1 例社区对神山的管理由寺庙申请并获得乡政府书面认可的。

　　受访寺庙中，提到神山管理有政府参与的共 8 例。如果不限于神山保护，基层林业部门的管理与社区保护结合的程度更高，表现在：① 25% 的受访寺庙与林业部门签订了护林防火责任书，寺庙被授权负责其周边地区的护林防火工作。② 林业部门的保护与社区保护在组织管理上有交叉。比如，村里管理神山和反盗猎积极的村民被指派为护林员。受国家保护相关宣传和活佛宣传教育的双重影响，村民在发现乱砍滥伐和盗猎的现象后同时向寺庙、乡政府或林业站汇报等。

表 3.6　甘孜州 74 个受访寺庙神山管理与政府主导的保护体系的结合情况

管理形式	保护区内寺庙数量 /个	保护区外寺庙数量 /个	小计 /个
有政府或保护区的管理授权	1	0	1（1.4%）
政府与社区共管	1	6	7（9.4%）
仅社区管理	14	52	66（89.2%）
小计	16（21.6%）	58（78.4%）	74（100%）

　　注：括号内为该类型寺庙占总寺庙数的比例。

　　自 20 世纪 90 年代起，我国新建保护区的数量增长迅速。其中西部保护区的数量占一半以上，面积超过全国保护区总面积的 75%（韩念勇，2000）。尽管保护区数量增长快，但重数量轻质量、重建设轻管护的问题突出。受经费不足的限制，保护区管理机构建设和人员配备难以在短时间内到位。据 2001 年底的统计，我国约有 38% 的保护区尚未建立相应的管理机构，27% 的保护区没有配备专门的管理人员，平均每个保护区有 6 名管理人员（国家环境保护总局自然生态保护司，2002）。在我国的保护区管理体系中，绝大多数保护区的资金来源都依靠当地政府的财政拨款。西部地区与东部地区相比，地方财政用于保护区建设和管理的经费更为有限。西部保护区面积大（如羌塘保护区达到 298 000 km²），在现有的资金和人员条件下难以实现保护区的有效管理。以甘孜州为例，在 2005 年甘孜州已经批准建立的 40 多个保护区中，只有 4 个正式工作人员的编制（李八斤，个人交流）。这种管理缺乏和资金短缺的状况，在短期内很难有本质性的改观。

藏族聚居区幅员辽阔，其面积占到了国土面积的 23%，同时与我国多个生物多样性热点地区重叠，在全球尺度的生物多样性保护中占有重要位置。藏族社区对于神山的崇拜和保护在整个藏族聚居区都是普遍的文化现象，因此，充分发挥藏族传统文化和社区保护力量，鼓励依托当地社区的、运作成本低的传统保护手段，对于提升西部自然保护区的有效性、促进西部地区的生物多样性保护具有重要的现实意义。

3.3.3   以神山保护为主体的社区保护与政府主导的保护体系结合的途径

以神山保护为主体的社区保护与政府主导的保护体系结合的途径有以下几种：

（1）宣传促进社会公众对神山生态保护价值的认识。

神山保护需要政府部门的认可，以及社会公众的共同参与。随着藏族聚居区外来人口的增加，来自社区外部的威胁在增加。通过宣传促进主流社会对神山保护及藏族传统文化的了解和认识，是倡导和推广神山保护的基础。比如向进藏旅行的游客宣传神山的文化价值和宗教禁忌、高原野生鱼类保护的重要性等，使游客了解和尊重藏族聚居区的风俗习惯，减少对当地野生动植物的消费，倡导对当地社区和环境友好的旅行方式。

（2）为神山保护寻求政策和法律支持。

神山保护建立在传统的资源权属之上，绝大多数社区对神山的管理没有得到法律法规的认可。与此同时，神山的土地所有权存在集体所有和国家所有两种形式，社区对神山的管理没有相应的土地所有权为依托。缺少法律法规的支持限制了社区保护神山的有效性和积极性。

（3）将神山保护作为社区保护地类型纳入政府主导的保护体系。

从长期的发展方向来看，社区保护地正逐步得到政府的重视。在澳大利亚以及南非的一些国家，社区保护地已经成为政府主导的保护地类型的一种，受到法律保护，并且社区能够从政府相关部门获得相应的管理经费和技术的支持。神山保护作为社区保护地的一种形式，如果能够纳入政府主导的保护体系，对于提升和完善西部保护区的有效性将是一个巨大的促进。将神山保护纳入政府保护，必须建立相应的评估和管理体系。神山类型的保护地应当根据一定的评价标准，分为不同的类别，比如根据神山的宗教影响力和生物多样性价值划分为不同的等级，不同的等级对应于不同的保护目标。社区保护地的建立当由社区发起，社区是管理的主体，充分肯定和发挥传统的社区组织、资源管理制度在神山自然资源管理和保护中的作用。社区保护地的管理应经由县级以上政府和主管部门的认定，受法律保护，同时接受相关部门对于社区管理有效性的监督。

神山类型的社区保护地多数属于 IUCN 保护地类别中的第 V 类：陆地景观保护地，并非完全禁止资源的利用和开发，但在资源开发利用上应尽可能与神山传统的资源管理目标相一致，比如以旅游开发为主，不做较大的景观改变。部分禁忌严格的神山归入 IUCN 保护地类别中的第 I 类：严格的自然保护区和原野保护地。依据宗教禁忌的不同，不同的神山保护目标有所不同。要保证这一点，在制定全国尺度的规划，比如国家级的五年规划纲要时，关于"主体功能区"的划分，在藏族聚居区就应当考虑神山这一属性，将有重要文化地位和生物多样性价值的神山分布区划入限制开发区和禁止开发区，在促进神山保护的同时，减少政府开发行为对神山的破坏。神山的完整性对于当地社区而言有无可比拟的精神价值。大型基础设施的规划设计在有可替代方案的情况下，应尽可能避免对重要神山的破坏。与神山相关的开发活动在规划实施的过程中，应当提供相应的社区参与途径，建立利益相关者协商机制，通过宗教的手段或者经济补偿的方式，将负面影响降至最低。

（4）协议保护。

短期内，在现有的法律框架和保护区体系内，协议保护是保障社区对神山保护的合法权益的最为现实的途径。协议保护指在不改变土地所有权的情况下，通过协议的方式，将土地附属资源的保护作为一种与经营权类似的权利移交给承诺保护的一方，在资源所有者和保护者之间通过协议的方式将保护作为权利和义务固定下来，以此来达到保护目标。协议保护通常由第三方进行监督，需要明确协议双方的权利和义务，以及最终要达到的目标和评估标准。

例如，为了使社区保护的实践和我国现有的保护区管理体制相结合，在传统文化和科学保护思想之间进行沟通，保护国际在四川和青海开展了协议保护的尝试。

21 世纪初，保护国际尝试在三江源国家级自然保护区（以下简称"三江源保护区"）内的措池村推动协议保护项目[①]。该项目通过激励当地社区参与保护来提高自然保护区的保护效率。三江源保护区幅员辽阔，但当时保护区管理局只有 8 名员工，另外包括两个保护站。以这样的人力要在如此辽阔的区域内实现有效保护是不现实的。因此，激励保护区内的社区参与保护就成为一个实现保护的重要手段。

措池村面积约 2000 km²，位于三江源保护区的楚玛尔河野生动物保护核心区内。当地村民出于两方面的原因对保护有着强烈的愿望：一方面是对其世世代代以游牧为生所依赖的草原当时出现的退化的忧虑；另一方面是出于尊重生命、保护神山圣湖的文化传统。村民们自发地组织了一个保护组织叫"野牦牛守望者协会"，定期巡护和监测在这片土地上生活的野生动物。为了使野牦牛有足够的栖息地，协会的一户牧民自愿迁出野牦牛栖息地，而村里的其他牧民则主动让出一部分草地给这户牧民。在这些自愿行动的基础上，保护国际提供资金和技术支持，促成措池村与保护区管理局于 2006 年 9 月正式签署协议，保护区管理局授权措池村在其所属的 2000 km² 的范围内行使保护权利。保护区与社区共同制定了保护目标，保护区则发挥给予一定的指导和监测社区保护成效的作用。保护国际所提供的资金支持则提供了一种鼓励机制，用于满足社区可持续发展的需求。

① 此案例由保护国际协议保护项目官员田犎提供。

措池村与三江源保护区正式签署协议的保护模式在我国是首例。西部很多保护区的面积广阔，保护区内甚至核心区内都有当地社区居住。一方面，国家投入不足，保护区的管理能力不够是普遍存在的问题。很多保护区甚至根本就没有管理机构。另一方面，国家当时的与保护区相关的管理条例、规定在实施中存在问题，比如根据对保护区功能区的规定，在核心区禁止一切生产生活活动。但在类似三江源这样的保护区中，核心区内有人居住。因此，在法律法规与现实的矛盾一时无法协调时，保护区与核心区内的社区签署保护协议就可以是一种投入产出比极高的有效保护措施。

（5）在外界支持下，规范和提升社区对神山的保护和管理。

神山的保护建立在宗教信仰的基础之上，寺庙对于保护的宣传从宗教的角度出发，传统保护体系缺乏与现代科学保护的结合。村民对于野生动物和环境保护重要性的认识和解释是基于宗教的理解和经验的总结，科学的系统知识可以帮助对环境问题的判断、预测和管理决策。由于处理方式的不当，村民与盗猎者、外来开发神山者时有冲突发生。神山保护需要注入现代科学保护的理念、知识和管理手段，通过向社区提供生物多样性知识培训、法律法规学习、监测方法培训等，提高社区管理自然资源的科学性和有效性。

（6）通过传统手段提升保护区的管理有效性。

传统保护体系尽管在出发点上与政府主导的保护体系并不相同，但在保护目标上与国家倡导的保护容易找到共识，比如在禁止捕杀濒危野生动物这一点上，传统的保护手段甚至比国家法律要求更为严格，这为政府部门开展保护工作提供了很好的群众基础，使得保护工作在藏族聚居区容易开展。

保护区和林业部门的管理工作与社区保护的结合仍然有很大的发展空间。保护区内涉及多个社区和神山圣湖等圣境，建议保护区的工作人员学习传统的空间划分和资源利用方式，针对不同社区的特点，制定适宜的保护区与社区共管模式。通过契约的方式，将保护区内的管理权过渡给当地社区，充分发挥社区现有的人力资源和管理制度在保护中的积极作用。保护区在建立过程中常常以外来群体，比如科学家、林业部门工作人员的意愿和知识为主导，以保护生态系统及野生生物种群的健康为目的，而对当地社区的需求和利益少有具体的考虑（权佳 等，2009）。保护区在建立、规划和管理过程中，如果充分考虑传统的资源管理模式，比如将神山和日卦作为保护区的核心区，而将社区传统的资源利用区域作为实验区，保护区的规划尽可能与传统的资源利用分区相一致，将有利于缓解保护区内的资源利用压力。在传统地区，通过宗教的方式更能有效约束村民的行为，实现自然资源的合理利用和保护。在传统的藏族社区，将部分现代科学知识转换为当地人能理解的说法，通过活佛在法会上宣讲，更能达到保护宣传目的；重要的生物多样性区域通过宗教仪式设定为禁区更能得到当地村民的重视和保护。在一些地区甚至可以通过创立新的神山的方式实现保护。

（7）建立神山保护的激励和补偿机制。

社区村民在保护神山的过程中，有一定的经费支出，比如巡山产生的费用，缺乏资金在一定程度上影响了社区巡护活动的开展，影响了保护的有效性。社区村民因为保护神山付出了一定的机会成本，比如在采挖虫草的季节巡山，占用时间、减少了自己的经济收入，或者放弃对神山资源的开发利用所能产生的经济价值。神山保护以牺牲当地经济利益为代价，促进了西部地区生物多样性和水源地的保护，受益的是更广大的社会群体。社区对神山的保护，应当根据其资源的重要性和管理的有效性，一定限度地享受生态补偿所提供的财政支持。或者通过引导社会资金投入神山的保护，为社区保护提供经费来源。对于传统文化影响相对较弱的社区，通过适宜的经济手段也能起到激励保护的作用。

第四章

青藏高原环境历史案例研究
——以三江源地区为例

三江源地区在秦汉时期与作为羌人祖先的无弋爰剑的传说有关；之后先后属于吐谷浑、白兰羌；至吐蕃时代属于苏毗国，后成为吐蕃的孙波如；宋朝时，当地的囊谦王归附中央，有六大部落——年错、固察、称多、安冲、隆宝、扎武（陈庆英，2004），这些部落的名字到今天仍作为地名使用；至元明时期，当地建立了政教合一的地方政权，并归于中央政府统一控制；清朝时，雍正年间勘定界址，将青南藏北（今青海三江源、西藏那曲地区）的游牧部落分为那书克三十九族、阿里克四十族，其中阿里克四十族归西宁办事大臣（钦差办理青海蒙古番子事务大臣，番子即指藏族）管辖，至清末经过迁移、兼并、新立等变为玉树二十五族（周希武，1986）；民国时设置了玉树县、囊谦县、称多县、曲麻莱县（预备）、果洛行政督察区（后撤销），至20世纪50年代后逐步发展为今天的情况。

因自然及交通条件的限制，三江源地区居民的生计一直以来高度依赖自然资源，也在生产生活过程中与自然建立了密切的联系。这种联系随着时间不断发生变化，这种变化也会同时引起自然界和当地社会、文化的变化。历史文献中关于三江源地区环境情况及人类利用自然资源情况的记载非常有限。杨卫（2010）、吴超（2013）等学者以《玉树调查记》（周希武，1986）等为主要研究材料，考察了玉树农牧业的发展情况，指出玉树地区以脆弱的原始畜牧业为主要生计方式，牧业区域占据了玉树州绝大部分面积，超过六成的玉树居民是牧民。而农耕区域仅分布在玉树的南部、东南部地区，虽然面积不大，但人口密度较牧业区域大得多，农业人口占玉树总人口近四成，种植业在经济中也占有相当比重，玉树地区在粮食上基本能够自给（杨卫，2010；吴超，2013）。果洛地区情况类似，也兼有牧民和农民（果洛藏族自治州概况编写组，1985）。景晖等（2005）收集资料描述了清朝中叶以来三江源地区人为活动对环境的影响，包括畜牧、农耕、狩猎、采矿、林业等方面。

本章主要采用文献研究法，通过对三江源地区历史文献的搜集、整理、分析，得到三江源地区环境历史的变化情况。在20世纪50年代前，三江源地区缺少系统的统计资料，故主要从历史文献、档案、旅行者游记等材料中获取描述当时环境情况的定性信息，如果出现零星的统计信息则一并予以记录。除《玉树调查记》《西宁府新志》等资料外，我们参考张福强（2017）整理的清朝以来三江源地区调查资料名录，并在"全国报刊索引"数据库的"近代期刊库"中以"玉树""郭罗克""果洛""青海"等为关键词索引文献，寻找记载有环境信息的资料。50年代后的统计资料主要来自《青海统计年鉴》《玉树藏族自治州志》《果洛藏族自治州志》《青海省志：畜牧志》《青海省志：林业志》，及各州县统计年鉴、地方志等。另外一并对50年代后的主要草原政策、野生动物保护政策进行梳理总结。

4.1　三江源地区的自然概况

三江源地区作为长江、黄河、澜沧江三条江河的发源地和源头汇水区域，被称为"中华水塔"，在水源涵养、气候调节、支持畜牧业等方面具有重要的生态系统服务功能，同时也是重要的野生生物栖息地，是我国乃至世界上仅存的几处保留有完整大中型兽类种群的地区（刘敏 等，2005；李娟，2012；肖凌云，2016），具有重要的保护价值。

三江源地区具有独特的、在长期与自然互动中形成的文化。当地绝大多数人口为藏族，藏族文化中有颇多对自然友好、有利于生态保护的内容（南文渊，2000；罗康隆 等，2011；马建忠 等，2005）。虽然有这样的文化背景，但草地退化、野生动物锐减等仍然是三江源面临的环境问题，未来在气候变化、人口增长、现代化等背景下，生态环境将受到更大的压力。我国政府极为重视三江源地区的生态保护，先后组织开展了三江源生态保护一期、二期工程，并在三江源挂牌成立了中国第一个国家公园，对三江源地区的保护投入不断增加。同时，在《中共中央 国务院关于加快推进生态文明建设的意见》中明确，"坚持把培育生态文化作为重要支撑"。

三江源地区位于中国西部、青海省南部、青藏高原腹地，行政区域包括玉树藏族自治州、果洛藏族自治州、海南藏族自治州、黄南藏族自治州和海西藏族蒙古族自治州格尔木市代管的唐古拉山镇，总面积约为青海省总面积的 1/2。

三江源地区作为青藏高原的重要组成单元，地理位置和生态环境独特，自然环境多样，地形地貌复杂，全区海拔在 3335～6564 m之间，平均海拔 4400 m 左右。区内中西部和北部成山原状，起伏不大，多为宽阔平坦的滩地，有大面积沼泽湖泊，可可西里地区高原湖泊尤其密集；东南部为高山峡谷地带，地势陡峭。

三江源地区属典型的高原大陆性气候，冷热干湿季节分明，年温差小，日温差大。冷季热量低，降水少；暖季降水量多。

三江源地区生物多样性丰富、集中，分布有多种特有和濒危动植物。其中植物方面分布有野生维管植物 2238 种，分属于 81 科 471属，其中珍稀濒危植物 40 多种，青藏高原特有种 705 种，中国特有种 1000 多种。

动物方面，三江源地区有国家一级重点保护野生动物 16 种，其中有藏野驴（*Equus kiang*）、藏羚（*Pantholops hodgsonii*）、野牦牛（*Bos mutus*）、白唇鹿（*Cervus albirostris*）、雪豹（*Panthera uncia*）、豹（*P. pardus*）、黑颈鹤（*Grus nigricollis*）、金雕（*Aquila chrysaetos*）、玉带海雕（*Haliaeetus leucoryphus*）、胡兀鹫（*Gypaetus barbatus*）等，二级重点保护野生动物 53 种。兽类共20 科 85 种，其中一级重点保护野生动物 7 种，二级重点保护野生动物 19 种，中国或青藏高原特有种 54 种；鸟类有 16 目 41 科 238 种，其中国家一级重点保护野生动物 8 种，二级重点保护野生动物 16 种，中国特有种 16 种。鱼类 6 科 40 种，两栖爬行类 10 科 15 种。三江源地区面临的主要威胁包括：草地退化、沙化、水土流失、鼠害、盗猎、无序采矿和药材采集等（李迪强 等，2002；李迪强，2010）。

三江源省级自然保护区 2000 年 5 月成立，2003 年被批准为国家级自然保护区，当时三江源国家级自然保护区（以下简称为"三江源保护区"）总面积为 15 2300 km²，占三江源地区总面积的 47.9%，占青海省总面积的 21.4%。保护区共划分为四个类型，共有 25 个核心区、25 个缓冲和 1 个实验区（陈桂琛，2007）。为了进一步加强三江源地区的生态保护，2011 年成立了三江源生态保护综合试验区。之后三江源保护区治理范围进一步扩大，三江源国家公园于 2016 年挂牌成立，成为我国第一个国家公园。

三江源保护区的保护分区包括：

水源、水体类保护区：格拉丹东雪山分区、当曲湿地分区、约古宗列湿地分区、星星海湿地分区、年宝玉则湿地分区、果宗木查湿地分区、阿尼玛卿雪山分区、扎陵湖－鄂陵湖分区；

森林灌木类保护区：玉树通天河沿岸疏林灌丛分区、称多通天河沿岸疏林灌丛分区、东仲－巴塘森林灌木分区、多柯河森林灌木分区、中铁森林灌木分区、江群森林灌木分区、军功森林灌木分区、麦秀森林灌木分区、昂赛森林灌木分区、坎达峡森林灌木分区；

高寒草甸保护区：马柯河高寒草甸分区、雅砻江源头高寒草甸分区；

珍稀动物保护区：楚玛尔河分区、索加分区、隆宝分区、江西林区分区、白扎林区分区。

另外，可可西里国家级自然保护区（以下简称为"可可西里保护区"）也在三江源地区范围之内。由草地、牲畜、牧民构成的社会－生态系统是三江源地区主要的系统，也是本研究的主要研究对象。

4.2　三江源地区人口变迁

因自然条件影响，三江源地区一直以来人口数量较少，人口密度不大。对当地人口数量的记载自清朝中叶开始。以下试以三江源地区的主体部分——玉树州和果洛州的情况为代表，探讨三江源地区人口的变化情况。

4.2.1 玉树州人口情况

　　1949 年前对玉树州人口没有系统调查，仅有文献中的零星记录。对于玉树州人口最早的记载为 1733 年（雍正十一年），当时规定生活在玉树地区的阿里克四十族归西宁管辖，统计四十族共 8443 户，32 390 人（杨应琚，1988）。1914 年玉树勘界时，发现曾经的阿里克四十族中的一些已经向北迁移，仍在玉树地区生活的部落也多有变化。1914 年，周希武根据勘界情况写成的《玉树调查记》中（后增补为《玉树县志稿》）记录玉树地区尚有 25 族，共 8050 户，加上僧侣，总人口约为 39 225 人。后于 1918 年设玉树县，1932 年设囊谦县、称多县，1943 年时预备设曲麻莱县（玉树藏族自治州概况编写组，2008）。玉树地区设县后因具备行政建制，有一些关于人口的统计，但其记载仍有出入。一些记载认为玉树地区人口接近 8000 户；《青海种族分布概况》（1935）记载玉树地区共 7800 户。另一些记载认为玉树地区有 11 000 户以上，如《青海玉树与西藏》（1934）记载玉树地区共 11 742 户 81 494 人；《青海各县户口调查》（1935）中记载，玉树地区共有 11 700 户；《青海省概况》（1936）记载玉树地区有 12 133 户 71 110 人，且"玉树人民十分之三为农夫，少数商业，大部以牲畜为生，牲畜甚为重要"；李式金于 1938 年在玉树地区进行了考察，他在 1943 年发表的《玉树调查简报》中记载，玉树地区人口共 11 450 户，并有寺庙僧侣 10 039 人，其中玉树县（包括今天的玉树市、杂多县、治多县、曲麻莱县）人口 4800 户，称多县 3350 户，囊谦县 3300 户。

　　1941 年，据蒙藏委员会调查室《青海玉树囊谦称多三县调查报告书》，当时玉树地区人口为 92 878 人。1949 年时，据当地政府统计玉树地区总人口为 78 860 人，其中玉树县 34 350 人，称多县 19 510 人，囊谦县 21 000 人，曲麻莱县 4000 人，另有僧侣约万人。其时玉树地区有千户 1 名，直属百户 7 名，领属百户 36 名，百长 132 名（玉树藏族自治州概况编写组，1985）。1950 年，据人民政府较为详细的人口调查，玉树地区人口为 113 424 人。

民国时期略有差异的人口数据，应来源于当地政府的不同统计，经过实地考察修正、能说明具体来源的数据可信度较高。总体而言，清中叶到民国初年，玉树地区人口数量变化不大，为 30 000 ～ 40 000 人，其原因主要是不断有部落越过黄河向北部迁移。民国初年至 20 世纪 40 年代，经过 30 年发展，玉树地区人口增加到约 90 000 人（表 4.1）。1914 至 1950 年间，玉树地区人口年均增长率约为 2.4%。

表 4.1　1733—1949 年玉树地区人口情况

年份	1733	1914	1936	1943	1949
人口／人	32 390	39 225	71 110	92 878	78 860

1949 年后玉树地区开始拥有人民政府逐年的详尽人口统计资料。人口数量除 1959—1961 年间因战事和自然灾害下降外，一直处于上升状态，并于 1984 年突破 20 万人，于 2006 年突破 30 万人，于 2014 年突破 40 万人。至 2016 年，玉树地区人口达到 403 656 人，从人口最低点 1961 年开始计算，到 2016 年，其间人口年平均增长率为 2.65%（图 4.1）。

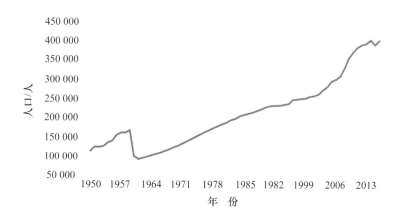

图4.1　1950—2016年玉树地区人口情况
（1985 年前数据来自《玉树藏族自治州志》，1985 年后数据来自《青海统计年鉴》）

4.2.2　果洛州人口情况

　　果洛地区人口在 1949 年前更加缺少系统性统计资料。对于果洛地区人口最早的记载为 1722 年（康熙六十一年），据《四川通志》记载，果洛分上、中、下果洛三部，其中上果洛有 250 户 1310 人；中果洛有 485 户 1640 人；下果洛有 330 户 1110 人。三果洛合计 1065 户 4060 人。《松潘县志》记载略有出入，认为上果洛有 333 户（授土百户），中果洛有 480 户（授土千户），下果洛有 215 户（授土百户），总计 1028 户。之后果洛名义上归四川管辖，但实际上并未受到来自上一级政府的有效管理。

　　1909 年据四川总督赵尔丰调查，当时上果洛有 1660 户，中果洛有 1630 户，下果洛有 1960 户，三果洛合计 5250 户，以每户 4 口计算，总人口约 21 000 人。

　　民国时期对果洛地区人口的不同描述出入较大。一部分文献认为果洛地区人口在 10 万人以上，如《青海种族分布概况》（1935）记载："民国九年（1920 年）讨平时，有千户六名，户额五千户，人口一十五万人。"《果洛番族土司访问记》（1939）记载上果洛有熟番（农民）2000 户，生番（牧民）7000 户，喇嘛 1200 人；中果洛有熟番 2000 户，生番 7500 户，喇嘛 10 000 人；下果洛有熟番 1500 户，生番 9300 户，喇嘛 9600 人，合计农牧民 29 300 户，喇嘛 20 800 人，总人口约 150 000 人。

　　而另一部分文献记载的果洛人口则远低于此。庄学本（1941，1948）游历果洛地区，认为果洛地区约有 10 000 户。吴景敖（1944）在实地调查中记录果洛地区有 13 100 户，以每户 4 人计，人口共约 52 400 人。其中上果洛汪清部共有 1660 户，下果洛白马部共有 1630 户，中果洛已经分化出多个部落，其中阿羌贡马部有 3980 户，阿羌康干部有 3870 户，阿羌康撒部有 1960 户。

　　1956 年果洛工作队调查，果洛州共有 42 个大部落，107 个小部落，共有 12 534 户。若以每户 4 人计，总人口约为 50 136 人（果洛藏族自治州概况编写组，1985）（表 4.2）。

究其原因在于，自清中叶到民国期间果洛各部落变化很大，不断有旧部落消失、新部落形成、部落之间的统属关系发生变化，给统计工作带来困难。综合参考1956年果洛工作队较为准确的人口统计数据，以及进行过实地考察的吴景敖、庄学本所记录的数据与其他数据的差别，20世纪40年代果洛地区有10 000余户的统计较为可信。其他数据很可能是因未经过实地考察，没有厘清各部落之间关系的变化造成了重复计数。可以看到，自民国初年到末年，果洛地区人口增长约1.5倍，人口年增长率约为2.18%。与玉树地区相比，果洛地区人口增长幅度较小，这与果洛地区在民国年间发生多次战争，人口遭到较大损失有关。

表4.2　1722—1956年果洛地区人口情况

年份	1722	1909	1942	1956
人口／人	4060	21 000	52 400	50 136

1949年后，果洛地区有逐年的较为详细的人口统计资料。除1959—1962年间由于平叛战斗影响，人口有所下降外，果洛地区的人口也一直在上升中。其中1981年果洛地区人口超过10万人，2006年超过15万人，2016年超过20万人。2016年，果洛地区人口达到203 406人，是1952年人口的3.75倍。从人口最低点1962年开始计算，至2016年期间人口年平均增长率为2.45%（图4.2）。

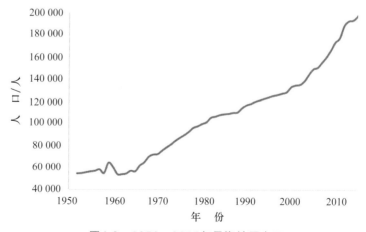

图4.2　1950—2016年果洛地区人口
（1985年前数据来自《果洛藏族自治州志》，1985年后数据来自《青海统计年鉴》）

4.3　三江源地区畜牧业情况历史变迁

　　畜牧业是三江源地区最重要的产业，牧业人口占当地人口的绝对多数。本部分我们主要从畜牧业发展的角度，以玉树州和果洛州为例，考察历史上三江源地区畜牧业的变化。

　　三江源地区的放牧历史很长，据考古研究，青藏高原的放牧历史可以追溯到 8000 年前。早在距今超过 1000 年的吐蕃时期，就有对三江源地区放牧活动的文字记载，当时玉树、果洛地区就以产良马著名。至清朝中叶，在对玉树、果洛地区册封千（百）户时，对各部落所处的地理位置也有所描述。清中叶至民国末年间，除长江、黄河、澜沧江源头附近，海拔高、气候恶劣、植物生产力较低的区域外，当地牧民已经在三江源的大部分区域进行放牧活动（周希武，1986；马鹤天，1947）。当地的主要牲畜为牦牛、犏牛（牦牛与黄牛杂交的子一代）、藏系绵羊、山羊、马。放牧需要移动，具体的移动方式在各地有所不同。有固定房屋的牧民极少，大部分牧民都居住在便于移动、由牦牛毛制成的黑帐篷中。牲畜与草场的分配非常不平衡，少数部落首领、牧主、寺庙占据了最好的草场和大部分牲畜，而普通牧民拥有的牲畜数量极少。

　　根据周希武 1914 年的记录，玉树地区"畜产以牛为多，羊次之，马又次之"，而牛羊的数量基本相仿，但其中对牛羊的具体数字没有记载。民国时期若干资料记载有青海省牲畜数量的总体数字，但对玉树地区并无单独记载。马鹤天（1947）查阅了玉树县政府的统计资料，得到 20 世纪 30 年代玉树、囊谦、称多三县的牲畜数量，这是可查的该时期玉树地区牲畜数量的唯一记录（表 4.3）。与《玉树调查记》中的记载比较，可以看到玉树地区的牛羊比例已经发生了明显变化，羊数量明显增加。20 世纪 30 年代青海省毛皮产业发达，羊毛通过商路外销量极大，玉树地区羊毛均在玉树县政府所在地结古镇集散，马鹤天在其书中记录，结古镇羊毛年销售量约为 250 万斤（1250 吨），以一只羊年产羊毛 5 斤（2.5 千克）计算，玉树地区羊数量至少有 50 万只，可与表 4.3 中的数量相互佐证。

李式金的《玉树调查简报》中记载，"番民不自剪毛外运，每年只伺回汉商人来剪，每年夏初剪毛一次，剪时斟给毛价而已，羊毛质地精良。"并估计玉树地区年产羊毛约 200 万斤（1000 吨）。当时青海省全省每年羊毛销售量估计在 2000 万～3000 万斤（1 万～1.5 万吨），故玉树地区羊毛产量约占青海全省的 1/10。据张建基（1936）估计，青海全省牛总数约 200 万头，羊约 1000 万只，马、驴、骡约 100 万匹，若也以 1/10 换算，则玉树地区有牛约 20 万头，羊约 100 万只，马约 10 万匹。

据 1950 年统计，玉树地区牛、羊的数量与 30 年代相比都有了很大的上升，同时，牛羊比例再次发生了变化，牛羊比例约为 1∶1.2，这可能与抗日战争爆发后，羊毛贸易被迫停止，养羊无利可图有关。

果洛地区牲畜的统计资料更少。庄学本（1935）认为果洛地区牲畜约有百万之数。吴景敖（1944）估计果洛地区有牛约 7 万头，马约 3 万匹，羊约 30 万只。据 1952 年统计，果洛地区共有牛、羊、马 515 249 头（只、匹），其中羊 282 820 只，牛 215 477 头，马 10 820 匹。牛羊比约为 1∶1.3。

表 4.3　部落时期玉树地区牲畜数量

县名	牦牛 / 头	犏牛 / 头	羊 / 只	马 / 匹	总羊单位	人口 / 人	人均羊单位
玉树县	110 000	25 000	205 000	26 000	901 000	19 200	46.9
囊谦县	80 000	11 000	190 000	15 000	644 000	13 200	48.8
称多县	75 000	18 000	183 000	14 000	639 000	13 400	47.7
合计	265 000	58 000	578 000	55 000	2 200 000	45 800	48.0
1950 年合计	832 000		970 000	31 000	4 484 000	113 424	39.5

20 世纪 50 年代后，在三江源牧区首先采取了"不斗、不分、不划阶级，牧主、牧工两利"的政策，鼓励畜牧业生产，并在普通牧户间推广互助。之后进行了社会主义改造，确立了草场、牲畜的公有制，并建立了人民公社。在大力发展畜牧业的政策导向下，牲畜数量成为

主要考核指标，三江源地区的牲畜数量开始快速上升。60年代中期，随着人口和牲畜数量的增加，并在大力发展畜牧业、利用空余牧场的号召下，三江源的放牧范围逐渐向西北部的荒野地带扩展，至80年代中期开始实行畜草双承包，其间的畜牧业生产以集体放牧的形式进行。

20世纪80年代开始，三江源牧区开始推广畜草双承包，牲畜承包到户在80年代中期基本完成，而三江源大部分社区仍然认为集体放牧是较理想的方式，并未同步完成草场承包到户，草场承包到户在1996年后完成，畜草双承包后，部分牧业社区开始以户为单位进行放牧。

进入21世纪后，生态保护成为三江源地区的重要工作，通过限制牲畜数量、降低草场压力、使草场得到恢复成为三江源保护政策中的重要内容。在政策导向上，三江源地区不再鼓励增加牲畜数量，而期望控制牲畜数量、保护草地。在考察牲畜对草地的压力时，与使用牲畜数量相比，将牲畜数量换算为羊单位能够更好地比较。按照牲畜数量变化情况，玉树州、果洛州在减畜政策执行后，牲畜数量一直在下降。但如果换算成羊单位后，情况则不同。牲畜变化的主因是羊数量的快速下降，而牛数量则相对稳定，在玉树甚至出现了增加（图4.3，表4.4）。

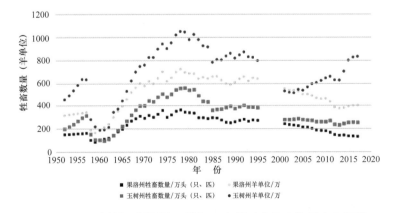

图4.3 玉树州、果洛州20世纪50年代以来牲畜数量变化情况

表 4.4 2005 年后三江源地区羊单位变化情况

地区	牲畜数量/万头（只、匹）		变化情况/（%）	羊单位/万		变化情况/（%）	牛羊比（牛：羊）	
	2005	2016		2005	2016		2005	2016
果洛州	212.4	131.3	−38.2	501.1	400.0	−20.2	1：1.13	1：0.42
玉树州	277.9	254.3	−8.5	534.8	824.2	54.1	1：2.16	1：0.32

　　以人均羊单位来考察，在 1968 年达到 58.8，至 1979 年一直在 60.0 左右波动，而后在羊单位下降和人口增加的作用下开始持续下降。到 2012 年，人均羊单位下降的趋势扭转，开始小幅上升。

　　集体化时期的放牧方式实际上是根据传统知识总结的对增加牲畜数量有利的放牧知识的应用、落实与强化。1959—1979 年，牲畜数量一直是考核畜牧业发展情况的首要指标，这也与当地多畜多福的传统文化相适合。牧区集体化改造完成后，放牧知识落实中的限制条件被解除，传统上认为对牲畜有利的做法，如移动、分群、互助等都得到了加强，牧区还得到了来自国家的一定的技术支持。牲畜数量的快速增长和 20 世纪 70 年代中期牲畜数量的历史高峰都说明了这一时期放牧制度在增加牲畜数量方面的成功。我们总结三江源地区 50 年代以来的主要草原政策（表 4.5），可以发现，不同时期草原政策的名称各异，但其具体内容则相当稳定。

表 4.5 三江源地区主要草原政策

政策名称	执行时间	主要目标	具体内容	备注
牧区社会主义改造和人民公社化	1950—1960 年	改造牧区产权制度，增加牲畜数量	草场由牧主、寺庙所有，牲畜私有变为草场、牲畜公有	大量贫苦牧民获得牲畜；放牧方式变化不大；牧户间的互助增加
垦荒造田	1958—1961 年	实现牧区粮食自给	将草原开垦为耕地	1961 年全面停止，不再开垦新耕地，部分已开垦耕地退耕

续表

政策名称	执行时间	主要目标	具体内容	备注
发展畜牧业	1961—1970 年	增加牲畜数量	1. 水利建设 2. 灭鼠灭虫 3. 灭害兽（主要是狼、熊）	1963 年第一次全省性大规模灭鼠活动
牧业学大寨	1970—1978 年	增加牲畜数量	1. 水利建设 2. 灭鼠灭虫 3. 种草，建立人工饲草基地，修建草库伦 4. 建设畜棚	已经提出"将种草、放牧、定居、划区轮牧结合起来"
牧区经济体制改革	1983—20 世纪80 年代末	改革牧区产权制度，增加牲畜数量	牲畜、草场承包到户	实际牲畜承包到户基本完成；草场只有大约 20% 承包到户，极少数草场仍然共用，大多数（约70%）承包到放牧小组
"四配套"建设	1990—2002 年	增强牧区抗灾、防灾、减灾能力，发展畜牧业	1. 建设牧户定居点、房屋 2. 种草，建设饲草料基地 3. 建设草原围栏 4. 建设畜棚	总覆盖率不超过50%，玉树州、果洛州约20%
畜草双承包	20 世纪 90 年代	改革产权制度，发展畜牧业	完成将草场承包到户	
退耕还林	2000 年至今	生态保护	1. 耕地转换为林地 2. 封山育林 3. 对农户的生态补偿	已被整合入三江源生态保护和建设一期工程、二期工程
退牧还草	2003—2012 年	生态保护	1. 严重退化草地禁牧，生态移民 2. 中度以上退化草地，以草定畜 3. 其他草地，减畜 4. 禁牧户和草畜平衡户的生态补偿 5. 围栏建设 6. 灭鼠 7. 草原补播	已被整合入三江源生态保护和建设一期工程
三江源生态保护和建设一期工程	2005—2011 年	生态保护，保障民生	1. 建设畜棚 2. 灭鼠灭虫，黑土滩治理	另有其他保护项目；统筹管理退牧还草相关工作

续表

政策名称	执行时间	主要目标	具体内容	备注
游牧民定居工程	2009 年至今	保障民生	建设游牧民定居点	
生态保护补助奖励	2012 年至今	生态保护，保障民生	1. 禁牧 2. 草畜平衡 3. 生态补偿	
三江源生态保护和建设二期工程	2013—2020 年	生态保护，保障民生	1. 围栏建设 2. 种草，饲草料基地建设 3. 畜棚建设 4. 灭鼠灭虫，黑土滩治理	
生态畜牧业建设试点	2012 年至今	生态保护，畜牧业可持续发展	政策和资金鼓励牧业合作社	

4.4　三江源地区其他自然资源利用

　　三江源地区现在是我国重要的野生动物栖息地，也是诸多大中型兽类最后的核心分布区之一。农牧民、牲畜与野生动物共同生活，一直以来是这一地区的突出特点。在这样的特点影响下，虽然藏传佛教和藏族传统文化有杀生禁忌，对狩猎多有限制，但在部落时期，狩猎一直是三江源农牧民生活的重要组成部分和重要收入来源。从 20 世纪 50 年代起，在政策鼓励下，三江源地区组织了较大规模的、持续的狩猎活动，使野生动物的种类、数量和分布范围都受到了极大的负面影响。80 年代末，保护野生动物开始成为新的政策导向，并出台了相应的法规，三江源地区的牧民也逐步参与到野生动物保护当中，21 世纪以来狩猎活动基本停止。

　　三江源东南部地区一直有部分耕地，60 年代初，在草原开垦政策下，三江源地区也进行过将牧场开垦为耕地的活动，因自然条件不适于耕种，之后不久又由耕地恢复为牧场。民国时期，三江源地区耕地面积约为 15 000 公顷，60 年代初开垦高峰时约为 60 000 公顷。目前，玉树州耕地面积约为 13 237 公顷，果洛州耕地面积约为 1276 公顷（青海省统计局，2018）。

因宗教信仰及传统文化的影响，三江源地区的藏族群众不吃鱼类，也几乎没有渔业（景晖 等，2005）。

三江源地区仅在东南部有少数原始森林，因数量稀少，非常宝贵，当地居民极少砍伐。1949 年后建成数个林场，三江源保护区成立后林场成为保护区的分区（青海省地方志编纂委员会，1993）。

三江源地区有一些矿产，如娘错滨河地区多产沙金，扎武产铅及雄黄，苏尔莽格吉中坝一带皆产煤，格吉杂曲河边产翠玉石。草原牧民常将采矿视为禁忌，在三江源地区的藏族也不例外，故当地矿产"往往为番酋封禁不得采，谓其毁地脉也"（周希武，1986）。三江源地区矿产分布于神山区域，在神山区域采矿的行为更加受到牧民的强烈抵制。民国时期果洛部落与青海地方政府冲突的起因，即青海地方政府组织人员在阿尼玛卿神山采金（果洛藏族自治州概况编写组，1985）。1949年后，三江源地区主要的采矿活动是采金和采煤。20 世纪八九十年代，大批外来人员进入可可西里地区采金，使当地生态环境遭到极大破坏，部分采金者发现猎杀藏羚有利可图，成为盗猎者，引发了当时具有世界影响的盗猎事件。至 2017 年，三江源地区矿产开采已经全部停止，涉及退矿点 48 处。相当多的当地牧民认为采矿是造成草原退化的主因，"能够禁止采矿"是牧民积极参与生态保护行动的重要动力。

对虫草、贝母等药材的采集是三江源地区农牧民的传统副业。这些药材是当地销往其他地区的主要商品之一，在清朝和民国时期都有相关记载（周希武，1986；马鹤天，1947）。新中国成立后，在计划经济时代，三江源地区的虫草等被作为珍贵药材由国家统一收购，各虫草产地每年需要承担一定的生产任务。改革开放后出现了药材市场，虫草等药材可以上市销售，药材采集对农牧民生活的重要性有所上升。90 年代中叶，尤其是进入 21 世纪后，虫草价格快速飙升，并成为世界范围内价格最高的药材之一（Winkler，2005；Cannon et al.，2009）。三江源地区出产的虫草被认为质量最好，价格也最高，虫草采集量不断增加，虫草采集收入成为产区农牧民现金收入的主要部分，虫草采集从一种副业快速成为当地居民生产生活中的重要部分（安德雷，2013）。

4.5　三江源地区人与环境关系分期

　　三江源地区人与环境的关系依据其互动历史分为以下几个时期，每个时期内，我们从产权制度、自然资源使用方式、人口数量、牲畜数量、文化影响、政策影响等方面进行说明。

4.5.1　松散的部落时期

　　本时期大致以 1928 年青海建省为标志，以部落为单位的移动放牧和狩猎是三江源地区牧民的主要生计方式，有记载的人口较少，牲畜数量不详。牧民可以通过贸易与外部区域进行交换，获得必需的生产生活物资，但其规模非常有限。自吐蕃以降，三江源地区的牧业部落通常以某种形式归属于更大范围的政权，尤其是清朝中期之后，被编为千（百）户接受上级政府的管理，但这种管理仍然是非常松散和形式化的，部落首领和宗教首领仍然拥有部落内草场的产权，并对部落内事务具有极大处置权（青海省编辑组 等，2009）。除贸易外，对邻近部落或往来商旅进行劫掠，也是获得生产生活物资的一种方式（庄学本，1941）。这一时期，三江源地区基本处于自给自足的封闭状态，对自然资源的利用强度较为有限。

　　这时期部落首领拥有分配草场的权力，与寺庙共同占有最优质的草场和数量最多的牲畜。因自然条件的限制，人口和牲畜数量长期处于较低水平。

4.5.2　国家化的部落时期

　　20 世纪 30—50 年代，移动放牧和狩猎仍然是三江源地区牧民的主要生计方式，而人口数量有了较大增长，牲畜数量也随之增加。这一阶段，包括政府和市场在内的外部因素开始对三江源地区的社会和环境产生较为明显的影响。青海省政府在三江源地区设置多个县，县级政府虽然影响力仍然较弱，但逐步开始影响和领导部落和牧民的行为，并控制贸易渠道，对商业收税（马鹤天，1947；李式金，1943a）。三江源地区的羊毛生产在 30 年代经过漫长的贸易链被接入国际市场，使三江源地区成为青海省最主要的羊毛产地（李式金，1943a；胡铁球，2007），这增加了牧民的收入，也促使牧民饲养更多绵羊，促成了三江源地区牲畜数量和牲畜比例的变化。同时，政府开始试图从三江源地区获取更多自然资源以发展经济，诸多学者提出了改良畜种、改进放牧方式、引进新技术以促进畜牧业发展、增加牲畜数量、服务国家经济的观点（王智，1935；王运三，1936）。青海省试图在阿尼玛卿神山地区开采矿产资源，并因此与当地牧民爆发了严重的冲突（果洛藏族自治州概况编写组，1985）。

这时期，以国家（政策）和市场为代表的外部因素开始对三江源地区产生强有力的影响，畜牧业和狩猎的规模在外部市场需求刺激下都有所增加。人口和牲畜数量整体有所增加，但仍然处于较低水平。以玉树地区为例，当地这时期人口在 10 万人以内，牲畜数量在 450 万羊单位以内。藏传佛教具有广泛的影响力，但对自然资源利用真正的限制局限在部落中心、寺庙周边及神山圣湖区域。

4.5.3　集体化时期

从 20 世纪 50 年代开始集体化改造，到 80 年代畜草双承包政策开始实施，是三江源地区以集体放牧方式组织放牧活动的时期，其中整个 50 年代是政策调整时期，生产方式和放牧组织方式逐渐由部落时期向集体化时期过渡，草场和牲畜的所有权都变更为公有制，原有的大小部落变为州、县、乡（公社）、村（大队）、社（生产队）等各级组织，成为国家政权的组成部分。故政策开始强有力地影响三江源地区人与环境的互动方式，并进一步改变环境。环境被视为自然资源的产地，天然草场牧区被作为全国经济发展的组成部分，主要功能是向其他地区输出畜牧业产品和野生动植物产品。在这样的背景下，发展畜牧业成为三江源地区的核心工作，增加牲畜数量则是畜牧业发展的主要指标。为了完成这一任务，各级政府组织采取了一系列有利于增加牲畜数量的放牧组织方式，灭鼠、灭害兽等政策也应运而生。同时，大规模、有组织的生产性狩猎活动也被组织起来。三江源地区的牲畜数量快速增加，并在这一时期达到历史高点。狩猎野生动物、出产野生动物的量也达到历史高点。对自然资源的高强度利用之后，环境问题开始出现。

这时期，通过集体化改造，草地和牲畜都转为公有，畜牧业建设成为当地工作的中心，在生产方式改变和鼓励政策驱动下，三江源地区牲畜数量快速增加、放牧范围扩大，野生动物狩猎也成为有组织的重要活动。这时期，玉树州人口达到 15 万人，牲畜数量超过 1000 万羊单位并达到历史最高点。宗教活动在这时期受到极大限制，自发的神山圣湖信仰仍然在影响神山圣湖范围内的自然资源利用活动。

4.5.4　双承包时期

大约在 20 世纪 80 年代中期牲畜承包完成，到 90 年代末期草地承包完成。在约 10 年的时间内，三江源地区的绝大多数社区先后完成了牲畜承包到户和草场承包到户，牲畜所有权和草场使用权由公有变为私有，放牧组织方式在很多社区也随之发生变化，由集体放牧转为单户放牧。随着"四配套"政策的实施，定居房屋、围栏、畜棚、人工种草等设施和技术在三江源牧业地区逐步推广，也逐渐开始改变牧民的生产生活方式。草原退化、野生动物减少等环境问题在这一时期开始受到重视，草原保护成为畜牧业发展的目标之一，针对环境问题的法规开始出现。

这时期，牲畜与草地先后承包到户，在部分地区，单户放牧取代集体放牧成为主要的放牧方式。同时，由于定居点的建设和围栏建设，牧民的移动范围和频率都有所减少。随着政府对野生动物制品收购的停止和《中华人民共和国野生动物保护法》的颁布及落实，有组织的狩猎活动逐渐停止。人口仍然在快速增加中，玉树州在这时期人口超过 25 万人，而牲畜数量由于自然灾害和草地退化的制约，下降到约 600 万羊单位。宗教的影响力逐步恢复。

4.5.5　生态保护时期

以 2000 年三江源保护区成立为标志，生态保护成为三江源地区的核心工作。国家对三江源地区的定位由畜产品和其他自然资源产地变为生态屏障，发展畜牧业的单一目标变为保持生态系统服务功能的综合目标。为此，一系列生态保护政策和工程开始实施。在法律、政策、文化、教育的联合影响下，牧民狩猎野生动物的行为基本停止。以过度放牧造成草场退化为依据制定的新的畜牧业政策，以提供生态补偿的方式希望牧民改变行为，减少牲畜数量。这时期人口数量继续快速增加，部分牧民开始主动或被动选择脱离草场，移民进入城镇生活。来自政府的生态补偿成为牧民的重要收入来源。随着交通、信息等基础设施的改善，外界对三江源牧区的影响也不断加强，市场经济（如虫草经济、旅游业发展）、传媒信息等对牧民的影响增加。在生态保护成为三江源地区主流的同时，当地现代化的速度也在加快。

这时期，生态保护成为三江源地区的中心工作，一系列生态保护政策出台，包括限制放牧和狩猎，同时以草原生态保护补助奖励政策（以下简称"草原补奖"）、退牧还林还草工程、生态公益性岗位等方式开始向牧民发放生态补偿。这时期人口仍然在增加中，玉树州人口已经超过 40 万人，而其中迁移到城镇的人口逐步增加。牲畜数量为 600 万～ 800 万羊单位，但牛羊比例发生重大变化，羊的数量锐减。虫草采集成为当地重要的自然资源利用形式和收入来源。

4.6　三江源人与环境关系特点

4.6.1　人口变化与自然资源使用的非同步

玉树州和果洛州的人口变化情况可以代表三江源地区的情况，且其规律具有相当的相似性。两地的人口统计数据均从清朝中期开始，从清朝中期到民国初年的时间里，人口在较为缓慢地增长中。而综合民国年间和新中国成立后的人口统计资料，从 20 世纪 10 年代至今，玉树、果洛二州的人口年均增长率均在 2% 以上，故过去 100 年是三江源地区人口快速增长的时期，而新中国成立后增长速度进一步加快。人口快速增长，而三江源地区的经济结构并没有发生根本性的变化，畜牧业、农业仍然是主要产业，而由于环境保护的要求，三江源地区矿业、工业的发展受到了非常严格的限制。近年来，三江源人口快速增长的趋势也没有改变。如何应对快速增长的人口对资源和环境的压力，将是三江源地区未来要面对的重要问题。

畜牧业一直是三江源地区最重要的产业，也是当地藏族牧民的传统生活方式。三江源地区畜牧业的变迁，在宏观上看较为明显的一方面是牲畜总量、羊单位的变迁，另一方面是牲畜比例，尤其是牛羊比例的变迁。三江源地区的牲畜总量在 20 世纪 80 年代之前一直随人口的增长处于增长的状态，尤其是羊的数量增长很快。而 80 年代后，由于几次大的自然灾害，牲畜总量，尤其是羊的数量减少，并一直没能再达到历史高点。而从 2005 年起，羊数量的大幅度减少成为显著现象，而羊数量因外部条件变化而快速波动，一直以来是三江源地区具有的现象。

牧民、牲畜与野生动物在同一空间生存，并在一定程度上达成平衡是三江源地区的显著特点。在新中国成立前的漫长历史中，由于人口数量增长缓慢，相对封闭、交通不便的环境和藏传佛教等传统文化对狩猎的限制，虽然三江源地区牧民的放牧和狩猎活动给野生动物造成了一定的压力，使三江源东部地区野生动物分布范围有一定程度的缩小，但总体而言野生动物仍然处于较为稳定的状态。

20 世纪 50—80 年代，三江源地区的野生动物承受了极大的压力。1950—1965 年大规模狩猎行动极大地影响了有蹄类的数量，加上牲畜总量和放牧范围的扩大，使野牦牛、藏羚、藏野驴等动物在三江源东部地区消失，且分布范围不断向西部无人区退却。大规模有组织的狩猎停止后，外部收购的经济兽类（主要是麝类和旱獭）仍然承受着相当大的狩猎压力，为本地居民提供肉食和毛皮的兽类（主要是野牦牛、岩羊、水獭和狐），随着人口的增加而承受着增加的狩猎压力。在这一时期三江源野生动物的数量很可能是不断下降的。

至 80 年代，在法律和传统文化的共同影响下，三江源地区的狩猎活动逐步得到控制。至 2000 年三江源地区成为我国生态保护的重点区域，野生动物保护成为重要任务，狩猎活动几乎完全停止，野生动物数量也开始明显回升。现在，是三江源地区野生动物数量较多的时期。但与历史情况比较，相当多的野生动物栖息地已经丧失，且野生动物未来的生存仍然面临着威胁。

4.6.2　玉树地区与果洛地区不同的历史传统

1949 年之前，果洛地区由于地理位置隔绝，一直处于政府的视野之外。果洛境内各部落形成地方性政权，与外界的接触非常有限。由于难以通过商业获取需要的资源，抢劫成为果洛地区牧民生活的重要组成部分（马季，1985）。清末至民国期间，"果洛强盗"的踪迹出现于诸多青海旅行者及探险者的记录当中，其活动范围达到今天的玉树地区、柴达木地区。民国时期，果洛地区与青海地方政府的交流也以激烈的对抗形式进行。可以说，到集体化前，果洛地区的文化受外界的影响非常有限，也缺少与以国家和市场为代表的外部进行正常交流的经验。

而玉树地区的情况则不同，玉树地区处于青藏交通咽喉，地理位置重要，从元明时期就在中央政府的羁縻统治之下，至清朝中期其受中央控制更强，部落首领很早就有了国家政治体制中的地位和身份。部落首领作为部落（社区）与政府沟通的核心，平衡各方势力，从国家体系中获取资源成为部落精英的重要工作。处于青、藏、川三省交界的位置，也使玉树成为三江源地区与外界进行商品集散交换的重要商业中心。尤其是在 20 世纪 30 年代，国际市场对羊毛的需求经由交通线传导到玉树地区（叶骥才，1934），将这个看似闭塞的高原城镇与世界联系在一起。民国时期玉树地区牛羊比例，从牛比羊多（周希武，1986），到 30 年代末羊数量大大增加（马鹤天，1947），再到

40年代末牛羊比再度恢复到1:1左右（玉树藏族自治州概况编写组，2008），一方面说明了羊作为牧民与市场联结的主要牲畜，随外界变化而变化的特性；另一方面，也体现了当地牧民行为随着外界条件变化而变化的弹性。无论是政策（国家）还是市场，对玉树牧民而言，都不是陌生的。

4.6.3　三江源牧业地区的物质能量流动

　　因高原植被生产力的限制，三江源牧业社会-生态系统对畜群的移动具有需求。对于一个游牧社会，其游牧系统本身是一个不能自我维持的系统（王明珂，2010；格勒 等，2004），需要以交换、劫掠、战争等多种方式从外界获取物质能量以维持自身的运转。在研究中，外界通常所指的是游牧社会周围的农耕社会、工业社会，而实际上，与游牧社会共存的野生动植物，尤其是野生动物，也是游牧社会获取物质能量、维持自身稳定的重要方式。尤其对三江源地区而言，与周围社会的沟通难度大且不顺畅，从野生动植物中获取资源就显得尤为重要，这也是历史上三江源地区狩猎活动屡禁不止的重要原因。在高自然灾害风险条件下，牧民会选择尽量保留牲畜，以野生动植物制品满足基本生计，并用不损伤牲畜的方式（羊毛、奶制品等畜产品，野生动植物制品）与其他社会系统交换外界资源（图4.4）。

　　因此，20世纪60—80年代，国家通过对三江源牧业社会资源的强力重新配置，将其短暂改造成为物质能量输出系统。外界对牲畜、

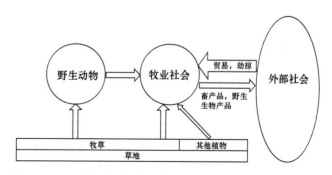

图4.4　三江源牧业系统物质能量流动模式示意（部落时期）

畜产品、野生动植物产品的需求，以及快速增加的牲畜存栏数量，最终都指向草原生态系统，即在国家机器的操纵下，三江源的草原生态系统在这一阶段向外界大量输出了物质能量，而整个社会-生态系统的稳定性受到了很大的影响（图 4.5）。

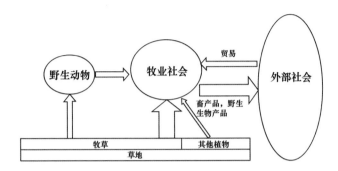

图4.5　三江源牧业系统物质能量流动模式示意（集体化时期）

而进入 21 世纪，生态保护成为三江源地区的主要任务，对野生动物的狩猎活动基本停止。国家开始以生态补偿的方式控制牲畜数量，以维持三江源社会-生态系统的稳定性。同时，虫草价格的暴涨，使采集虫草成为很多牧民最为重要的收入来源（图 4.6）。

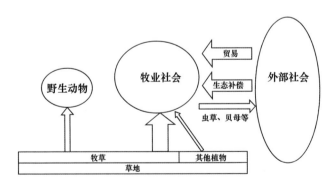

图4.6　三江源牧业系统物质能量流动流动模式示意（生态保护时期）

第五章

青藏高原地区人与野生动物关系历史
——以三江源地区为例

三江源地区牧民与野生动物的互动关系，可以视为"神性"与"人性"交汇的关系。三江源地区是我国乃至世界范围内少有的人与大中型野生兽类同域分布的地区，牧民与野生动物之间有密切的关系，并且野生动物对牧民而言是可见的、有实感的。有关野生动物，当地藏族牧民的观念与行为是微妙的：一方面，"众生平等"和杀生禁忌是藏传佛教和藏族生态文化的重要组成部分，这使牧民对于野生动物，尤其是大中型兽类普遍具有正面的态度；另一方面，三江源地区具有漫长的狩猎历史，狩猎在相当长的时间里曾是牧民生活的组成部分，而野生动物的数量和分布范围也出现过快速下降。这种张力提示我们应当更加深入地研究三江源牧民与野生动物相关的观念－行为－环境之间的互动关系。

5.1 研究方法

5.1.1 文献研究法

文献研究主要为了获得三江源地区历史，尤其是部落时期的猎捕野生动物及野生动物的信息。

为了尝试获得野生动物的历史空间分布数据，研究中查阅了中外旅行者清末民初在三江源地区（含藏北地区）旅行考察中记录的野生动物信息。其具体方法为：按照书中对旅行路线的描述，对照青海省地区及《中国历史地图集》，勾画旅行者在三江源地区的总的旅行路线及每天的旅行路线。在一天中假定旅行者匀速活动，在谷歌卫星混合图（分辨率 10 m）中，对照旅行记录里对野生动物目击地点、周围环境的描述，标注野生动物出现位置。路线及野生动物目击地点的标注均由至少两人独立进行，最终取空间平均点。

5.1.2 问卷调查及半结构式访谈

问卷在三江源地区的 8 个地点收集。其中询问了牧民对野生动物的认知、对野生动物的态度、野生动物的历史情况、人兽冲突情况等方面的信息，问卷调查涉及的受访者基本信息如表 5.1 所示。因牧民居住极为分散，到达困难，调查样本选取只能采用方便抽样方式。

表 5.1 问卷调查涉及的受访者基本信息

调查时间	调查地点	样本量	受访者性别分布	访谈涉及主要内容
2016 年 10 月	电达	16	13 男，3 女	人兽冲突（无棕熊）
2016 年 10 月	野吉尼玛	23	20 男，3 女	人兽冲突（无棕熊）
2016 年 10 月	云塔	27	22 男，5 女	人兽冲突（无棕熊）
2017 年 4 月	可可西里	28	26 男，2 女	野生动物感知及态度，人兽冲突
2017 年 8 月	扎青	66	60 男，6 女	野生动物感知及态度，人兽冲突
2017 年 10 月	年保玉则	16	12 男，4 女	野生动物感知及态度，人兽冲突
2018 年 4 月	昂赛	88	67 男，21 女	野生动物感知及态度，人兽冲突
2019 年 8 月	嘉塘	66	59 男，7 女	野生动物感知及态度，人兽冲突

研究中对三江源地区的老猎户、老牧民、村社干部、社区精英等进行了 46 次半结构式访谈，获取有关野生动物历史变化情况、猎捕野生动物历史、野生动物分布情况、野生动物文化及故事等信息，询问他们对野生动物变化情况的解释和他们对人兽冲突问题的感知与解决方案（表 5.2）。访谈借助藏族翻译的帮助进行，经被访者允许后对访谈内容进行录音。被访者的回答由懂藏语的人员进行二次翻译，并与现场翻译内容进行比对。

表 5.2　野生动物相关半结构式访谈主要信息

访谈时间	访谈地点	受访人数	访谈主要内容
2014 年 7 月	年宝玉则	7	野生动物文化，野生动物信息
2014 年 7 月	扎青	15	野生动物文化，野生动物信息
2016 年 8 月	可可西里	12	野生动物信息
2018 年 8 月	嘉塘	9	野生动物文化，野生动物信息

注：年宝玉则 1 人、扎青 1 人、可可西里 1 人进行过回访。

5.1.3　物种分布模型

物种分布模型是生态学和生物地理学研究的重要工具，常被用于研究物种分布与气候的关系、气候变化对群落的影响、生态系统不同尺度多样性的管理和保护等方面。本研究中选用最大熵模型（Maxent）对物种潜在分布范围进行预测，Maxent 模型将研究区所有单元（pixel）作为构成最大熵的可能分布空间，以已知的分布点为样点，将样点单元的气候、海拔、地形、植被、土壤、人为干扰等环境因子作为约束条件，寻找约束条件下最大熵的可能分布，寻找与物种分布点环境变量特征近似的单元，从而预测目标物种在目标区域的分布情况（Phillips et al.，2006）。与其他常用物种分布模型相比，最大熵模型运行较为稳定，仅需要物种分布点（presence）数据即可运行，不硬性要求物种无分布点（absence）数据，对分布点的数量、分布、取样方法等的要求也不甚严格，结果可信度较高，因此在研究和实践中被广泛应用（Phillips et al.，2006）。本研究使用 Maxent 3.4.1 版本。

野生动物现在分布数据来源于 2011—2015 年北京大学自然保护与社会发展研究中心三江源地区实地调查数据，综合了样线、样点调查数据，红外相机调查数据。模型预测中将数据分成两个部分：一部分作为训练数据（training data set），用于构建模型；另一部分作为测试数据（test data set），用于评估模型预测的质量。本章中使用十折交叉检验，即将数据随机分成 10 等份，每次取其中 9 份为训练

数据，1 份为测试数据，最后对 10 次重复预测结果取平均值作为最终
结果，其余采用默认参数。

　　由于物种分布点数量较多，部分分布点过于密集，在建模前将物
种分布点进行稀疏化处理，避免空间取样偏差带来的影响。使用稀疏
距离 5 km 为参数，使用 spThin 工具进行稀疏化处理。

　　建模中使用的环境变量如表 5.3 所示，其中包括自然环境因子及
人类活动因子。将物种分布点和环境变量数据导入 Maxent，得出物
种在各区域的适生概率 p。将结果导入 ArcGIS，得出物种分布预测
地图。通过 Maxent 得出的阈值进行重分类，获得二值化后的物种分
布图，当适生概率大于阈值时，认为该地区为物种的潜在分布区；适
生概率小于阈值时，认为该区域没有物种分布。使用接受者操作特征
（receiver operating characteristic，ROC）曲线对模型进行验证，
ROC 曲线下面积（area under the ROC curve，AUC）越大，说明
模型的准确性越高（Phillips et al.，2006）。

表 5.3　建模中使用的环境变量

序号	变量名	描述	数据来源
1	soil	土壤类型	1：400 万矢量数据栅格化
2	alt	海拔	SRTM 1M
3	slope	坡度	SRTM 1M
4	aspect	坡向	SRTM 1M
5	vrmint	崎岖度	SRTM 1M
6	EVI	植被增强指数	
7～25	Bio 01～19	19 个生物气候变量	WorldClim 2.0
26～37	Prec 01～12	每月平均降水量	WorldClim 2.0
38～49	T_{max} 01～12	每月最高气温	WorldClim 2.0
50～61	T_{min} 01～12	每月最低气温	WorldClim 2.0
62～73	T_{mean} 01～12	每月平均气温	WorldClim 2.0
74～85	Srad 01～12	每月平均太阳辐射值	WorldClim 2.0
86～97	Vapr 01～12	每月平均水蒸气压	WorldClim 2.0

序号	变量名	描述	数据来源
98～109	Wind 01～12	每月平均风速	WorldClim 2.0
110	glc 2000	2000 年全球陆地覆盖	
111	glds00ag	夜间灯光数据	
112	settlement	三江源地区定居点	生态环境部卫星中心
113	road	三江源地区道路	生态环境部卫星中心

模型预测的质量受到几个因素的影响：物种分布点的数量、质量、分布均匀程度，模型的算法和参数，环境变量的选取。对于物种分布点来说，物种分布点越多，分辨率越准确，分布越均匀，模型预测越准确。稀疏化处理后物种分布点有 4 个数据质量评价指标：

（1）用于构建模型的物种分布点数量 n。

（2）四至点，即物种分布点最北、东、南、西的经纬度范围。

（3）ADP 指数，即物种分布点之间的平均距离（average distance between point），计算公式为：

$$ADP = \frac{1}{n(n-1)/2} \sum_{i=2}^{n} \sum_{j=1}^{i-1} \sqrt{(x_i - x_j)^2 + (y_i - y_j)^2}$$

ADP 指数越大，分布点越分散。

（4）SDI 指数，即空间分布指数（spatial distribution index）。对于每一个物种，将 n 个分布点的范围 $x \in [Minx，Maxx]$，$y \in [Miny，Maxy]$ 平均划分成 $m \times m$ 个方格（在此 $m=10$），分别计算在 x 方向和 y 方向上落入每一段范围中的点的数量 $P(x_i)=x_i/n$ 和 $P(y_i)=y_i/n$，SDI 为（0～1]之间的值，SDI 越大，点分布越均匀。

$$SDIx = 1 - \frac{m}{m-1} \sum_{i=1}^{m} (P(x_i) - 1/m)^2$$

$$SDIy = 1 - \frac{m}{m-1} \sum_{i=1}^{m} (P(y_i) - 1/m)^2$$

$$SDI = SDIx \times SDIy$$

对于模型给出的预测结果，可以通过 ROC 曲线（Fielding et al.，1997）进行评估。ROC 曲线选取所有可能的阈值，并通过作图得到该阈值下假阳性率（false positive rate）和灵敏度（sensitivity）。ROC 曲线越接近左上角，模型质量越好。AUC 可用于评估模型质量，AUC 越高，模型质量越好。提供的结果包括 Maxent 3.4.1 自动计算得出的训练数据集（training set）和测试数据集（testing set）的 AUC 值。在阈值选择方面，Maxent 给出了一些阈值选取方法。

根据以往的研究（Jiménez-Valverde et al.，2007；Freeman et al.，2008；Liu et al.，2013），推荐的阈值选取方法有：预测发生率等于观测发生率（并未给出）、kappa 值最大化（并未给出）、敏感度等于特异性（阈值选取方法 6）、敏感度和特异性的最大化（阈值选取方法 7），以及平衡策略（阈值选取方法 10）。本章中使用的是 10 percentile training presence 阈值标准，进行栖息地预测的物种包括藏羚、野牦牛、藏野驴。

5.2 三江源地区部分野生兽类古今分布情况

通过查阅相关资料，我们获得了三江源地区野生动物在三个时间段的分布情况调查数据：

（1）民国时期，根据西北大学教授靳玄生 1937 年发表的兽类调查报告，可用于代表三江源地区 20 世纪 30 年代的野生动物分布情况（表 5.4）。

（2）20 世纪 60 年代，主要根据《青海经济动物志》的记录。《青海经济动物志》出版于 1989 年，而其主要依据 60 年代初期在青海省开展的大规模野生动物资源调查，故用其中的数据代表三江源地区 20 世纪 60 年代左右的野生动物分布情况。

表 5.4   民国时期野生动物分布

物种名[a]	现通用名称	分布区域[a]	备注
野驴	藏野驴	玉树县、囊谦县西北部	今玉树州治多、杂多、曲麻莱等县，及玉树市、囊谦县西北区域
野牛	野牦牛	玉树县娘错、玉树、格吉等族，囊谦县上中坝族，果洛	今果洛州，玉树州玉树市、囊谦县西部区域，治多县、曲麻莱县、杂多县
大头弯羊	盘羊	玉树县玉树、娘错、格吉等族，囊谦县上中坝族，都兰县西南高原	今玉树州玉树市西部、囊谦县西部、治多县、曲麻莱县、杂多县
黄羊	藏原羚 / 普氏原羚	随处可以见到	
青羊	岩羊	广布，玉树、囊谦、同德三县最多	今玉树州包括玉树市、治多县、曲麻莱县
石羊	藏羚	囊谦县中坝高原之上	仅囊谦县、杂多县交界地带
麇鹿	白唇鹿	凡有山林之处，就能见到	
鹿	马鹿	玉树苏尔莽格吉、玉树等族，囊谦县附近，及拉秀等族	今玉树市、杂多县、囊谦县
麝	马麝 / 林麝	广布于石山茅林之间	
金钱豹	豹	玉树县扎武、普庆、苏尔莽等族，囊谦县附近，及拉秀族一带	今玉树市、称多县、囊谦县东南部、南部区域
雪豹	雪豹	随处有之，或不常见	
云豹	云豹	产于玉树、囊谦、同德三县	玉树州包括今天的玉树市、治多县、曲麻莱县
牛熊	棕熊	产于同德、玉树、囊谦等县，别处也有，不过很少	
狗熊	黑熊	产于同德县南境	
猕猴	猕猴	产于玉树县苏尔莽、普庆二族	今玉树市南部
狼	狼	随处可以见到	
野狐	赤狐	随处有之，玉树、囊谦、都兰三县较多蓄息	
沙狐	藏狐	产于都兰、玉树、囊谦等县	
猞猁	猞猁	产地很广，尤以都兰、玉树、囊谦三县最多	
野猫	荒漠猫	产地很广，唯不多见	
石豹	豹猫	产于玉树、囊谦、同德等县	

物种名 [a]	现通用名称	分布区域 [a]	备注
野狗	豺	产于玉树、囊谦二县东南大林中	
马鹿子	兔狲	穴与丘陵坡陀之间	
野豕	野猪	随处有之，唯不多见	
嗅狗子	香鼬	产于附近内地一带	
崖獭	石貂	产于都兰、玉树、囊谦等县	
水獭	水獭	塞外各地均有，而以都兰、玉树、共和三县为多	
黄鼠	旱獭	随处有之	
圆老鼠	鼠兔	随处有之	

注：a.信息来自1937年发表的《青海塞外野兽种类的调查》。

（3）现在的野生动物分布数据，综合参考三江源国家级自然保护区、《三江源国家公园总体规划》、IUCN 濒危物种红色名录网站给出的物种分布数据，及相关研究者发表的研究结果（李娟，2012；肖凌云，2017；蒋志刚 等，2018；苏建平等未发表的数据）。

综合以上资料，得到表 5.5。对三个时段进行对比，发现三江源地区在民国时期就是青海省野生动物，尤其是野生兽类分布的热点区域。20 世纪 60 年代与 30 年代相比，三江源野生兽类分布情况变化不大。而目前野生兽类的分布与 60 年代相比发生了较大变化。其中分布范围缩小的物种包括：黑熊（消失）、华南虎（消失）、云豹（消失）、野牦牛、藏羚、藏野驴（由三江源地区广泛分布缩减到三江源西北部人类活动较少的区域）、盘羊（由玉树地区广泛分布缩减到玉树西部人类活动较少的县）。分布范围扩大的兽类为：野猪、金钱豹。野生动物分布范围的缩小很可能与人类活动有关，而野生动物分布范围的扩大主要发生在近年，可能与气候变化事件有关。

利用 Maxent 得到的青海省野生有蹄类（野牦牛、藏野驴和藏羚）现在的分布情况（图 5.1），可见三江源地区是青海省大型有蹄类目前的主要栖息地和庇护所，尤其是在三江源人为干扰较低的西部地区，野生动物分布更为集中。藏野驴、藏原羚分布范围相对较广，而藏羚和野牦牛基本只在三江源西部地区分布。

表5.5　野生动物分布变化情况

物种	分布状况	分布地											
		玛沁	班玛	甘德	达日	久治	玛多	玉树	杂多	治多	称多	曲麻莱	囊谦
狼	历史分布	+	+	+	+	+	+	+	+	+	+	+	+
	现在分布	+	+	+	+	+	+	+	+	+	+	+	+
黑熊	历史分布		+					+					
	现在分布												
棕熊	历史分布	+		+	+		+	+	+	+	+	+	+
	现在分布	+	+		+	+	+	+	+	+	+	+	+
雪豹	历史分布	+	+	+		+	+	+	+	+	+	+	+
	现在分布	+	+	+	+	+	+		+	+	+	+	+
华南虎	历史分布		+			+		+					+
	现在分布												
云豹	历史分布		+										+
	现在分布												
金钱豹	历史分布		+			+		+					+
	现在分布		+			+		+	+				+
兔狲	历史分布	+	+		+	+	+	+	+	+	+	+	+
	现在分布	+	+		+	+	+	+	+	+	+	+	+
猞猁	历史分布	+	+	+	+	+	+	+	+	+	+	+	+
	现在分布	+	+	+	+	+	+	+	+	+	+	+	+
藏狐	历史分布	+	+	+	+	+	+	+	+	+	+	+	+
	现在分布	+	+	+	+	+	+	+	+	+	+	+	+
赤狐	历史分布	+	+	+	+	+	+	+	+	+	+	+	+
	现在分布	+	+	+	+	+	+	+	+	+	+	+	+
藏野驴	历史分布	+											
	现在分布						+			+	+	+	
野牦牛	历史分布	+		+			+	+		+			
	现在分布						+						
藏原羚	历史分布	+	+	+	+	+	+	+	+	+	+	+	+
	现在分布	+	+	+	+	+	+	+	+	+	+	+	+

续表

物种	分布状况	分布地											
		玛沁	班玛	甘德	达日	久治	玛多	玉树	杂多	治多	称多	曲麻莱	囊谦
野猪	历史分布		+			+							
	现在分布		+			+		+	+				+
藏羚	历史分布						+	+	+	+	+	+	+
	现在分布									+			
白唇鹿	历史分布	+	+	+	+	+	+	+	+	+	+	+	+
	现在分布	+	+	+	+	+	+	+	+	+	+	+	+
马麝	历史分布	+	+	+	+	+	+	+	+	+	+	+	+
	现在分布	+	+	+	+	+	+	+	+	+	+	+	+
盘羊	历史分布	+	+	+	+	+		+	+			+	+
	现在分布						+					+	
岩羊	历史分布	+	+	+	+	+	+	+	+	+	+	+	+
	现在分布	+	+	+	+	+	+	+	+	+	+	+	+
水獭	历史分布					+		+					+
	现在分布					+		+					

注：+，表示有分布。历史分布主要依据《青海经济动物志》，并参考《青海省志：林业志》《玉树藏族自治州志》《果洛藏族自治州志》的记载；现在分布主要依据北京大学自然保护与社会发展研究中心收集的动物分布点，并参考《三江源国家级自然保护区总体规划》及IUCN濒危物种红色名录网站给出的动物分布图。黄底表示消失，绿地表示增多。

　　历史游记中记载的野牦牛、藏野驴分布信息较多，而藏羚、藏原羚分布信息较少。我们对照地图查看野牦牛、藏野驴、藏羚的历史分布（20世纪60年代之前的情况），可以发现，在过去50年间，青海全省和三江源地区的野牦牛、藏野驴分布范围大为缩减，分布区域从东部人口密集区域向西部人为干扰较低区域快速退缩。

　　中国科学院西北高原生物研究所使用其他模型对藏羚历史与现在分布范围的模拟，反映了类似的趋势。牧民对这种退缩的趋势也是有所认识的。格勒等（2004）记录了藏北的老牧民回忆：常驻牧区，有野牛群、野驴群、石羊群、羚羊群。随着人口发展，牲畜增加，野生动物的生存环境变小了，野牛、野驴等动物逃到了很远的羌塘北边的荒原上，石羊、黄羊等较小的几种动物仍然留在原地。

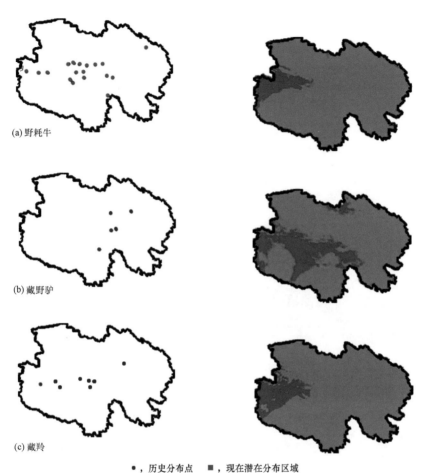

(a) 野牦牛

(b) 藏野驴

(c) 藏羚

●，历史分布点　■，现在潜在分布区域

图5.1　青海省几种野生有蹄类潜在分布区域

　　而在我们的访谈中，也有老牧民提到：这些年不让打猎，野生动物确实变多了，但还是没有过去多。我小的时候（大约20世纪50年代——作者注），到处都是野生动物，尤其是河滩上面，要看动物不需要到山里找。河滩上面的野牦牛、藏羚、藏野驴是原来有、现在消失的动物。原来打猎的时候藏原羚很多，现在不打猎，藏原羚变少了（地青村原村干部访谈，2016年）。

　　（澜沧江）源头附近原来是有野牦牛生活的，雪山融化的时候还会带下来野牦牛的尸骨。现在不打猎，野牦牛还是没有（昂闹村村民访谈，2015年）。

5.3　牧民对野生动物数量变化的认知

调查中我们发现，绝大多数牧民认为野生动物数量在增加。三江源地区野生动物的数量在 20 世纪 80 年代左右达到最低点后，因狩猎得到控制，数量开始回升。牧民报告回升最为明显的是麝类、岩羊、狼、棕熊、雪豹（图 5.2），而数量下降的主要是藏原羚和猛禽。

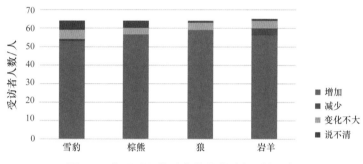

图5.2　牧民对野生动物数量的认知（部分）

但老牧民仍然认为目前的野生动物数量并没有恢复到 20 世纪 50 年代及之前的水平。在牧民认知中，人对野生动物影响最大的是打猎，只要不再打猎，人对野生动物的生存就不会产生影响。

> 最近这些年野生动物的数量比八九十年代确实多了不少，因为打猎的人没有了，国家宣传要保护动物，活佛也经常说。但本地动物最多的还是我小时候，在十几岁（20 世纪 50 年代），那时候看动物不需要到山里，河滩上到处都是。

5.4　藏族牧民对野生动物的狩猎行为及对野生动物的观念

5.4.1　部落时期三江源地区狩猎行为

部落时期，狩猎是三江源地区牧民生计相当重要的组成部分。在清末及民国时期有关三江源地区的叙述中，有相当多的关于狩猎活动和野生动物的文字记载，如"玉树等二十五族人民，除农牧并事者外，皆专以游牧为生，故大都善于狩猎。其狩猎品以鹿茸、麝香、猞猁皮为大宗，黄羊、雪鸡、马鸡等次之，狐、熊、狼、豹、猞猁、雕、雉、野马等又次之，虎彪等较少"（周希武，1986）"玉树各地产猞猁、狼、野狐、黑熊、海青、鹿麝、黄羊之类甚多，故玉树人民多善猎，以猎业为生者甚多，获利颇厚"（李式金，1943a），果洛地区"野生动物有野牛、野驴、黄羊、石羊、大头弯羊、羚羊、麝、獐、鹿、虎、雪豹、狼、狐、旱獭、马鸡等"（吴景敖，1944）。

对三江源地区牧民而言，狩猎的主要作用如下：

（1）提供肉食。肉类是三江源地区牧民的主要食物，在自然环境严酷的三江源地区，牲畜成活率低，遇到自然灾害死亡率极高，保持一个尽量大的畜群对牧民而言非常重要。由狩猎有蹄类得到的肉类供给部分食物，可以减少自身牲畜的消耗，对牧民来说无疑是非常重要和经济的（格勒 等，2004）。

（2）提供皮毛和其他野生动物制品。牧民自身有一定利用皮毛的需求，普通牧民常穿羊皮袄，习惯上在袖口和领口要镶水獭皮、狐狸皮的边，而富户"冬日则着狐皮袍，以豹皮镶边，表示其特殊"（周希武，1986）。而更重要的用途还是向其他地区出售野生动物的皮毛，作为牧民重要的收入来源，用于购买一些牧区不能提供的生产生活必需品。"青海每年除产多量之羊毛外，羔皮、狐、猞猁，及其他兽皮年产亦复不少，皆为寒冬制裘御寒之佳品，以猞猁皮最珍贵，狐皮次之"（陆亭林，1935）。除皮毛外，出售的其他野生动物制品还包括麝香、鹿茸等。一方面，野生动物产品价格高于畜产品，给牧民带来了较高的收入，如民国期间玉树市场上每张狐皮价格为十五元，猞猁皮、豹皮每张价格达五十元，而牦牛皮价格为三元，家羊皮每张价格为五角（佚名，1936）；另一方面，售卖野生动物制品也减少了牧民牲畜的损耗，这对牧民是非常重要的（王明珂，2010）。对于玉树输出野生动物制品的情况，当时的文献有一些记载，虽不够准确，但可供参考。部落时期三江源地区出产的野生动物制品约占青海总出产量的 1/10，与周边地区（如海东、柴达木地区等）比较，狩猎的绝对量不大，与集体化时期之后的狩猎规模相比也较为有限。

（3）部分食肉动物捕食家畜，对畜牧业影响很大，有时还会伤人。在三江源的不同地区，狩猎的对象和狩猎在牧民生活中的重要性的差别也是很大的。当地牧民对人、家畜与野生动物的关系有一定认识：当牧民刚刚进入一块草地时，周围会有很多野牛群、野驴群、石羊（岩羊）群、羚羊群，随着人口的增加和牲畜的增加，野生动物的生存受到影响，野牛、野驴等动物会跑到远处的荒原上，石羊、黄羊等较小的几种动物才会留在原地。故在三江源东部、南部人口较为密集、牲畜较多的区域，牧民主要猎取狐、麝类、猞猁、水獭等经济价值高的野生动物，以及狼、熊等对畜牧业影响大的野生动物，有"秋冬上山觅穴打狼，夏天捉猞猁，冬天猎狐"的说法（格勒 等，2004）。狩猎的方式包括使用火枪、猎套、陷阱等，猎犬在狩猎中发挥着尤其重要的作用，"藏蒙人巡山狩猎皆以犬为活动武器，若遇狐獾麝貂之类，猎犬追之不易逃脱。青海南玉树二十五族藏族群众每年获得之大批兽皮，皆犬之功也"（李式金，1943a）。有时也会猎捕一些岩羊、藏原羚等有蹄类补充肉食。

在三江源西部地区，相对地广人稀，野生动物数量大，尤其是保留着大群的野生有蹄类，"草原和群山中有黄羊、石羊、野驴、雪猪、草狐等野兽，熊、猞猁、雪豹、水獭等珍兽，夏季湖边有几千只的大群""野牛、黄羊成百上千，打猎很容易"，狩猎在这些地区游牧民的生活中占据着非常重要的地位（格勒 等，2004）。

例如，生活在唐古拉山的安多多玛部落，每年藏历九月到次年四月，部落的牧场在唐古拉山北侧，即今天三江源地区的唐古拉山镇、查旦乡一带，这段时间内牧民的肉食几乎全部来自野生动物。部落会组织针对野牦牛、藏野驴的猎队集体行动，到离牧场较远的地方狩猎，之后在部落中分配肉食。如果要猎取藏原羚、藏羚等较小的动物，则牧户单独行动即可。牧场在现在治多、曲麻莱县东部的玉树部落，在夏季会向可可西里一带移动，专门的打猎队会深入无人区，猎捕野牦牛、藏野驴等，为部落补充肉食。

狩猎行为与藏传佛教的杀生禁忌有着相当大的冲突，西藏地方政府颁布过大量针对狩猎的限制令和禁令。如1648年五世达赖喇嘛颁布了禁猎法；清朝时，西藏地方政府曾下令在达赖喇嘛 13、25、37、49、59 岁时，以及达赖喇嘛诵"日群"经、"尕席"经时，不准狩猎除狼以外的动物（格勒 等，2004）。1932 年，十三世达赖喇嘛下令从藏历正月初到七月底，不准伤害山沟里除狼以外的野兽、平原上除老鼠以外的动物。藏族聚居区许多地方也有相应的规定，如藏北地区藏北总管不允许随便打猎，违者要受到鞭笞；四川理塘地区、甘肃拉卜楞地区、青海刚察部落规定不能打猎，不准伤害有生命的东西，否则罚款（洛加才让，2002；马清虎，2008；刘继杰 等，2014）。三江源地区部落也有禁猎规定，文献中有"番地多野牲，番酋往往封断山林，禁部民采取"（周希武，1986），"唯寺院及千百户等，往往有迷信封山禁止猎兽者"（蒙藏委员会调查室，1941）。但总体而言，禁令对有财产、有地位的人的约束力较强，对离部落头人、寺庙神山近的牧民的约束力强，对于普通的牧民，只要主动避开神山、寺庙等区域，打猎并未受到很强的约束。这一方面是因为难以在如此广大的地域下进行监督；另一方面是因为西藏地方政府说明禁止狩猎的原因在于"野兽因猎者志在牟利，与其生活无关"，在三江源地区，很难说狩猎不是生计的一部分。

由于其生计属性，狩猎虽然与宗教观念有冲突，牧民在观念上接受了它的合理性，但这种接受在不同地区仍然是有差别的。在三江源西部的高寒草原地区，人口及寺庙密度都低，狩猎是牧民生计不可或缺的部分，对狩猎几乎没有负面态度。而在东部、南部地区，狩猎相对于畜牧业而言是一种补充，虽然绝大多数牧民都会参与狩猎，但狩猎更多地带有"不得已"的色彩。

有一些专门打猎的人，一般是家里没有牛羊的，自己带一个小帐篷到处去打猎。说实话这些猎人大家是看不起的，觉得这不是好事（囊谦县巴扎乡老年牧民访谈，2017 年）。

5.4.2 集体化时期三江源地区狩猎行为

集体化时期，原有以部落和寺庙为核心的政治结构被打破，宗教和文化对狩猎的禁忌和限制也大大下降。在这一时期，国家开始进行社会主义建设和发展，开始将野生动物视为宝贵的经济资源，并规划和组织大规模的狩猎活动。20 世纪 50 年代末的大规模狩猎活动使得野牦牛、藏野驴、盘羊、藏原羚等野生动物的数量大大下降（戈明，1998）。在青海省范围内，1950—1960 年间是一波狩猎的高峰，青海省当时成为全国仅次于东北地区的兽类制品产地（中国科学院西北高原生物研究所，1989）。1960—1962 年自然灾害期间，为了获得肉食和皮毛，青海省组织了对在滩地生活的野生动物的有计划的大规模捕猎。1959 年，青海全省猎取野生动物（主要为野牦牛、藏原羚、岩羊、野驴等）皮毛 1 516 162 张，肉类 750 万千克；1960 年猎取野生动物皮毛 808 804 张，肉类 800 万千克。野生动物数量大的三江源地区被视为主要的野生动物资源产地，完成国家收购任务成为狩猎的重要激励。

那时候（20 世纪六七十年代——作者注）有打猎，国家要收购，每年有规定的数量，每个村社必须完成的（扎青乡退休干部访谈，2016 年）。

公社的时候要完成国家的任务，每年都有一定的（任务），完成多的话可能还有奖励，所以村里会组织打猎队专门去打猎。我们村一直是完成任务就可以，也没有多打过。打猎多了动物减少得厉害，原来很常见，尤其是河滩上动物多，后来动物得到深山里才有（扎青乡牧民访谈，2015 年）。

同时，20 世纪 50 年代末，三江源地区牲畜损失严重，为了尽快恢复牲畜数量，牲畜宰杀减少，牧民不得不以野生动物为主要肉食来源。在双重捕猎压力下，野牦牛、野驴、藏羚、藏原羚、岩羊、盘羊等野生有蹄类的数量受到极大影响，尤其是主要在滩地生活的有蹄类野牦牛、藏羚、藏野驴，很多种群被消灭殆尽。

那个时候（1960 年初——作者注）国家有任务，要牛羊的数量尽快恢复起来，州上、县上就不让宰杀牛羊，尤其是母畜和幼畜，发现了要受处罚。那为了生活，就只能打动物吃。也有老人说打动物不好，不过那个时候也没有宗教，也没有讲保护，打猎也没有啥感觉。生产队会专门组织打猎队（索加乡牧民访谈，2014 年）。

以前牛羊少，吃的不够，打过野牦牛吃，现在很后悔（曲麻河乡村民访谈，2016 年）。

1962 年起，随着《国务院关于积极保护和合理利用野生动物资源的指示》的施行，以获取兽类为目的、以有蹄类为主要猎捕对象的野生动物狩猎规模大为缩减。1966 年起，青海省内除对狼等"害兽"和麝类、旱獭等经济兽类的狩猎外，对其他动物的狩猎活动基本停止（青海省地方志编纂委员会，1993）。狩猎的主要对象转为各类经济兽类，在三江源地区主要为旱獭、狐等毛皮兽和麝类。1956—1984 年间，青海全省共猎取旱獭皮 31 万张、麝香 75 万套（青海省地方志编纂委员会，1993）。虽然集体化时期宗教活动受到限制，但传统禁忌仍然在一定程度上限制着打猎。

70 年代打旱獭打得多，也是完成国家任务。上面来人收皮子，别的不要，旱獭肉牧民就分着吃了。麝类也是，在山下下套子，完了上面来人收麝香（苏鲁乡牧民访谈，2012 年）。

那个时候也有老人说打猎太多了，杀的野生动物太多了，很不好。不过打猎是国家的任务嘛，到处都在打猎，当时自己没什么感觉，觉得在外面打猎还挺高兴的（索加乡牧民访谈，2012 年）。

打猎还是不会去神山里面的，很多人说动物见到猎人就往神山里跑，因为跑进去就安全了（昂赛乡牧民访谈，2016 年）。

集体化时代对畜牧业影响较大的狼、熊等兽类，尤其是狼，被划入危害畜牧业生产的"害兽"，视为必须消灭的对象。"打一匹狼奖一只羊"是典型的鼓励消灭"害兽"的政策。20 世纪 60 年代起，鼠兔等草原鼠类因被认为与牲畜争草、破坏草场，也被列入需要灭杀的"害兽"之列，草原灭鼠自此也成为草原管理的重要部分。

5.4.3 野生动物保护时期

至 20 世纪 80 年代，对野生动物的狩猎出现了刺激和限制两股力量：刺激的力量来自市场的开放，国家不再是收购野生动物产品的唯一主体，国家任务不再是狩猎数量的上限；限制的力量来自对宗教信仰限制的放开，藏传佛教和传统文化重新开始发挥影响力，也促使藏族牧民反思大规模狩猎行为的得失。

　　几乎在同一时期，一条青藏公路之隔，路西的可可西里地区，外来采金者和盗猎者对藏羚的疯狂猎杀，而路东牧民重拾传统文化中对狩猎的限制，不少曾经的打猎队骨干成员、有经验的猎人放弃打猎，就是这两股力量交织影响的实际表现。1980 年颁布的《青海省野生动物资源管理条例》和 1988 年颁布的《中华人民共和国野生动物保护法》，也标志着从法律层面开始限制和规范狩猎活动。90 年代，玉树州首先将 22 处寺庙及其周边地区划为野生动物保护区。进入 21 世纪后，随着三江源自然保护区成立以及牧区枪支的收缴，生态保护成为三江源地区的核心工作，狩猎在各个方面受到控制，保护执法力量不断加强，法律、传统文化与现代生态保护知识共同要求牧民约束狩猎行为，故除零星盗猎外，目前在三江源区域对野生动物的狩猎活动已经基本停止。

5.4.4　三江源牧民对野生动物的态度

　　在问卷调查中，我们使用 5 分量表衡量了三江源牧民对四种野生动物（雪豹、狼、棕熊、岩羊）的态度，1 为非常不支持保护，5 为非常支持保护。雪豹、狼、棕熊、岩羊四种野生动物的得分如下（图5.3，表 5.6，表 5.7）。另外，绝大多数牧民均支持草原灭鼠活动。相当多牧民质疑已有灭鼠方式的有效性，但对灭鼠的必要性没有异议。

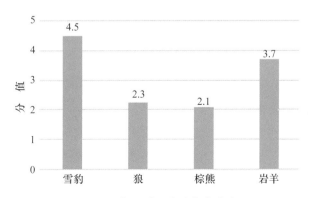

图5.3　牧民对野生动物的态度

表 5.6　牧民对与野生动物共存的态度（*n*=155）

动物名	对村子周围的野生动物数量认可的比例 / （%）		
	偏多	偏少	比较合适
雪豹	24.5	25.2	50.3
岩羊	16.0	15.2	68.8
棕熊	81.9	7.3	10.8
狼	85.5	3.6	10.9

表 5.7　牧民对野生动物未来变化的态度（*n*=155）

对野生动物未来变化的态度	对野生动物未来变化的不同态度的比例 / （%）		
	增加	减少	维持不变
未来五年希望整个三江源的雪豹数量	69.7	12.1	9.2
希望我村子周围的雪豹数量	59.1	24.2	13.6
希望整个三江源的岩羊数量	72.7	15.2	12.1
希望我村子周围的岩羊数量	75.8	13.6	10.6
希望整个三江源的棕熊数量	24.2	62.1	13.4
希望我村子周围的棕熊数量	4.5	83.3	9.1
希望整个三江源的狼数量	25.8	53.0	13.6
希望我村子周围的狼数量	9.0	66.6	16.7

在三江源牧民对生活环境的认知中，野生动物是不可缺少的一部分。一些牧民对野生动物的意义有完整的阐释：

野生动物存在是很重要的，一个地方有野生动物说明这个地方的草地好，草地好了牲畜才能好，牲畜好了生活才能好。有野生动物的地方才是好的地方（措池村牧民访谈，2017 年）。

而更多牧民的解读是相对简略的：

草地上看到野生动物让人高兴，心情好。野生动物比家畜看着精神，有生气（唐古拉山镇牧民访谈，2016 年）。

草场上野生动物一直有的，要是一下子没有了肯定不好，肯定是出了什么不好的事情（扎青乡牧民访谈，2016 年）。

结合问卷调查的结果及对牧民的访谈，牧民对野生动物的观念仍然是"文化人"与"经济人"的身份相互碰撞的结果。出于传统文化及野生动物保护宣传的共同影响，牧民赞成禁止打猎，认同不论是食草动物还是食肉动物都是他们生存环境中不可缺少的部分，愿意参与到保护野生动物的实践当中。而同时，野生动物的存在，尤其是数量的增加有可能对牧民的生计产生影响，有可能威胁畜牧业生产甚至人身安全，因此牧民希望自己身边有野生动物，又不希望自己身边的野生动物，尤其是食肉动物的数量过多。而近年来，人兽冲突已经越发成为影响牧民生计的问题。

5.5　人兽冲突情况

人与野生动物的冲突实际上是相互的，而保护生物学语境中的人兽冲突（human-wildlife conflict，HWC）则主要指野生动物对人造成的负面影响。人兽冲突给当地居民带来人身、财产损失，并可能引起居民对野生动物的报复性猎杀。人兽冲突与居民对野生动物的态度是互相影响的。牧民能够容忍人兽冲突，很大程度上与牧民对野生动物的态度有关，而不是与人兽冲突造成的损失呈正相关（Treves et al.，2013；Peterson et al.，2010；Dickman，2010）。

历史文献中就有对三江源地区人兽冲突和报复性猎杀的记载，"常有凶禽猛兽攫噬家畜之害，此为不可避免之灾害"（王运三，1936）。狼是牧民公认的对畜牧业负面影响最大的野生动物，在藏北那曲地区，猎人猎杀到狼后，带着狼皮到附近的牧民家，会得到一定的青稞作为酬劳，称为"江耐"；冬季狼繁殖时，猎人会寻找狼窝，擒杀狼崽，带着狼崽皮到附近的牧民家，会得到"江耐"，以及一定的酥油"江玛尔"。而相当多的狩猎禁令也特地指出猎杀狼不受其限制（格勒 等，2004）。当然，佛教文化禁止杀生，当地人也有对人兽冲突的另一些说法，有从现实角度出发的，如"草好的年月，狼不吃羊；草不好的年月，狼才吃羊"（鄂崇荣，2014），也有纯粹从宗教文化角度出发的，如"狼是天狗，杀了狼就是杀了天狗""狼吃了牲畜，就是天狗吃牲畜，在山上多插一些旌旗就好了"。

如图5.4、图5.5所示，三江源地区造成人兽冲突最多的物种是狼，其次是雪豹和棕熊，其他造成人兽冲突损失的物种有野牦牛、猞

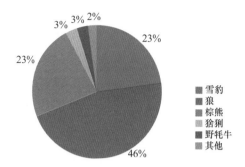

图5.4　三江源地区人兽冲突物种肇事频率

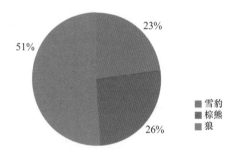

图5.5　三江源地区人兽冲突各物种造成的经济损失情况

狐等。造成牧民损失最多的野生动物也是狼，其次是雪豹、棕熊。根据杂多县地青村、年都村的统计，野生动物每年给每户造成的经济损失合计约 19 000 元，其中狼捕食家畜造成的损失约 11 000 元，棕熊破坏房屋造成的损失约 5000 元，雪豹捕食造成的损失约 3000 元。

　　在人兽冲突发生季节方面，雪豹在冬春季节捕食家畜相对较多（图 5.6）。这与牧民的认识也是较为一致的。

　　人兽冲突造成的损失明显地影响牧民对野生动物的态度，对于狼、熊、雪豹而言，造成的损失越大，牧民对其态度愈发倾向于负面。同时，牧民对人身伤害风险比财产损失风险更为敏感，这也造成了牧民对棕熊更为负面的态度。

　　动物毕竟也要生活，狼、雪豹偶尔吃一些牲畜也还可以。但熊扒房子让人感觉特别不安全，很怕人受伤。熊特别聪明，发现人对他没有什么办法，胆子越来越大。听老人说，牧民有枪的时候，熊都离人

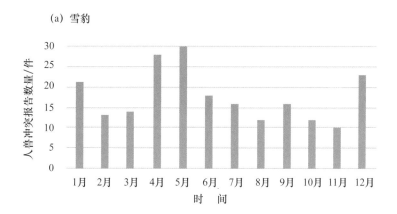

(a) 雪豹

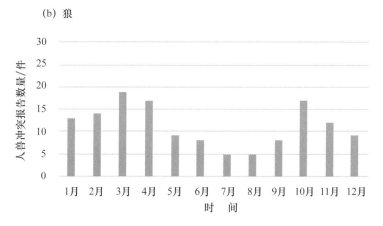

(b) 狼

图5.6 人兽冲突发生的季节

远远的，在山尖上活动。收了枪后两三年，熊逐渐敢下山了，后来就开始扒房子。牧民想出的吓唬熊的办法，放狗，放鞭炮，发动汽车，用车灯照什么的，刚开始有用处，后来熊发现伤不到自己，也就没用了。熊现在还是扒没人的房子，但听说有牧民夏天住在离房子十几米的帐篷里，晚上房子还是被熊扒了。特别担心有一天熊会扒有人的房子，会伤人（扎青乡牧民访谈，2016 年）。

损失一些牲畜、财产都还好，最怕人受伤。这几年也听说了一些熊伤人的事情，自己现在爬山的时候会担心，尤其是孩子在野外的时候，特别担心（曲麻河乡牧民访谈，2015 年）。

5.5.1　杀生与生计

　　在三江源牧业社区的社会-生态系统中，直接获取野生动物个体的各种形式的狩猎、由放牧带来的家畜与野生动物的直接竞争以及放牧带来的环境改变，是牧民影响野生动物的主要方式。这些活动强，对野生动物的影响就大；这些活动弱，对野生动物的影响就小；有意识地减少这些活动，就是保护野生动物的行为。

　　藏族文化中对野生动物和狩猎的观念一直是明确的，即保护野生动物是正面的、好的，捕杀野生动物是负面的、恶的。但是，在文化和生计的纠缠中，三江源牧民和野生动物的关系中有多对张力。一方面，对打猎的禁忌是三江源地区传统文化，尤其是藏传佛教文化中的重要禁忌，打猎被视为罪孽，纯粹以打猎为生的人在社区中被鄙视、被边缘化（格勒 等，2004）；另一方面，打猎又是三江源牧业社区重要的传统生计方式，出于获取肉食、售卖毛皮、完成国家任务等不同需求，三江源牧民较大规模的打猎活动一直持续到21世纪初。在20世纪80年代末《中华人民共和国野生动物保护法》颁布，打猎在法律上被禁止之后，打猎活动实际上还持续了相当一段时间。一方面，三江源牧民珍视野生动物，并积极参与到各类保护野生动物的实践当中；但另一方面，20世纪50年代以来三江源地区野生动物，尤其是滩地生活的有蹄类的分布范围大为缩减也是一个事实。

　　在这里，我们再次看到了三江源牧区文化中对现实和生计的重视。当生计需求与宗教教义或文化观念发生冲突时，即使是杀生、打猎这种宗教上较为严格的禁忌，也可能被容忍和默许。寺庙和信奉宗教的人士在历史上有多次禁止打猎的尝试，部分笃信宗教的部落精英也曾经试图推行打猎禁令，但最后能够严格限制打猎的区域也仅限于神山与寺庙周边（马鹤天，1947；蒙藏委员会调查室，1941；格勒等，2004）。而当打猎不再成为生计的必需后，来自文化、宗教、政策、法律等多方面的力量促使绝大多数牧民放弃了打猎活动，"不能打动物"成为一种共识。

而在这种共识之下，牧民对两个特殊方面的态度就显得格外有趣：其一，是对人兽冲突的肇事物种棕熊、狼、雪豹等食肉动物以及可能的食草动物的态度。在对人兽冲突情况的分析中，我们发现三江源地区在人兽冲突造成的经济损失相当大的情况下，牧民对肇事物种仍相当容忍（多数牧民仍然认为这些物种是环境中的合理组成部分），且事实上的报复性猎杀非常有限。在这里，野生动物对家畜的直接影响无疑是与生计有关的，却受到了牧民的包容。其二，对于被多数牧民认为是草原退化重要原因的鼠兔，牧民的态度就远没有如此友好，牧民对灭鼠兔的负面态度主要源于"无用"而非"不该"。在牧民看来，鼠兔通过破坏草地间接影响了生计，如果灭鼠兔确实对草原有好处，也不是不可接受的。

因而，在社区和宗教精英完成对生计与否的阐释之后，在"众生平等"之下，牧民直观的好恶和对动物的传统认知，仍然会影响对具体物种的态度。对于不同动物牧民的亲疏仍然是有别的。

5.5.2　对野生动物变化的认知与对变化的反应

如前所述，在部落时代之后，牧民可以感知到三江源地区野生动物在 1950—1960 年间的持续减少，与 20 世纪 90 年代起的逐渐恢复。年长的牧民可能经历这两段过程，而年轻牧民可能只感知到恢复过程。同时，这期间外部政策从鼓励狩猎向保护动物转变。在这一动态过程中，牧民会感知自然环境的变化与社会环境的变化，对自身态度做出一定的阐释，并在行为上做出相应的改变。因此，感知-态度-行为并不是静态的，而是动态的、不断变化的。

集体化时期的狩猎活动与牧民的传统认知之间是具有张力的，张力的来源一方面是杀生禁忌，因为狩猎的规模、强度与可见的野生动物的变化远远超过了部落时期；另一方面是对生计的界定，大量向外输出的狩猎活动是否仍然属于生计的范畴同样是值得质疑的。因此，当生态保护政策与宗教改变了社会环境之时，出现了牧民对狩猎负面态度的强烈反弹，并促使牧民转而参与到各类保护野生动物的实践之中。同时，打猎与野生动物数量的关系被紧密建立起来：打猎多则动物少，打猎少则动物多，那么只要控制了打猎，也就等于保护了野生动物。

在这种阐释中，放牧以及家畜食物竞争对野生动物产生的负面影响无疑被忽略了。三江源地区的大量科学研究显示，放牧与家畜对野生动物的直接竞争，是影响野生动物生存的重要原因，也是造成野生动物分布缩小的主要原因。在人为活动强度中等或高的地区，藏羚、藏野驴和藏原羚数量极少；在 4700 ～ 5200 m 的高海拔地区，人类活动强度低，藏羚和藏野驴数量相对多。藏羚、藏野驴、野牦牛、藏原羚等主要高原有蹄类的数量与人类活动强度明显呈反比（Fox，2005）。放牧造成大型野生动物栖息地的丧失和破碎化。家牦牛、家羊与藏羚、藏野驴和野牦牛的食物重叠程度很高，暖季竞争禾草类植物，冷季竞争豆科植物（曹伊凡 等，2009）。人类活动对藏羚分布影响大，治多县和曲麻莱县东部地区人类活动多，使这部分生境条件较好的区域藏羚分布减少，而生境条件相对较差的可可西里地区拥有较多的适合藏羚栖息的生境（崔庆虎 等，2006）。藏羚会主动选择远离人类活动的区域和道路活动（宋晓阳 等，2016）。20 世纪 90 年代起，中国野牦牛种群数量逐年增长，分布区面积却逐渐缩减，目前仅分布在几个相对孤立且远离人类居住区的高寒区域。在对可可西里保护区工作人员的访谈中，也有资深工作人员认为，在遗产地的东部、南部区域，藏羚在 20 世纪 90 年代较为常见，在滩地就可以见到大群。但随着牧民放牧范围的扩大，现在在滩地上已经难以见到藏羚，很多藏羚转而在几条人为活动较少的山谷活动。

但大多数牧民对这种冲突是缺少认识的。一方面，年轻牧民成长的年代，野生动物分布的范围已经缩小，他们没有经历野生动物减少的时段，尤其是没有经历主要放牧区域有大量野生动物活动的阶段，自然也对环境的"本底"有不同的认识；另一方面，牧民对放牧的强烈认同，使他们有意无意地忽略放牧与野生动物可能存在的冲突。在牧民的传统理想中，野生动物是环境中不可或缺的部分，不过只要牧场上能看到某种野生动物，这种不可或缺的期待已然得到了实现。当然，这些动物最好也不要对放牧产生负面影响。这样的理想与基于生态系统观念的生态保护，无疑还有着距离。

　　当然，期待传统的认知、观念与现代生态保护无缝衔接本就是不现实的，在强大的"万物一体"的价值观与对野生动物包容态度的影响下，牧民对于生态学知识是相当接受与认同的。要有效限制三江源地区牧民的打猎活动，宣传教育、法律法规等都具有非常重要的意义。牧民在人与野生动物关系的认知中也尚存在一定的知识空缺。以科学的研究和管理规划为基础，结合当地珍视野生动物、认为人与野生动物平等的价值观，牧民对参与野生动物保护的积极性和较强的社区组织能力才能够真正落实到对野生动物保护有利的方面。

摄影／彭建生

第六章

藏族传统文化与生物多样性的相关性研究——以甘孜州鸟类多样性为例

本部分的研究中，我们试图通过比较传统文化不同的藏族村子周边的生物多样性上的差异，来研究藏族传统文化对生物多样性的影响。调查选择了 9 个藏族村，以鸟类作为生物多样性的指示类群，分春、秋两季调查村子周边鸟类的多样性，并定量评估了各个地点传统文化的状态，分析藏族传统文化和鸟类多样性的相互关系，在此基础上探讨藏族传统文化对生物多样性的影响途径。

6.1   以鸟类为指标的生物多样性评估

生物多样性评估选择鸟类作为指示类群，是因为鸟的种类多，分布广，在野外容易见到，有多种比较成熟的标准调查方法可供参考和选择。对于中等范围的调查区域来说，鸟类的多样性水平可以作为比较好的生态系统总体生物多样性水平的指标。鸟类中的各种大型雉类，由于目标明显、经济价值高，很容易受到人类捕猎压力的影响，其多样性水平和种群数量可以作为反映周边社区捕猎压力的指标（Fuller et al.，2000）；此外，鸟类中的猛禽类，由于处于食物链的顶端，其数量及多样性可以作为整个生态系统健康状况的指标（Roth et al.，2008）。

鸟类调查采用固定半径的样点法（郑光美，1995；Ralph et al.，1995）。样点法是鸟类调查常用的标准方法（Farnsworth et al.，2005）。每个样点均以调查人员为中心，记录 50 m 半径范围内，从到达起 10 min 内见到和听到的鸟的种类和个体数量。其他记录内容包括调查人员到达样点的时间、样点中心的经纬度坐标和小生境的植被信息。相邻两个样点之间的距离大于 200 m，以避免样点间相同鸟个体的重复记录。在同一个样点，调查人员根据鸟出现的时间、位点、移动的方向和其他行为特征，区分不同的个体，同时避免相同个体的重复记录。样点之间沿线遇见的鸟的种类和个体数量另行记录，以作参考。被调查村及调查范围主要分布在海拔 3000 ～ 4000 m 之间，主要有三种生境类型：① 以冷杉、云杉、铁杉和高山松为优势种的常绿针叶林；② 以高山栎和高山柳为优势种的灌丛；③ 农耕地。各个被调查村景观非常相似，农耕地分布在村子周围，阴坡以针叶林为主要植被类型，阳坡以高山栎为主要植被类型，高山柳和其他类型的灌丛多分布在河道两侧、开阔的空地以及林线以上的灌丛地带。样点的选择采用分层取样（Sutherland et al.，2004）的方法。每个被调查村在相同的植被类型中布设相同数量的样点，保证各村之间调查结果的可对比性。要通过样点法记录到某种生境类型中的多数鸟类，所需工作量（样点数）随生境类型的不同而不同，该种生境内的鸟类种数越多，需要的样点数也越多。通常情况下，20 ～ 30 个样点对于调查一种生境类型中的绝大多数鸟类是足够的（Moskát，1987）。我们根据在第一个被调查村（确索村）的鸟类调查结果，绘制出每种生境类型中鸟种数随样点数的增长曲线（图 6.1），确定了每种生境类型需要布设的样点数。当针叶林中样点数达到 30 个，灌丛中样点数达到 30 个，农耕地中样点达到 10 个时，鸟的种数增长基本趋于平稳。一个村的农耕地面积有限，10 个样点已经覆盖了村里所有的农耕地范围。

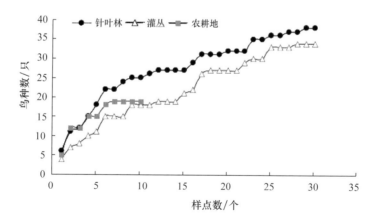

图6.1　确索村三种生境类型中的鸟种数增长曲线

每个调查点有 4 名生物多样性调查人员，每两人一组，每天的调查分两个组同时进行。调查分为春秋两季。秋季调查时，每天从 7 点开始至 19 点结束，13 点左右有 1 ～ 2 小时的午饭和休息时间；春季调查时，每天从 7 点开始至 11 点结束，16 点开始至 19 点结束。每个被调查村需要 3 ～ 4 个整天才能完成调查。参加调查的人员都有长期观鸟经验和野外工作经验，能够准确识别当地鸟种，春秋两季的调查人员大体一致，同一季节的调查人员基本固定。

6.2　传统文化及生物多样性保护的知识、态度和行为评价

通过半结构式访谈的方法，每个被调查村访问 30 ～ 40 名村民，获取传统文化及生物多样性保护的知识、态度和行为的相关信息。采用分层取样的方法，被访谈人群分为 5 个年龄段：＜25 岁；25 ～ 34 岁；35 ～ 44 岁；45 ～ 55 岁；＞55 岁，每个年龄段各随机抽取相同数量的人进行访谈，其中男、女人数各半。

访谈内容包括以下四个方面：① 对宗教的信仰和实践程度；② 对神山禁忌的了解程度；③ 针对野生动植物保护的态度和行为；④ 生物多样性保护知识的了解程度。

我们以对宗教的信仰和实践程度作为考察传统文化状态的指标，希望通过日常生活中最简单的活动和仪式，来反映个人对传统的恪守程度。在设计的 10 个问题中，肯定回答的问题数越多，说明被访谈者的生活方式越传统。在确定这 10 个问题的过程中得到了精通藏族传统文化的降勇彭措、仁青桑珠、尼玛、扎西多杰和四川大学历史文化学院的陈波等人的建议。现对 10 个问题说明如下：

1. 这辈子过得好不好，跟上辈子有没有关系？

2. 生命是轮回的吗？（是否有地狱？是否有极乐世界？）

3. 经常念经、转经、拜佛是否对自己有明显好处？

4. 家中是否设有经堂？

5. 访谈时是否带有护身符？

6. 家里是否每天早上熏烟？/ 在吉日（例如每月 8 日、15 日、30 日）熏烟？

7. 孩子 / 自己是否由活佛 / 喇嘛起名？

8. 是否能念基本的经文？

9. 每天早上是否念经？

10. 结婚、建新房、家里有人出远门是否请喇嘛打卦算日子？

问题 1 和 2：反映藏族传统世界观中最基本的因果报应和转世轮回的思想。

问题 3：念经和转经，以及拜佛被认为是消灾避难、积累功德的重要方式（于长江，1997）。

问题 4：传统的藏式建筑通常在顶层建有专门的房间作为经堂，供奉佛像，经济条件差一些的人家即便没有经堂，也都在家里有专门放置佛像的位置。佛像前摆放酥油灯和净水碗，每天早晨敬佛是重要的精神生活。清晨，家中的主人（通常是女主人）更换佛像前的净水，烧香祈祷。

问题 5：护身符是指贴身携带用于祈佛保佑、护身辟邪的金属小盒（藏语称嘎乌），里边装有高僧大德像和其他护身物；也包括其他形式，比如挂在脖子上的活佛像章、念珠、活佛加持过的金刚结等被认为有护身功效的物品。

问题 6：煨桑（村民讲熏烟）是藏族聚居区古老和普遍的习俗，点燃松柏枝和香草的叶子，燃起的烟雾被认为是敬天、敬诸神的贡品（李云 等，2005）。在吉日（藏历每月的 8 日、15 日和 30 日）以及重大节日，比如藏历新年和祭祀山神的仪式上，都会煨桑敬神。

问题 7：请活佛或喇嘛替孩子起名被认为是吉利的事情，孩子病痛太多，家里人也可能请活佛给小孩更换名字，以求顺利成长。

问题 8 和 9 与问题 3 和 4 的解释相关。

问题 10：村民在从事一些重要的活动，比如结婚、建新房、家里有人出远门的时候，通常要到寺庙请喇嘛占卜预测，选择吉日；在拿不定主意，或者发生一些不能按常理解释的事情时，也会请喇嘛打卦寻求帮助（于长江，1997）。

每个调查点有 2～3 名调查人员负责访谈，其中包括 1～2 名了解当地文化的藏族人担当翻译和协助交流。

在每个被调查村，通过走访乡政府、村主任、村支书和村里年长的人，收集各村的基本情况：包括户数、人口、民族组成、流动人口数量、旅游接待情况、人均年收入、电视机数量、公路状况和村大事记，作为分析村子传统文化状态和保护意识的参考信息。

6.3　数据分析方法

6.3.1　鸟类多样性指数的计算

鸟类的英文名、拉丁名及分类系统参考国际上通用的 *Birds of the World: Recommended English Names*（Gill et al., 2006）；鸟类的中文名及居留类型参考《中国鸟类分类与分布名录》（郑光美，2005）；国家保护动物级别参考 1988 年国务院批准的《国家重点保护野生动物名录》；濒危动物等级参考 2007 年《IUCN 濒危物种红色名录》（以下简称《IUCN 红色名录》），特指近危（NT）及以上级别的鸟类，在调查记录的鸟种中，只涉及易危（VU）和近危（NT）的鸟种。

鸟类物种的多样性用物种丰富度（species richness）、Shannon-Wiener 指数和均匀度指数（species evenness）表示。物种丰富度指群落中物种的数目。Shannon-Wiener 指数是 Shannon 和 Wiener 基于信息论分别提出的群落中物种多样性的测度指数（马克平等，1994），其表达公式为：

$$H = - \sum_{i=1}^{s} p_i \ln p_i$$

其中，p_i 为物种 i 的个体数量占群落中总个体数量的比例，s 为群落中总的物种数。群落中物种数越高、均匀度越高，Shannon-Wiener 指数就越高。均匀度指特定区域或系统内各物种间个体数目或多度分布的均匀程度，用指数（Wang, 2000）表示为：

$$J = H / H_{max}^2 = \ln s$$

以被调查村为单位，分别统计了 30 个针叶林地、30 个灌丛地和 10 个农耕地，共计 70 个样点内观察到的鸟类种数和个体数，并计算了各村鸟类丰富度、Shannon-Wiener 指数和均匀度指数。

6.3.2　传统文化指数的计算

衡量传统文化的 10 个问题中，问题 1"这辈子过得好不好，跟上辈子有没有关系？"和问题 2"生命是轮回的吗？"显著相关（Spearman 相关性检验，r^2=0.755，p=0.000，n=317），问题 8"是否能念基本的经文？"和问题 9"每天早上是否念经？"显著相关（Spearman 相关性检验，r^2=0.65，p=0.000，n=315），两组问题在内容上重复。因此在分析个人传统文化状态时去掉了问题 2 和问题 8，统计其余 8 个问题作为综合指标，称为"传统文化指数"，以肯定回答问题的数量作为个人得分，得分为 0 ～ 8 分。以 8 个问题中所有被访谈者肯定回答的问题占总回答问题的百分比作为每个被调查村传统文化状态的指标，取值为 0 ～ 100%。

6.3.3　影响鸟类多样性的因素分析

为了分析鸟类多样性的影响因素，在控制其他变量，如海拔、调查季节、调查时间、生境类型等影响的情况下，解释传统文化状态对鸟类多样性的影响，采用泊松回归，以样点鸟种数为因变量，可能影响样点鸟种数的环境因子为自变量，做回归分析。鸟类多样性因素分析中的变量如表 6.1 所示。

表 6.1　鸟类多样性因素分析中的变量

变量名称	含义与测量	平均值	标准差
因变量			
样点鸟种数	每个样点观察时间 10 min 半径 50 m 范围内的鸟种数，n=0, 1, …, 18	2.58	2.34
自变量			
传统文化指数	样点所在村的传统文化指数，取值 0 ～ 100%	73%	25%

续表

变量名称	含义与测量	平均值	标准差
调查季节	0= 春季；1= 秋季		
调查时间	1=6:00—10:00；2=10:00—16:00；3=16:00—20:00		
海拔	GPS 测量记录的样点海拔高度，单位 m	3559.97	315.28
坡度	由航天飞机雷达地形测量任务（SRTM）数字高程模型（DEM）数据生成样点坡度值，取值为 0～45°	21.42	9.53
坡向	由航天飞机雷达地形测量任务数字高程模型数据生成样点坡向：0= 阳坡（坡向 45°～225°）；1= 阴坡（坡向 0°～45° 和 225°～360°）		
生境类型	1= 针叶林；2= 高山栎；3= 其他灌丛；4= 农耕地		
与村子的距离	用 Arcview "Nearest Features" 模块计算获得样点与村子的直线距离，单位 m	1222.26	1197.10
与寺庙的距离	用 Arcview "Nearest Features" 模块计算获得样点与寺庙的直线距离，单位 m	3483.49	2072.38
与河流的距离	用 Arcview "Nearest Features" 模块计算获得样点与最近河流的直线距离，单位 m	385.38	394.42
村子与公路的距离	指村子距离省道或国道的距离，1= 近；2= 中；3= 远；具体定义见研究地点部分的说明		

　　一般线性模型（general linear model，LM）通常假设拟合模型的因变量为正态分布（Quinn et al.，2005）。当因变量为计数变量时，其分布不连续，并且呈明显偏态，因此不能采用常规的线性回归模型。广义线性模型（generalized linear model，GLM）是一般线性模型取值范围和分布类型上的推广，以使多种非线性模型（比如 Logistic 回归模型、泊松回归模型等）可以通过指定相应的联接函数来满足或近似满足线性模型分析的要求（陈峰，2003）。当因变量为满足泊松分布的计数变量时，采用泊松回归模型（Lindsey，1995；Winkelmann，2000）。

该模型要求因变量数据分布等离散，而对自变量分布无前提要求，自变量可以是连续变量，也可以是离散变量，还可以是虚拟变量（dummy variable），且自变量不需要服从正态分布，但如果自变量满足正态分布能增加模型的功效（Quinn et al., 2005）。

泊松回归的表达形式为：

$$\ln\mu_i = \sum \beta_j x_{ji}$$

其中，μ 为因变量的平均值。回归系数 β_j 可以被解释为：在控制其他变量的条件下，x_i 变化 1 个单位，将带来对数均值上的变化量。研究人员真正关心的并不是取对数的均值，而是期望计数本身。因此，可以用 e^{β_j} 来反映 x_i 变化 1 个单位时期望计数的倍数变化，对连续自变量而言，e^{β_j} 称为发生率比。当自变量为代表分类的虚拟变量时，e^{β_j} 表示在控制其他变量的条件下，某一类别的期望计数为参照类期望计数的相应倍数（郭志刚 等，2006）。

通常情况下，计数变量往往不满足方差与平均值相等的条件，而表现为方差大于平均值，称为超离散（over-dispersion）。此时用泊松回归模型容易低估标准误的大小（陈峰，2003）。

有两种可能的办法解决超离散：通过乘以卡方（或自由度）来校正参数的标准误（Agresti，1996）；或者使用更为合适的负二项回归模型。

6.3.4　研究地点

9 个被调查村分属四川省的 2 个州 7 个县（市），分别是甘孜州康定市、丹巴县、雅江县、道孚县、炉霍县和九龙县，以及阿坝州的小金县。除九杂村隶属阿坝州，其余 8 个村隶属甘孜州。9 个村均以藏族人口为主，少数村有为数不多的汉族人口（表 6.2）。除日基村有 74 户，人口数达到 407 人，其余各村的户数和人口规模接近。所有被调查村的经济类型均以农业为主、畜牧业为辅。

9 个被调查村均位于横断山区的中段（张荣祖 等，1997），从动物地理区划来看，属于东洋界西南区的西南山地亚区（张荣祖，

1999）；从植被分区上来看，属于青藏高原山地针叶林区，山地暗针
叶带占优势（张荣祖 等，1997）。阴坡主要为暗针叶林，建群树种以各
类冷杉、云杉为主，以及由四川红杉（*Larix mastersiana*）组成的落
叶松林；阳坡以川滇高山栎（*Quercus aquifolioides*）为主，还包括
高山松（*Pinus densata*）以及次生的山杨林、白桦林等；在河边谷底
长有沙棘（*Hippophae rhamnoides*）和柳矮林。调查涉及地区的最
低海拔 2800 m，最高海拔 4400 m，以 3000～4000 m 为主。九杂、
唐乔、东马和日基四个村调查的海拔跨度在 1000～1200 m 之间，其
余村子调查的海拔跨度在 700～900 m 之间。

　　2006 年 8 月 7 日至 9 月 25 日，完成了除九杂村之外的 8 个村
的调查；2007 年 5 月 19 日至 6 月 15 日，完成了下德差村、六巴
村、扎拖村、东马村和九杂村的调查；2007 年 9 月 8 日至 9 月 11
日，完成了九杂村的调查。由此，被调查的 9 个村中，下德差村、六
巴村、扎拖村、东马村和九杂村 5 个村有春秋两季的鸟类调查结果，
而日基村、唐乔村、确索村和加拉宗村 4 个村只有秋季的鸟类调查结
果（表 6.2）。

表6.2　生物多样性比较研究的被调查村列表

村名	县（市）名	调查海拔 / m	与公路的距离[a] / km	户数 / 户	人口 / 人	调查季节
六巴	康定	3500～4200	3	51	329	春、秋
东马	丹巴	2800～3800	2	57	253	春、秋
日基	雅江	3000～4200	1	74	407	秋
下德差	雅江	3600～4400	3	46	396	春、秋
唐乔	雅江	3100～4200	3	48	269/1[b]	秋
确索	炉霍	3300～4100	3	51	259	秋
加拉宗	道孚	3300～4100	1	47	231/3	秋
扎拖	九龙	3100～4000	1	42	217/11	春、秋
九杂	小金	2800～4000	3	46	211	春、秋

　　注：a. 指村子到主要交通干线（国道和省道）的距离，1. 表示紧邻交通干线，2. 表示
距离2～3 km，3. 表示距离大于10 km；b. 指村里汉族人口数量，没有列出的为0。

6.3.5　各村传统文化指数的比较

　　调查一共获得 328 份有效结果。春秋两季均调查的 5 个村分别访谈了 38～45 名村民，仅在秋季调查的 4 个村分别访谈了 29～34 名村民。9 个村的传统文化指数从高到低依次为：下德差村、确索村、六巴村、唐乔村、日基村、扎拖村、加拉宗村、东马村和九杂村（图6.2）。

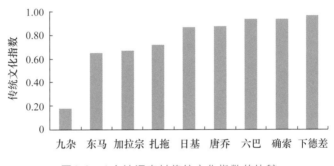

图6.2　9个被调查村传统文化指数的比较

　　这个结果和我们的感性认识吻合。在被问及宗教信仰时，9 个被调查村中，仅九杂村有 76.2% 的人表示没有宗教信仰，东马村、加拉宗村、扎拖村和日基村分别有 2、2、3、1 人表示不信或信一点藏传佛教，在唐乔村、六巴村、确索村和下德差村中，所有被调查村民均回答信仰藏传佛教。

　　佛教信仰是藏族传统文化的核心，从回答是否信仰藏传佛教的情况来看，结果与计算得到的传统文化指数大致吻合。9 个被调查村可以按照受传统文化的影响程度由高到低分为四个等级：① 六巴村、确索村和下德差村受传统文化影响最强；② 唐乔村和日基村次之；③ 扎拖村、加拉宗村和东马村受传统文化影响较弱；④ 九杂村受传统文化影响最弱，其信仰和生活方式与汉族村子更为接近。

6.4   各村鸟类多样性状况及比较

春秋两季在 9 个村的调查一共记录了鸟类物种 10 目 35 科 182 种。其中国家一级保护鸟类 6 种，分别是雉鹑（*Tetraophasis obscurus*）、绿尾虹雉（*Lophophorus lhuysii*）、斑尾榛鸡（*Bonasa sewerzowi*）、白尾海雕（*Haliaeetus albicilla*）、胡兀鹫（*Gypaetus barbatus*）、金雕（*Aquila chrysaetos*）；国家二级保护鸟类 15 种，分别是血雉（*Ithaginis cruentus*）、勺鸡（*Pucrasia macrolopha*）、白马鸡（*Crossoptilon crossoptilon*）、白腹锦鸡（*Chrysolophus amherstiae*）、大紫胸鹦鹉（*Psittacula derbiana*）、凤头蜂鹰（*Pernis ptilorhynchus*）、黑鸢（*Milvus migrans*）、高山兀鹫（*Gyps himalayensis*）、雀鹰（*Accipiter nisus*）、苍鹰（*Accipiter gentilis*）、灰脸鵟鹰（*Butastur indicus*）、普通鵟（*Buteo buteo*）、大鵟（*Buteo hemilasius*）、红隼（*Falco tinnunculus*）、游隼（*Falco peregrinus*）。《IUCN 红色名录》中易危（VU）级别鸟类 2 种，分别是绿尾虹雉和黑头噪鸦（*Perisoreus internigrans*）；近危（NT）级别鸟类 3 种，分别是白马鸡、斑尾榛鸡和滇鳾（*Sitta yunnanensis*）。濒危鸟类（包括国家一、二级保护鸟类和《IUCN 红色名录》中的 VU、NT 级别的鸟类）一共 23 种，占到鸟种总数的 12.6%。

在 9 个村调查的所有样点中，出现在样点半径 50 m 之内的鸟共计 9 目 31 科 140 种，占调查期间观察到的鸟种数的 76.9%。未特别说明，下文提及的鸟类调查结果均指 10 min 样点半径 50 m 范围内的调查结果。

6.4.1   5个被调查村春秋两季鸟种多样性及比较

在被调查的 5 个村中，春季共记录到分属 8 目 27 科 66 属的 96 种鸟，秋季共记录到分属 7 目 24 科 62 属的 101 种鸟，秋季鸟种数略多于春季。春秋两季的鸟在种类组成上呈现极大的相似性。

春秋两季均有记录的鸟有 72 种，两个季节 Jaccard 相似性指数为 73.1%。春秋两季鸟类的居留类型组成相似。春季有留鸟 69 种（占记录到的春季鸟总数的 71.9%）、繁殖鸟 27 种（占记录到的春季鸟总数的 28.1%）；秋季有留鸟 73 种（占记录到的秋季鸟总数的 72.3%）、繁殖鸟 23 种（占记录到的秋季鸟总数的 22.8%）、候鸟 5 种（占记录到的秋季鸟总数的 5.0%），秋季繁殖鸟的比例较春季稍低。秋季调查时，多数鸟类观察到集群现象，说明秋季调查时期正处在鸟类繁殖后期，有少数鸟开始迁徙，但并未到达迁徙高峰期。

春秋两季在鸟种优势类群的组成上也非常相似。春秋两季观察到的个体数占总个体数 5% 以上的类群及其排序完全相同，分别是雀形目的鹟科（Muscicapidae）、莺科（Sylviidae）、燕雀科（Fringillidae）、画眉科（Timaliidae）、山雀科（Paridae）和鸦科（Corvidae）。5 个被调查村春秋两季鸟类在科、属、种水平的丰富度比较见表 6.3。除了下德差村之外，其余 4 个村中秋季鸟类的属和种的丰富度均高于春季调查结果。下德差村秋季调查结果偏低，推测与当年初的雪灾有关。除了下德差村秋季鸟类科、属的数量略低于六巴村，春秋两季鸟类科、属、种的丰富度在各村之间基本呈现相似特征，传统文化影响越强的村子，其丰富度越高（Pearson 相关性检验，$r^2 = 0.875$，$p=0.001$，$n=10$）（图 6.3）。

表6.3　5个被调查村春秋两季鸟类在科、属、种水平的丰富度比较

村名	科		属		种	
	春季	秋季	春季	秋季	春季	秋季
下德差	22（81%）	18（75%）	42（64%）	36（58%）	60（63%）	59（58%）
六巴	20（74%）	19（79%）	40（61%）	42（68%）	55（57%）	59（58%）
扎拖	17（63%）	17（71%）	33（50%）	35（56%）	45（47%）	52（51%）
东马	14（52%）	15（63%）	33（50%）	36（58%）	44（46%）	48（48%）
九杂	14（52%）	13（54%）	31（47%）	31（50%）	40（42%）	43（43%）
小计	27	24	66	62	96	101

注：括号外数值为各村秋季和春季鸟类科、属、种水平的丰富度；括号内数值为该村鸟类、属、种数分别占该季节5个被调查村鸟类科、属、种数的比例。

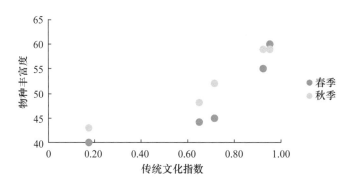

图6.3   5个被调查村的传统文化指数与春秋两季鸟种丰富度的关系

由于鸟类在秋季处于繁殖后期，呈集群现象，被观察到的个体数都比春季时多（表6.4）。在传统文化影响较强的村子中，鸟的个体数更多。5个被调查村春秋两季的 Shannon-Wiener 指数有相似的特征，并且下德差村＞六巴村＞东马村＞扎拖村＞九杂村（秋季下德差村的 Shannon-Wiener 指数略低于六巴村）。扎拖村和东马村的传统文化指数接近，扎拖村的传统文化指数略高于东马村，而东马村的 Shannon-Wiener 指数略高于扎拖村。整体而言，传统文化影响较强的村子，鸟类 Shannon-Wiener 指数更高（Pearson 相关性检验，$r^2=830$，$p=0.003$，$n=10$）（图6.4）。各个被调查村之间均匀度指数与传统文化的关系不显著（Pearson 相关性检验，$r^2=0.581$，$p=0.078$，$n=10$）。

表 6.4   5 个被调查村春秋两季鸟类个体数、Shannon-Wiener 指数和均匀度指数比较

村名	鸟类的个体数		Shannon-Wiener 指数		均匀度指数	
	春季	秋季	春季	秋季	春季	秋季
下德差	317	505	3.58	3.58	0.8744	0.8768
六巴	348	357	3.50	3.62	0.8734	0.8876
扎拖	212	355	3.16	3.19	0.8301	0.8079
东马	227	348	3.28	3.20	0.8868	0.8255
九杂	207	294	3.08	3.14	0.8349	0.8348

5 个被调查村春秋两季在样点 50 m 半径内记录到濒危鸟类 8 种，分别是雉鹑、白马鸡、血雉、大鵟、普通鵟、雀鹰、苍鹰、滇鳽（表

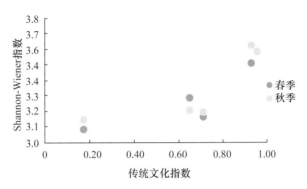

图6.4　5个被调查村的传统文化指数与春秋两季 Shannon-Wiener 指数的关系

6.5）。下德差村、六巴村和九杂村各记录到 3 种，扎拖村和东马村仅有 1 种。从观察到的濒危鸟类个体数量来看，下德差村和六巴村远多于其余 3 个村，其中白马鸡和血雉的数量优势明显。

表6.5　5个被调查村春秋两季记录到的濒危鸟类的种类及个体数

村名	濒危鸟类的种类（个体数）
下德差	白马鸡（16）、血雉（3）、大䴉（1）
六巴	血雉（21）、雀鹰（1）普通䴓（1）
扎拖	滇鸭（2）
东马	苍鹰（2）
九杂	雉鹑（3）、白马鸡（1）、雀鹰（1）

按照在各村出现的鸟种数，春秋两季被记录的鸟种分为三个类别：第一类是在 1～2 个村有分布的鸟种；第二类是在 3 个村有分布的鸟种；第三类是在 4～5 个村有分布的鸟种（图 6.5）。传统文化影响较强的村子第一类的比例较高，而传统文化影响较弱的村子第三类的比例较高，说明前一类村子有更多特色鸟种。

6.4.2　9个被调查村秋季鸟种多样性及比较

秋季调查的 9 个村，出现在样点半径 50 m 范围之内的鸟类共计 7 目 27 科 127 种（表 6.6）。在传统文化影响较强的村子中，鸟种数

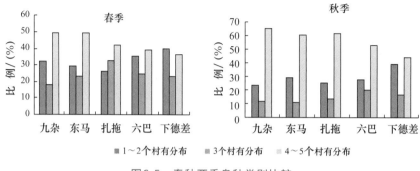

图6.5　春秋两季鸟种类别比较

（Pearson 相关性检验，r^2=0.878，p=0.002，n=9）和 Shannon-Wiener 指数（Pearson 相关性检验，r^2=0.713，p=0.031，n=9）显著高于传统文化影响较弱的村子（图6.6，图6.7）。秋季调查时，部分鸟类已经开始集群，例如，朱雀、树鹨、山雀等可能集合为 30～40 只的大群，由于调查的样点数有限，如果遇上这种集群的次数较多，就会造成少数几种鸟的个体数量明显多于其他种类的鸟，使均匀度指数较实际情况偏低，同时造成 Shannon-Wiener 指数偏低。春季调查时鸟类处于繁殖期，繁殖鸟都配对占区，个体分散，同时活动范围相对固定，不会出现因鸟集群现象带来的观察结果的大幅变化。因此相比而言，春季调查结果比秋季调查结果更稳定、可靠。

表6.6　9个被调查村鸟类个体数，科、属、种数及
Shannon-Wiener 指数和均匀度指数比较

村名	鸟个体数	科数	属数	种数	Shannon-Wiener 指数	均匀度指数
下德差	505	18	36	59	3.58	0.8768
确索	501	21	42	60	3.42	0.8362
六巴	357	19	42	59	3.62	0.8876
唐乔	566	18	41	61	3.27	0.7933
日基	431	19	39	52	3.31	0.8374
扎拖	355	17	35	52	3.19	0.8079
加拉宗	386	17	32	48	3.30	0.8516
东马	348	15	36	48	3.20	0.8255
九杂	294	13	31	43	3.14	0.8348

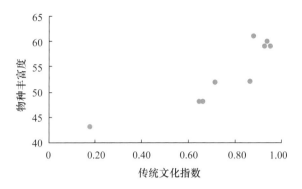

图6.6　被调查村传统文化指数与秋季鸟类物种丰富度的关系

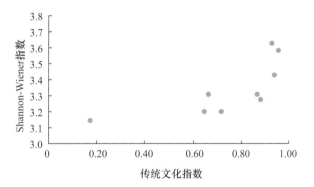

图6.7　被调查村传统文化指数与秋季鸟类Shannon-Wiener指数的关系

秋季调查样点内记录到的濒危鸟类共 11 种，分别是白马鸡、血雉、斑尾榛鸡、勺鸡、高山兀鹫、大鵟、普通鵟、黑耳鸢、苍鹰、大紫胸鹦鹉、滇鸭（表 6.7）。在传统文化影响较强的村子中，濒危鸟类的物种数高于传统文化影响较弱的村子。

同样的，按照在各村出现的鸟种数，秋季记录到的鸟种被分为三个类别：第一类是在 1～3 个村有分布的鸟种；第二类是在 4～6 个村有分布的鸟种；第三类是在 7～9 个村有分布的鸟种（图 6.8）。传统文化影响较强的村子中第一类的比例较高，而传统文化影响较弱的村子中第三类的比例较高，说明前一类村子有更多的特色鸟种。

表 6.7   9 个被调查村秋季濒危鸟类的种类及个体数

村名	濒危鸟类的种类（个体数）
下德差	白马鸡（15）、大鵟（1）
确索	血雉（13）、斑尾榛鸡（1）、黑耳鸢（1）、高山兀鹫（1）、苍鹰（1）
六巴	血雉（7）、普通鵟（11）
唐乔	血雉（2）、白马鸡（3）、滇鸦（5）
日基	血雉（6）、勺鸡（1）、大紫胸鹦鹉（40）、滇鸦（6）
扎拖	无
加拉宗	白马鸡（31）
东马	苍鹰（2）
九杂	无

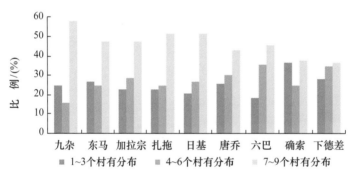

图 6.8   各被调查村秋季鸟种类别比较

6.5   保护知识的比较：传统文化、现代保护知识与保护意识

6.5.1   各被调查村民的传统文化意识

藏族传统文化对环境和生物多样性的保护主要体现在对神山的保护、不杀生和护生、放生两个方面。针对这两个方面开展的调查结果如下：

（1）对神山的了解和认知。

九杂村的被调查村民中，有 3 人认为村里没有神山，1 人回答不清楚是否有神山调查。其余 8 个村的被调查村民均知道村里有神山。在所有知道村里有神山的被调查村民中，九杂村有 5 人没有参加过敬神山的活动调查；其余 8 个村的被调查村民均参加过敬神山的活动。从了解神山的禁忌，并且认为违反神山禁忌会对自己有影响的人的比例来看，九杂村清楚神山禁忌的人仅占 26.2%，明显低于其他各村（图 6.9）。传统文化影响越强的村子，清楚神山禁忌的人占的比例越高。

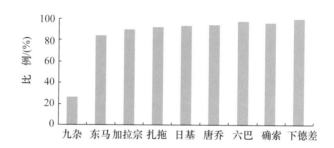

图6.9 各被调查村中认为违反神山禁忌对自己有影响的村民的比例

（2）不杀生和放生、护生

在藏族传统的生命观里，所有生命，无论大小，都是平等的。动物不管大小，都是一样的生命，都应该平等对待。当被问及杀大的动物和杀小的动物是否有区别时，传统村子绝大多数人认为没有区别（图6.10），而认为有区别的是因为动物的经济价值不一样，政府罚款不一样，对庄稼的损害程度不一样，看待动物的角度跳出了佛教的传统认识。

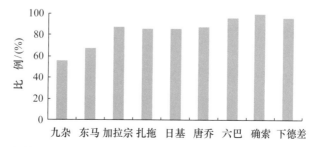

图6.10 各被调查村中认为杀大的动物和杀小的动物没有区别的村民的比例

在被问及遇见受伤的野生动物怎么办时，日基村、唐乔村、六巴村、确索村和下德差村超过 80% 的村民回答将其放生或者救治（图6.11），其余村子多数人表示不管它，东马村有 2 人回答将其抓来吃掉。该问题也反映了村民保护意识的强弱。

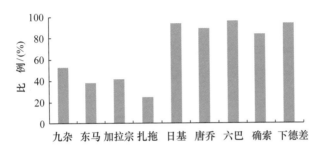

图6.11　各被调查村中认为遇见受伤的野生动物应放生或者救治的村民的比例

越是传统的村子，曾在活佛前发誓不打猎的男性比例越高（图6.12）。杀生被认为是佛教中的第一恶业，传统文化影响越强的村子，越是认同佛教提倡不杀生和放生、护生的信条。

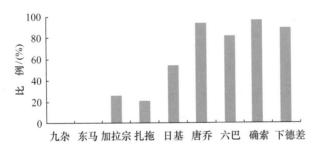

图6.12　各被调查村中在活佛前发誓不打猎的男性的比例

6.5.2　各被调查村民的现代保护知识

了解被调查村民的现代保护知识包括两方面的内容：一方面是被调查村民对 6 个与动植物保护相关的名词的了解情况。这 6 个名词分别是："一级保护动物""野生动物保护法""自然保护区""林业局""护林防火"和"生物多样性"。以被调查村民了解的名词数量为得分，分数为 0 ～ 6 分。所有被调查村民了解的名词数量占被问名词总数量的比例作为被调查村的得分。

村民对保护名词的了解程度与村子和外界信息畅通程度有关，同时与地方林业部门野生动植物保护宣传的力度有关。村民对"林业局"和"护林防火"最为知晓，知道"林业局"和"护林防火"的被调查者分别占所有被调查者的 97% 和 93%。县林业局对于森林保护和护林防火工作的宣传几乎人人皆知。其他名词中，知道"一级保护动物""野生动物保护法"和"自然保护区"的被调查者分别占所有被调查者的 56%、55%、51%。仅有 6% 的人听说过"生物多样性"，且多数知道的人也表示只是听说，并不理解其含义。

以村为整体来看，越是传统的村子，知道的保护名词越少（图6.13）。传统文化的影响程度和对现代保护名词的了解之间呈显著的负相关（ANOVA，df=8，p=0.045）。

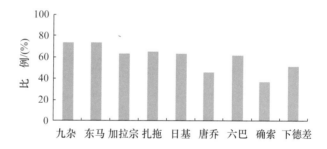

图6.13　各被调查村了解的保护名词数量占被问名词总数量的比例

另一方面是被调查村民对国家保护动物的认识情况。调查者提供7 种野生动物：獐子（指林麝和马麝）、马鸡（白马鸡）、乌鸦、老鼠、岩羊、狼和黑熊，由被调查村民判断这些动物是不是国家保护动物。认为獐子、马鸡、岩羊、黑熊、狼是国家保护动物的人分别占到被调查总人数的 97%、96%、97%、93%、59%；认为老鼠、乌鸦不是国家保护动物的人分别为 66%、32%。

村民对哪些物种是国家保护动物并不十分明确，个体越大的动物越趋向于认为是保护动物，狼由于危害牲畜而被许多人认为不是国家保护动物。各被调查村在正确区分国家保护动物方面并没有显著差异（ANOVA，*df*=8，*p*=0.291）（图6.14）。下德差村、六巴村和唐乔村分别有 3 人表示不知道 7 种被提及动物是不是国家保护动物，但活佛讲所有的野生动物都不能打；因为同样的原因，传统文化影响较强的地区的村民认为所有被问及的动物都是国家保护动物的比例高于传统文化影响较弱的地区的村民。

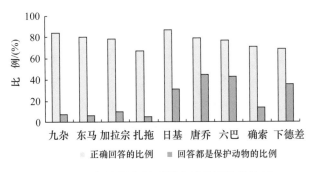

图6.14　各被调查村对国家保护动物的认知

6.5.3　各被调查村民的生物多样性保护意识

针对生物多样性保护意识设计了三个问题。在被问及遇见有人在神山上砍树怎么办时，日基村、唐乔村、六巴村、确索村和下德差村 5 个传统的村子的村民回答制止的比例高于九杂村、东马村、加拉宗村和扎拖村（图 6.15）。

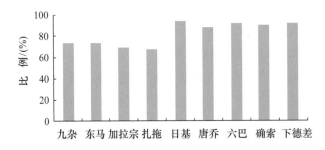

图6.15　各被调查村中认为遇见有人在神山上砍树应该制止的村民的比例

9 个被调查村都有野生动物，如猕猴、野猪、猪獾等吃庄稼的现象。被问及遇见野生动物吃庄稼怎么办时，多数人表示不管它或者想办法赶走。仅传统文化影响较弱的九杂村、东马村、加拉宗村、扎拖村和日基村有少数村民回答下套或者用枪将野生动物打死（图6.16）。

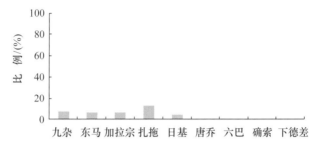

图6.16 各被调查村中认为遇见野生动物吃庄稼应下套捕捉或将其打死的村民的比例

另外前面提到的遇见受伤的野生动物怎么办的问题也是对村民保护意识的评价。有关生物多样性保护的三个问题的回答有相似的规律，较为传统的日基村、唐乔村、六巴村、确索村和下德差村的村民保护神山和野生动物的意识高于其他4个传统文化影响较弱的村，而加拉宗村和扎拖村的村民的保护意识相对较低。

6.6 生物多样性保护行为比较

从知道村里有巡山以及参加过巡山的被调查村民的比例来看，传统文化影响较强的被调查村的村民参与巡山的力度更高（图6.17）。唐乔村、六巴村和下德差村3个村超过90%的被调查村民知道村里

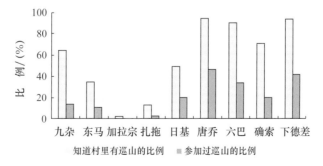

图6.17 各被调查村中，知道村里有巡山以及参加过巡山的村民的比例

有巡山活动，并且超过 1/3 的被调查村民参加过巡山；确索村、日基村、九杂村和东马村的村民参与巡山的力度次之；扎拖村和加拉宗村的村民，除了护林员之外，都没参加过巡山。

9 个被调查村都与当地县林业部门签订了护林防火目标责任书，并确定了专门的护林员负责护林防火等森林管护工作。在被问及村里是否有巡山和反盗猎活动时，9 个村的村民都提到了由林业部门或者村委会组织的巡护活动。相比较而言，传统文化影响较强的被调查村，巡山的组织形式更为多样。东马村是个例外，2004 年起，由于非政府组织的神山项目和协议保护项目的介入，对于巡护和反盗猎的宣传和直接支持，促使当地出现了多种组织形式的巡山活动。图6.18 是被调查村村民反馈的村里巡山活动组织形式。在唐乔村和下德差村，寺庙活佛组织的巡山活动的影响甚至高于乡村干部组织的巡山活动。

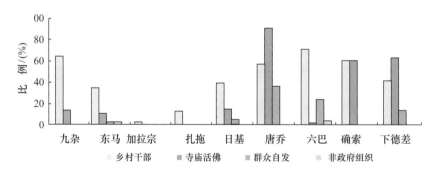

图6.18　被调查村村民反馈的村里巡山活动组织形式

6.7　影响鸟类多样性的因素分析

在分析影响鸟类多样性的因素时，泊松回归分析的结果显示，传统文化指数、调查时间和生境类型等 3 个自变量对因变量样点鸟种数有显著影响（表 6.8）。

在控制其他自变量不变的前提下，样点的传统文化指数越高，鸟种数量越多。在各调查样点，6:00—10:00 记录的鸟种数最多；

10:00—16:00 记录的鸟种数是前者的 0.677 倍；16:00—20:00 记录的鸟种数是 6:00—10:00 的 0.68 倍，说明 6:00—10:00 鸟类最活跃。4 种生境类型中，高山栎样点的鸟种数量相比其他生境类型样点的鸟种数量偏低，为针叶林样点的鸟种数量的 0.712 倍。

表 6.8　显著影响样点鸟种数量的自变量

自变量	β	Exp（β）
传统文化指数	0.313*	1.368
调查时间		
6:00—10:00（参照类）		
10:00—16:00	−0.390***	0.677
16:00—20:00	−0.386***	0.680
生境类型		
针叶林（参照类）		
高山栎	−0.339***	0.712
灌丛	0.084	1.088
农耕地	0.030	1.030

注：*，$p < 0.05$；***，$p < 0.001$。

此分析结果表明，在控制其他自变量影响的条件下，传统文化指数显著影响样点的鸟种数量，也就是说，相比传统文化影响较弱的村子，传统文化影响较强的村子的样点的鸟种数更多。其他自变量，比如调查季节、海拔、坡度、坡向、样点与村子的距离、样点与寺庙的距离、样点与河流的距离、被调查村与公路的距离均对因变量没有显著影响。

6.8　甘孜州藏族传统文化对生物多样性保护的影响分析

6.8.1　传统保护体系和政府主导的保护体系的双重约束

综合以上调查结果我们可以看到，在 9 个被调查村中，村民对自然环境和野生动物的认知（知识）、态度和行为受到两个系统的影响：建立在藏族传统文化基础上的传统保护体系和建立在现代生态学知识基础上的政府主导的保护体系。传统保护体系以传统的世界观和自然观为基础，比如神山不能随意破坏，所有的生命形式都是平等的，不但不能杀生，还应当保护野生动物免遭杀害。村民在长期的生产生活实践过程中形成了一套建立在传统价值判断上的资源管理模式。政府主导的保护体系对村民意识和行为的影响，主要通过当地林业部门以及乡村干部面向村民的保护宣传来发挥作用，包括教育村民不能乱砍滥伐、要遵守护林防火的相关规定和保护受国家法律保护的野生动物等。

这两个保护体系对村民保护野生动植物都有相应的约束机制。传统保护体系以宗教信仰、村规民约和社会舆论为约束手段，传统的社区组织起着监督和"执法"的功能；而政府主导的保护体系以法律法规为约束手段，在地方上以林业主管部门和自然保护区管理局为主要监督管理机构。不同的是，传统保护体系相比政府主导的保护体系更多了一层激励机制，出于宗教信仰的原因，村民在主动保护环境及野生动物中获得了激励。这两个保护体系对村民的行为都产生了影响。传统文化影响较强的村子有寺庙组织的巡山以及村民自发的巡护活动。村民发现违反传统资源管理规定的行为会主动上前制止，或者向寺庙汇报。传统文化影响较强的村子表现出巡山组织形式更为多样，村民参与度更高的特点。

各被调查村都与当地林业部门签订了护林防火责任书，指派固定的护林员，定期巡山，发现违反国家动植物保护规定的行为向乡村政府及林业站举报。两种组织形式的巡山活动在基层存在一定程度的结合。

6.8.2 藏族传统文化对生物多样性的影响途径

通过各村之间的横向比较，我们发现村民的保护意识与保护行为有非常高的正相关性。一个现象是，村民保护意识好的村子里，知道当地有巡山的村民以及参加过巡山的村民比例更高，巡山的组织形式也更为多样。

另一个现象是，村民的保护意识和保护行为与传统文化指数表现出正相关性，但又不是简单的线性关系，比如，扎拖村和加拉宗村比九杂村和东马村更传统，但其村民的保护意识却相对较弱。按照知识-态度-行为模型的解释，保护知识决定保护意识。究其原因，村民保护意识不仅受传统保护知识的影响，还受现代保护知识的影响。对村民拥有的保护知识多少的评估应该是对其拥有的传统保护知识和现代保护知识的综合评估（图 6.19）。

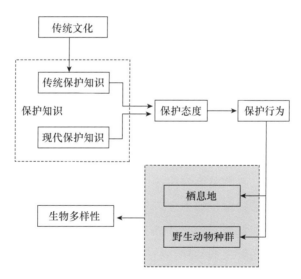

图6.19 藏族传统文化对生物多样性的影响途径示意

在唐乔村、六巴村、确索村和下德差村这 4 个传统文化影响较强的村子，村民对保护的认知主要出于传统的解释和规范，表现在对保护神山和爱护野生动物的认同度高，而明显缺乏对现代保护知识的了

解。九杂村的村民对保护的认知主要源于现代保护知识，表现在清楚
现代保护知识，而不了解传统文化的保护理念。从村民掌握现代保护
知识的多少来看，在九杂村，政府保护宣传的影响最强。东马村、加
拉宗村、扎拖村和日基村 4 个村子介于两者之间，传统保护体系和政
府主导的保护体系的影响也介于两者之间。

6.8.3　传统保护体系和政府主导的保护体系的影响对比

　　当村民被问及"为什么不能杀獐子（麝）、马鸡一类的野生动
物？"时，他们的回答可分为三类：a."怕罚款；县上要处罚；国家保
护动物；没有枪，有枪也不敢打"等说法反映被访谈者认为不能杀野
生动物，这是受到政府主导的保护体系中的法律法规的约束；b."动
物是一条生命，杀了无辜；动物是神山的牲畜，不能打；活佛强调不
能杀生"等说法反映被访谈者认为不能杀野生动物，这是受到传统保
护体系中的藏传佛教爱惜生命、不杀生的影响和约束；c.还有部分村
民的回答反映了这两层意思，比如同时回答是因为"活佛说不能打"
和"这些动物是国家保护动物"。

　　这个问题体现了村民对保护的认同是出于传统保护体系的影响，
还是出于政府主导的保护体系的影响。以回答为 a 类和 c 类的人数的
比例来表示政府主导的保护体系对当地的影响强度，由强到弱排序为：
九杂村、东马村、日基村、加拉宗村、唐乔村、确索村、扎拖村、下
德差村、六巴村。政府主导的保护体系对保护的影响强度取决于政府
部门宣传野生动植物保护的力度，与村子的传统文化状态没有明显关
系。以回答为 b 类和 c 类的人数的比例来表示传统保护体系对当地保
护的影响强度，由强到弱排序为：下德差村、六巴村、唐乔村、确索
村、日基村、扎拖村、加拉宗村、东马村、九杂村。

　　以 a 类和 b 类回答的对比来表示单纯的政府主导的保护体系和
传统保护体系对保护影响的相对强弱（图 6.20）。可以看出，下德差
村、确索村、六巴村、唐乔村和扎拖村 5 个村中传统保护体系的影
响要大于政府主导的保护体系的影响；而九杂村、东马村、加拉宗村

和日基村 4 个村中政府主导的保护体系的影响要大于传统保护体系
的影响。

　　这个结果很好地解释了尽管村民的保护意识和保护行为与传统文
化指数正相关，但仍然存在一定波动。扎拖村的村民之所以保护意识
和保护行为都较弱，与传统保护体系和政府主导的保护体系的影响都
比较弱有关。对每个被调查村而言，传统保护体系和政府主导的保护
体系同时影响村民的保护行为，但传统保护体系相比政府主导的保护
体系的影响力更强，对生物多样性保护的效果更显著。

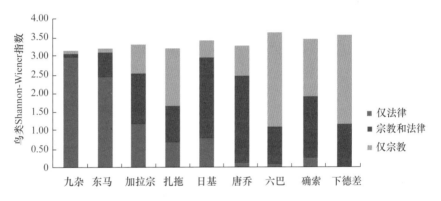

图6.20　传统保护体系和政府主导的保护体系影响的比较

摄影 / 彭建生

第七章

三江源地区牧业文化与生态保护

　　家畜是三江源地区大部分居民的衣食住行之源，畜牧业是当地自古以来最重要的生计方式和经济门类，同时也是三江源牧民与自然环境互动的主要方式。与其他牧区的放牧方式受到政策和市场力量深刻塑造的情况有所不同，三江源地区较为偏远，特殊的自然环境很大程度上削弱了政策和市场对其影响的力度，从而使当地的放牧方式具有浓厚的地方性特点。

7.1　部落时期牧业社区案例

7.1.1　果洛地区

　　果洛地区各部落草场的界限是明确的，当地的最高行政单元是部落，藏语称为"学卡"。在各部落范围之内，牧户逐水草而移动放牧。牧场的所有权归属于部落或寺庙，使用权则属于牧民。果洛部落的头人称为"红保"，通常是世袭的。红保的草场是相对固定的，而普通牧户的草场则经常发生变动。

　　草场名义上归部落共有，但实际上红保对草场的支配权较大，他将草场分配给各牧户。红保首先将最好的草场据为己有，然后将其他草场分配给小部落头人。小部落头人称为"隆保"，隆保再占据其中最好的草场，然后根据草场的情况再分配给牧户。经过若干年后，根据草情和牧户牲畜数量的变化，红保会重新分配草场。在草场分配过程中，与部落头人关系好或向部落头人行贿的牧民，可以获得质量较好的草场，或在重新分配草场时不需要搬迁（欧潮泉，1991；邢海宁，1992，1994）。

　　还有一些部落内草场没有固定到各牧户，牧户在较大范围的草场上可以自由放牧。但这种放牧不是完全没有限制的，部落内草场通常会被划分为四季草场。当需要在各季草场间搬迁时，红保会召集小部落头人开会，确定新草场的位置及搬迁日期。通常情况下，每年搬迁四次，其中农历三月到五月在春季草场，五月到九月在夏季草场，九月到十一月在秋季草场，十一月到次年三月在冬季草场。

在小部落内部，通常是几户或十几户在一起放牧，称为"藏房圈"或"措哇"，措哇的首领称为"措红"。措哇内部存在较多的互助劳动，互助方式包括：一年的某些时段，将几家的畜群集中起来，由各牧户轮流放牧；或集中由一户放牧，其他户支付一定的报酬。这时，不用放牧的牧民可以从事打猎、商业等其他活动。另外，在缝制黑帐篷、皮袄，搬迁牧场等较复杂劳动中，措哇内的牧户之间也有较多互助。措哇内各户的经济是独立的，各户拥有自己的牲畜。

牧民拥有的牲畜是非常不平衡的，果洛地区拥有千只以上牲畜的牧户仅占总牧户的 5%，但他们占有了 60% 的牲畜（果洛藏族自治州概况编写组，1985；青海省编辑组 等，2009；陈庆英，2004.；邢海宁，1992）。

果洛的习惯法中有相当多与放牧有关的内容，会被部落惩罚的牧民不当行为有：没有按时搬迁草场；提前到冬季草场放牧；越界放牧；放火烧山，造成草原火灾；乱放有病的牲畜；不参加部落会议（鄂崇荣，2009）。

7.1.2　玉树地区

格吉巴马部落杀青马地区（在今杂多县东北部）共有 15 条可用山沟，可利用草场总面积约为 1260 km²。其中格吉巴马部落百户直接占有 366 km² 质量最好的草场，杰宗寺占有 234 km² 的草场，其余 83户普通牧民共同使用 660 km² 的草场（玉树藏族自治州地方志编纂委员会，1998）。张建基（1936）描述，玉树牧民采用季节性放牧方式，"冬天将牲畜赶到有草处，到春暖时，下山到沿河地带，跟着放牧于水草沃野，到暑天又向山中气候较凉之区域移动"。李式金（1946）记录"（玉树）每族或每一部落的牛羊都成千成万，故每游牧到一地，只消一两个月便把草料吃完了，届时不得不另寻牧地。每移牧地时，必须千户、百户、僧侣占卜决定时日才能出动"。

多玛部落活动在唐古拉山两侧，通常夏秋季节在唐古拉山以南，冬春季迁入唐古拉山以北。这一带草场面积大，但生产力低，返青晚，冰冻期长，牧民搬家频繁，在一个放牧点停留时间通常不超过两个月，短则五天到十天移动一次。有的牧民一年搬迁多达三四十次。藏历每年二三月间，牧民从唐古拉山以北牧地出发，向唐古拉山以南移动。每年出发的时间大体不变。"如本"（官名）直接指挥迁移活动。一路走走停停，通常在四五月间开始翻越唐古拉山。按规定，全体牧民及牲畜在藏历五月必须到达唐古拉山以南的夏季牧场，否则每户罚牛两头。五月在夏季牧场点名一次，七月交税时点名一次，其他时间牧民如何放牧，不再过问。夏季草场草情好，通常移动较少。八月起开始返回唐古拉山以北，最迟不超过十月（格勒 等，2004）。

7.1.3　部落放牧组织形式

1. 草场使用情况

部落是三江源及邻近地区放牧的基本单位，部落内都具有部落-小部落-藏房圈的结构，藏房圈是最小的放牧单位，由几户到十几户牧民组成（欧潮泉，1991）。部落的草场有固定的范围，在人口稠密、牲畜多的地区，部落间的界线较为清晰，人口稀少的地区部落间只有大致的界限。在部落内部，部落头人通常占据了质量最好的草场。其他草场大部分为公有，固定分配到各牧户的情况并不多见。与草场占有情况的不平衡一致，牧户的牲畜数量差异也很大，"大概富者牛可达数千，贫者仅有数头，平均每家有七八头而已"（李式金，1943a）。

在三江源地区高自然灾害风险的背景下，牲畜多的牧户抗风险能力较强，牲畜少的牧户遇到几次自然灾害就可能成为无畜户，这也造成当地快速的贫富分化及牛羊、草地的集中。

2. 移动放牧方式

由于三江源地区自然条件的限制，定期移动才能防止草场被过度利用，无法恢复。综合而言放牧有三种移动形式：

逐水草而居的大范围游牧：没有永久性定居点，一年四季都在广大的范围内流动。这种形式存在于三江源西部，靠近江河源头、人口较少的部落。

半定居小范围游牧：以常年固定的草场和定居点为中心，向四周有限移动。这类放牧因有定居点，所以牧户的放牧范围基本是固定的。

季节性游牧：按照季节变化，从一处草场流动到另一处草场。这是三江源区域最为常见的移动方式。草场可能被划分为冷、暖两季或三季、四季草场，且每年移动 2 ～ 5 次。通常冷季草场选择在平地或山谷地处，具有避风、离水源近、草场质量好的地点；暖季草场通常选择在海拔相对较高的山地，较为凉爽且躲避低处的泥泞（张建世，1994）。通常，人口密度越大、牧草越好，牧场的使用权则越精细，牧民放牧的自由度越低（张建世，1994. 格勒 等，2004）。

3. 社区的朴素民主传统和集体行动传统

三江源牧业社区需要与复杂的情况作斗争，需要随时应对各种突发的自然灾害。不论是日常放牧、与其他部落的冲突还是与上级政府打交道，都需要部落首领有较强的能力，而部落首领能力的高低对部落的发展至关重要。三江源地区还有一个特点，因各部落应缴纳的税收多年才会厘定一次，人口多的部落每户分摊的税费较少，因此高流动性的牧民会自然向首领能力强的部落集中，因此部落首领还必须得到牧民的认可和支持。优秀的首领常具有较高的威信，同时也享有很大的特权。在部落首领带领下，社区成员需要一起进行大量的集体行动和公共事务。于式玉（1943）曾感慨：他们为了公事，简直没有自己，就是团体方面的事，大家也要去帮助，这是部落民族的一个特点。

特殊的自然、社会环境，促成了三江源地区朴素的民主传统，社区的重大事项均需要至少是形式上的民主商议，习惯法中对参与社区大会的强制性规定也说明了这一点（常丽霞，2013）。社区民主部分主要表现在社区首领的产生及重大事项的讨论上。而在平时事务及重大事项的决定中，部落首领具有至高的决定权，且其权威受到牧民的拥护。另外，藏传佛教僧侣也具有很高的威信，"凡是活佛要做一样什么事情，话一说出去，大家都争先恐后地去服役"（于式玉，1943）。

4. 冷季草场不足

张建世（1994）指出，一直以来三江源地区暖季的草场面积大于冷季的草场面积，冷暖季节产草总量相近，但冷季放牧时间占全年的 3/5 ～ 2/3，故冷季草场的放牧压力较大。当地习惯法中严格规定离开冷季草场的时间，并规定在冷季草场停留时间过长要受到惩罚，正是基于这个原因。

三江源地区畜牧业全部依靠天然水草，牲畜的生长也与牧草的生长周期一致，在夏秋季节，植物生产力高、生长旺盛，而在自然灾害最严重的冬、春季节草料不足，形成"夏饱，秋肥，冬瘦，春死"的循环。故民国时期有关发展三江源畜牧业的论述中，提出的主要措施是修筑畜棚和种植饲草，以提升牲畜在冬春季节抵御自然灾害的能力。另外，尽量减少在冷季牧场放牧的时间，保证冬春季节仍然有足够的草料也是重要的应对策略。而这与牧民的生活形成了一定的矛盾，因为冷季牧场所在的位置海拔较低、避风、水草丰美、居住条件较好，而在牧场间搬迁本身又是一项艰苦的劳动，故相当多的牧民明知在冷季草场停留时间过长可能造成冬春季牧草不足，仍然不愿搬迁。

7.1.4 传统放牧知识及理想放牧方式

在长期的放牧实践中，三江源地区的牧民总结出了较为系统的放牧知识，主要包括以下几个方面：移动放牧使冷季草场得到充分的休养；合理划分草场；分群放牧，包括不同牲畜种类（牛、马、羊）分群，公畜、母畜分群，大畜、小畜分群；牧民间广泛互助，尤其是在转场、接羔、剪毛等劳动力需求较大工作时的互助等。

很多放牧知识以民间谚语的形式保留下来，如"夏日放牧在平川，秋日赶羊上高山，冬春住牧山谷间"（欧潮泉，1991），"先远后近，先阴后阳，先平后山""夏季放山蚊蝇少，秋季放坡草籽饱，冬季放湾风雪小""春天牲畜像病人，牧人是医生；夏天好像上战场，牧人是追兵；冬天牲畜像婴儿，牧人是母亲"等（马季，1985）。对草地，又有"纳杂""邦杂""日杂"等分类，不同的草地类型适合饲养不同的牲畜，适合在不同时间使用（格勒 等，2004）。

牧民通常不是通过直接观察草场的情况，而是通过观察牲畜的情况来决定是否需要转移草场。同样，不是所有牧民都能分清各类草场，但牲畜自然会寻找自己爱吃的草。多畜多福是牧民的普遍思想，拥有较多的牲畜不仅是家庭富裕的象征，更代表着在三江源地区严酷的自然环境，尤其是雪灾、旱灾等气象灾害下的更强的抵御风险的能力。以雪灾为例，雪灾一旦发生，牧户牲畜的损失会达到半数甚至九成，这时拥有较大畜群的牧户在雪灾后才更有可能使畜群恢复起来（格勒等，2004）。

但是，放牧知识指导下的理想的放牧方式在部落时期是难以实现的。部落内生产资料占有的不平衡，使得部落头人、富户占有了绝大多数优质草场，尤其是关键的冷季草场，使其他牧户长期处于资源不足的境地。在这种情况下，对所有牧户的行为进行有效的组织也是无法做到的。

冷季草场所在的位置环境较好，居住舒适，暖季的高山草场海拔较高、较为偏远，要减少在冷季草场停留的时间、多在暖季草场放牧是要付出很大努力、克服很多困难的，而通常"在水草丰茂且往来便利的区域，大家争先放牧，必至耗竭而后已。而在僻远之处，大家弃置不用，以致草料粗老、草地劣化"（王栋，1953）。另外，部落时期盗匪横行，部落间关于草场的冲突和争夺频发，为了防止成为劫掠和冲突的牺牲品，很多时候牧民明知居住过于集中会造成局部草地的退化，也不得不选择集体居住（庄学本，1948；格勒 等，2004）。

宗教对于放牧行为几乎没有规定或限制，禁忌主要是严格禁止破土、挖掘草皮的行为。

7.2　集体化时期传统放牧知识的落实

集体化时期，国家政权的力量开始强有力地介入三江源牧区，政策开始成为最重要的外部因素。国家对牧区的定位是要为社会主义经济建设大量出产牲畜与畜产品，因此政策的核心是大力发展畜牧业，主要指标是增加牲畜数量。虽然经过了"不斗不分、牧主牧工两利"的牧民互助、社会主义改造、人民公社化、牧业学大寨等不同阶段或运动，但总的政策目标是没有变化的。

在牧区的集体化改造期间，通过对批判"牧业落后论""农牧矛盾论""自然灾害不可战胜论""牧场饱和论""人口决定论"，国家确定需要在天然草场大力发展畜牧业（李宗海，1959）。对于牧区具体如何发展的问题，给出的答案实际上是要在社会主义改造、确立公有制的基础上，使已有的放牧知识充分落实："畜牧业生产主要依赖牲畜的自然繁殖，受自然条件的影响较大（如风、学、水、旱的灾害），其具体组织和领导比农业还要困难许多""由于畜牧业生产对我们许多干部还是生疏的事情，不懂得或完全不懂得畜牧业生产发展的规律""在工作方法上，强调采取深入调查研究""用牧民易于接受的简便方法，一步一步推广"（中央民族事务委员会，1953）。

社会主义改造确实使三江源地区草场和牲畜的所有形式发生了很大的变化，与之前相比，草场和牲畜公有制废除了部落头人和寺庙的特权，使普通牧户可以拥有更大规模的畜群，使用更大面积的草场。部落－小部落－藏房圈的组织结构，被改造为乡（公社）－村（大队）－社（生产队）的新模式，新模式被国家的政治运动深刻地渗透和改造，开始直接受到更上级政府的领导和压力。但牧民地理上的传统"社区""乡亲"的概念则没有受到很大的冲击，基本得到了保留。草场公有制之后，在乡、村的内部草场上一同放牧、任意使用也就更加名正言顺。

纳入国家管理之后，乡、村、社等基层政府和社区必须完成上级布置的畜产品收购任务和畜牧业发展指标，完成较好的可以成为"先进"，完成不好的则为"落后"。而多畜多福、增加牲畜数量同样符合传统文化观念，所以基层政府和社区有极大动力增加牲畜数量。

公有制建立之后，基层政府和社区拥有了在管辖范围内充分调配、组织放牧的能力和资源。部落时期难以实现的分群放牧，可以通过向不同牧户安排不同的放牧任务实现。社区能够安排放养牦牛能力最强的牧户专门饲养牦牛，而不需要饲养其他牲畜，因为社区能够调动资源满足牧户对其他牲畜产品的需求。在社区的组织下，牧民间互助的范围从熟人、藏房圈之内扩大到整个社区内。社区能够以比部落时期的习惯法更为强有力的形式影响牧户的放牧行为，有经验、放牧水平较高的牧户的放牧方式可以在整个社区内使用。社区能够统一规划安排辖区内的所有草场，规定草场的使用时间、使用方式、转场规则，严格限制冷季草场的使用时间，并要求牧民克服困难，去使用交通不便区域的高山草场。"划小畜群、合理分群、跟群放牧、划区轮牧"（李宗海，1958）成为新的指导思路。与部落时期相比较，集体化时期几乎解除了所有不利于传统放牧知识落实的因素，理想放牧方式得以建立起来。

7.2.1 集体化时期的畜牧业政策

作为外部因素，集体化时期的畜牧业政策不仅是对传统放牧知识的回应，而且还包含外界的意志、国家的意志，集体化时期三江源地区畜牧业政策较有代表性的表述还包括：

（1）大力兴修水利，培育改良草原；利用公有化有利条件，进行四季分区、每季分片轮牧。

（2）保持牲畜全年膘满肉肥，高额丰产；修棚圈，合理编组放牧，合理补饲，防疫。

（3）土洋并举，实现良种化。

（4）定居放牧，农牧结合；土房定居，油粮自给，垦荒保证牧区每人种地 0.7 亩，平均每亩产粮 125 kg 以上。

（5）防御病害，对严重威胁人畜安全的兽、虫、鸟害，要订出计划，大力扑灭，要有计划地猎取和驯养牦牛、大头羊等，牧业区也应大量饲养生猪、家禽。

（6）大搞技术革命（李宗海，1959）。

由此可以看到，集体化时期国家期望天然草地牧区成为生产基地，成为能够输出物质和能量的系统。为此，甚至一度要求在牧区大力开垦草原获取耕地，希望实现牧区粮食自给，因此三江源地区的耕地面积在集体化时期达到历史最大，但是草原开垦也带来了严重的环境问题，并最终停止开垦。集体化时期对畜牧业的主要衡量指标是"牲畜数量增加，畜产品增产"，为了达到这一目标，除了设法使传统放牧知识落实外，还要修筑畜棚、兴修水利等基础设施，改良畜种，引入"改良草原""补饲"等新方法，并开展防疫、灭鼠、打狼等工作。从牧区社会经济发展考虑，集体化时期希望实现"定居游牧"。在当时条件下是积极推进定居游牧，使定居和游牧结合起来。定居可以进行基本建设，有利于牧民的健康；游牧可以充分利用天然牧场，有利于畜牧业的发展。对牧民来说，除一部分身强力壮的人跟畜放牧外，绝大部分人可以定居下来，建立家园（李宗海，1959）。

当时，畜牧业政策中的具体内容，如修筑定居房屋、兴修水利工程、修筑畜棚、种植牧草等，单项或多项任务都可能成为政治运动，并与社会主义建设和当时最新的政治话语结合起来。

7.2.2　文化影响与环境影响

集体化时期，随着传统部落制度的中止，与部落紧密相连的宗教也受到严格限制，寺庙全部关闭，宗教活动基本停止。因为宗教文化对放牧行为本身的影响有限，所以宗教文化受到打压对集体化时期牧户的放牧行为影响不甚明显。但在经济建设、发展畜牧业的语境下，草场作为纯粹的自然资源，成为可以被改造的对象，与传统上草场与牧民之间的情感联系无疑发生了变化。为了畜牧业发展杀死鼠兔的行为在部落时期也是牧户不可想象的。

综上，集体化时期大体上可以视为政策与文化相互促进的时期，发展畜牧业的政策目标与多畜多福的传统观念相一致，畜牧业政策又促进传统放牧知识的落实，加上新技术的应用和新的生产组织方式，集体化时期三江源地区的牲畜数量快速增加，并达到了历史上的最高点。集体化时期的畜牧业政策很好地完成了政策本身的目标，该时期也成为三江源地区中老年牧民认为的"最好的时候"。

公社的时候草也是最好的，牲畜数量也是最多的，牛也多，羊也多，干部对放牧的事情很操心，负责任。那是放牧最好的时候（索加乡牧民访谈，2016 年）。

1975—1985 年是最好的时候，那个时候气候适合草生长，草场质量很好，牧民生活也好。政府鼓励放牧，多劳多得，分配公平，向国家上缴的酥油、肉食多，会有奖励，所以牧民放牧的积极性也高。现在劳动力不够用，人也比之前懒惰了，放牧不用心，牲畜也发展不起来（昂赛乡退休干部访谈，2017 年）。

公社的时候，放牧都是集体组织的，会要求牧民定期搬迁、把牲畜分群、不能在冬窝子停留太长时间。草场分到各户后，一个是草场变小、变破碎了，迁移起来比较困难；再一个很多牧民特别懒惰，在冬窝子停留的时间太长，恨不得全年都在冬窝子不走了。这样的话草地就越来越差。放牧的话还是集体的好（扎青乡原乡干部访谈，2016 年）。

但历史上从未有过的巨大的牲畜数量和密度同样给三江源的草地带来了巨大的压力。因为当时尚缺少系统的监测，本研究难以对环境的变化情况进行追溯性的定量化的描述。但通过历史情况访谈发现，一部分牧民表示当时就开始对环境问题担忧。

到七几年的时候牲畜的数量有些太多了，有些地方的草都被吃秃了，土地都露出来，有些担心草地还能不能恢复。但国家的任务必须完成，也只能这样，看看会怎么样吧（曲麻河乡退休干部访谈，2017 年）。

在对不同地点的牧民的深度访谈中，除三江源最西部的唐古拉山镇之外，其他地点的牧民均提到进入 20 世纪 80 年代，即集体化的末期，草场的质量开始下降了。

靠近河岸的地方草长得好，八十年代之前是可以割草的，割下来储存冬天用。之后草长得没那么高，就割不了了（扎青乡原村干部访谈，2015 年）。

草场最差的就是 1984—1985 年，牛羊太多了，草都被啃光了（昂赛乡村干部访谈，2016 年）。

同一时间，政府也开始关注到草场质量的下降，冬季牧草不足仍然是畜牧业发展的主要限制因素（梅进才，1983）。"冷暖季草场总面积相仿，但牲畜全年 2/3 的时间在冷季草场，仅 1/3 的时间在暖季草场，暖季草场使用不足，冷季草场使用过度，部分地区出现退化现象"是三江源地区多个县在畜牧业规划中使用的表述，在畜牧部门的草原调查中，产草量下降、牧草比例下降、黑土滩增加的现象出现（玉树藏族自治州区划办公室，1987）。这些现象与通过遥感方法研究发现的三江源地区的草原退化格局在 20 世纪 70 年代末期已经基本形成（刘纪远等，2008；徐新良 等，2008）、三江源草地退化主要发生在 70 年代前后（樊江文 等，2010）等结论相互印证，说明集体化时期的高牲畜数量给草地带来的持续压力，很可能已经改变了三江源地区的环境。

7.3　承包时期三江源地区的放牧与草地

进入 20 世纪 80 年代，草地公有制引发的"公地悲剧"是不是草地被过度使用、草地退化的原因开始引起学术界和政府的思考，随着农田承包的推行，牧区的草畜承包也开始实施。1983 年起，三江源地区跟随整个青海省开始执行草场、牲畜承包到户的政策。但在实际执行中，牲畜承包到户执行较快，而草场承包到户并不符合三江源地区大部分社区的放牧传统和放牧经验，执行较慢。1996 年之后，青海省将畜草双承包执行完成（青海省地方志编纂委员会，1998）。

按照政策设计，畜草双承包后，牲畜及草地的使用权分配到各牧户，牧业生产应当以单户放牧的形式进行。而在实际中，三江源地区仍然保留了富有地方性的放牧组织方式。在我们的调查中，从三江源东南部林草交界带到西北部的高寒草原，不同地点的社区的放牧制度非常多样化。

1. 囊谦县吉沙村

吉沙村靠近囊谦县县城，属于半农半牧社区，但耕地面积不大，牧业对当地居民的生计非常重要。全村有 6 个社，各社之间草场有明确的边界，社内没有将草场分到户，实行集体放牧。当地村干部和村民认为牧场的面积不大，分到各户就没办法组织放牧了。

　　每年 9 月 15 日左右至次年 4 月 15 日左右是农闲季节，耕地里没有农作物，所以牲畜放养在村子周围。4 月 15 日之前需要转移到暖季牧场，一方面为了使草地恢复，另一方面要防止牲畜取食农作物。7 月还会移动到村子周围海拔更高的高山牧场放牧一个月左右，高山牧场上有不少野生动物。在高山牧场放牧期间，每个社的牲畜专门由几个牧民看护，村社干部会协调村民帮助料理牧民家的农田。村里会规定牲畜迁移的时间节点，逾期没有迁移的牧户会受到处罚。

　　吉沙村种植的农作物包括青稞、土豆、芜根等，传统上农作物除自给外还会出售。近年来因为畜产品价格高，而农产品价格低，村民仅种植满足自身需要的粮食，多出来的土地用来种草饲喂牲畜。过去牛羊都养，羊管理难度大，需要劳力多，管理不当很容易破坏农作物，而牛的市场价格更高，故近年来已基本不养羊。因为草料充足，吉沙村的牲畜普遍营养状况好，畜产品产量高，村子周围草场保护情况也较为良好，村民对目前的生产方式颇为满意（吉沙村法会上综合访谈，主要受访者为村副主任、活佛及两名中年牧民，2016 年）。

　　2. 囊谦县巴买村

　　该村属于纯牧业社区，全村有 3 个社，各社的草场有明确的边界。社内没有将草场分到户，实行集体放牧。村干部和牧民都认为村子里草场面积不大，分得过细放牧就无法进行了。每个社内分出四季草场，每年春、夏、秋、冬季各移动一次，在冬季草场停留的时间略长，接近五个月（11 月至次年 3 月底），其他季节草场停留两个多月。迁移时村、社会规定迁移时间，村民通常会在一周左右的时间内陆续搬迁到新草场。

　　巴买村出产虫草，但虫草的质量和产量均一般，每户牧民的虫草收入为 3000 ～ 4000 元 / 年，政府发放的草原补奖款也是牧民的重要现金来源。巴买村靠近三江源自然保护区的白扎分区（白扎林场），许多村民作为护林员，有护林员补贴。因养羊需要的劳动力多，而牧民有其他现金收入来源，因此，全村只有两三户还在养羊，其他户都只养牦牛。全村约有 1/3 的牧户已经搬迁到囊谦县县城居住，搬迁的主要原因是便于照顾小孩上学。搬迁户中有的变卖了全部牲畜，有的将牲畜交给亲友代放（巴买村村书记、村副主任访谈，2017 年）。

3. 玉树市甘达村

甘达村属于纯牧业社区，位置靠近国道。村内部草场全部公用，实行集体放牧。全村划分了三季草场，其中在冬季草场停留时间较长，规定 6 月 30 日之前必须从冬季草场搬走，9 月 10 日之前必须搬回冬季草场，但对具体的搬迁时间没有规定，也不要求牧民统一行动。

甘达村在草场承包到户后以单户的形式尝试放牧了几年，因为草场面积小，人口、牲畜多，牧民觉得单独放牧后牲畜体质下降严重，所以重新恢复了原有的草地使用和放牧方式。甘达村利用靠近公路的优势，办了合作社，合作社主要向外售卖畜产品和其他商品，收入主要用来购买饲草料并分给入社的各户，现金分红不多。因合作社经营情况不错，牧民能够购买较多饲草料。村里有一片共用的种草地，每个牧户也会种草，政府会提供草种和部分肥料，种草还会得到一定现金补贴。在冬季草场放牧期间，有 4 个月左右的时间牲畜主要以种草及饲草料为食（甘达村原村主任、牧民访谈，2017 年）。

4. 玉树市措桑村

措桑村属于纯牧业社区，靠近隆宝湖，村子里湿地较多，水草丰美，草场质量很好。草场分到了各户，各户单独放牧，自行决定放牧方式。每年选择不搬迁或者搬迁两次、三次、四次的牧户都有。大多数牧户会选择每年搬迁四次，在 1 月、7 月、9 月、11 月一起向新草场移动。措桑村基本没有虫草，草原补奖款和出售牲畜、畜产品是牧民的主要收入来源。

5. 杂多县年都村

年都村属于纯牧业社区，村子周围山地较多，野生动物很多，牧场主要分布在各条山谷内。草场分到了各户，各户单独放牧，自行决定放牧方式，每年选择不搬迁到多次搬迁的牧户都有。最为典型的是将牧场分为冬季、夏季、春秋季三类，每年 5 月搬迁到春秋季牧场放牧到 7 月，然后搬迁到夏季牧场至 9 月，9 月再搬迁到春秋季牧场至

11 月，之后在冬季牧场越冬。

年都村的虫草产量较高，牧户通过采集虫草的收入可以达到 2
万～ 3 万元 / 年甚至更高，虫草收入在当地牧民收入中占主要地位，
草原补奖款则是另一个主要的现金收入来源。故当地牧民的牲畜通常
只供给自身需求，仅在生病、购买大宗商品等急需用钱的情况下才会
售卖牲畜。全村已经有 70% 的牧户离开草场，搬迁到城镇居住，到
虫草采集季，这部分牧民会返回草场采集虫草（牧民访谈及问卷调查，
2015，2016 年）。

6. 唐古拉山镇 2 队

唐古拉山镇 2 队在青藏公路以西，是真正"地广人稀"的区域。
草场分到各户，各户单独放牧，各户自行决定放牧方式。因海拔高，
气温低，植物生长量低，而单户的草场面积极大，故牧民通常每年会
迁移 7 ～ 8 次，除在冬季牧场停留三个月左右外，在其他地点均只停
留一个月左右，这更为接近普遍认知的"逐水草而居"的游牧状态。

当地牧户同时饲养牦牛和羊，单户拥有的牲畜数量远远大于三江
源东部地区。售卖牲畜、畜产品和草原补奖款是牧民收入的主要来源。
因靠近青藏公路，牧民的牲畜和畜产品销路不错。出售的牲畜以羊为
主，牛的数量相对较少（牧民访谈及问卷调查，2015 年，2016 年）。

7.4　三江源地区草地变化情况

7.4.1　三江源地区草地变化概况

2000—2017 年，三江源地区草地 EVI 增加面积占 16.9%，降低
面积占 7.4%，没有发生显著变化区域占 75.7%。进入 21 世纪，三江
源各项生态保护政策实行以来，植被呈现恢复的状态，同时，草地变
化的波动性增加。

比较 20 世纪 80 年代中期牧业调查中识别的过牧区域和非过牧区
域（图 7.1）：对于过牧区域，2000—2016 年，EVI 增加面积占 3.5%，

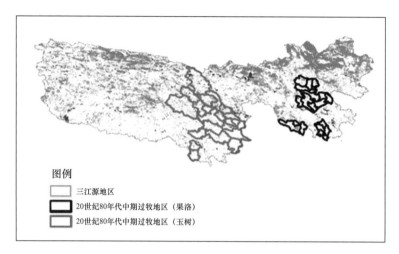

图7.1   三江源地区草地变化情况

图中显示 2000—2017 年 EVI 变化，绿色为显著升高，红色为显著下降，白色为无明显变化。

EVI 减少面积占 10.5%，EVI 没有显著变化面积占 86.0%；对于非过牧区域，2000—2016 年，EVI 增加面积占 21.5%，EVI 减少面积占6.2%，EVI 没有显著变化面积占 72.3%。

通过在非过牧区域中去除没有放牧干扰的可可西里地区再比较分析，发现在有放牧的非过牧区域，1985—2000 年 EVI 增加面积占2.6%，EVI 减少面积占 2.0%，EVI 没有发生显著变化面积占 95.4%。2000—2016 年 EVI 增加面积占 11.5%，EVI 减少面积占 8.0%，EVI 没有发生显著变化面积占 80.5%。在整个三江源范围内，2000—2017 年，EVI 增加面积大于 EVI 减少面积。2000 年后草地变化的波动情况增加。

7.4.2   不同放牧历史区域草地变化情况比较

我们根据放牧历史将三江源地区分为：① 传统放牧区域，主要在三江源东部地区，包括果洛州大部，玉树州玉树、囊谦、称多三县（市）全部，杂多、治多、曲麻莱三县东部区域；② 20 世纪 60 年代后新增放牧区域，主要包括玛多县西北部，杂多、治多、曲麻莱县西部、唐古拉山镇；③ 无放牧荒野区域，包括海拔较高的山地及可可西里地区。如图 7.2、图 7.3 所示。

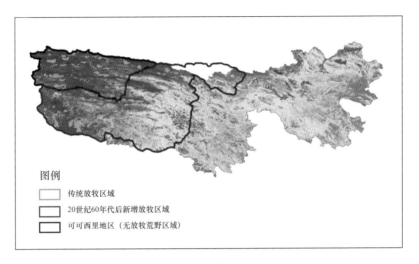

图7.2 三江源地区不同放牧历史区域的EVI

　　图中颜色对应 EVI，由红色到黄色，再变化到绿色代表 EVI 逐步升高，草原生产力上升。

图7.3 三江源地区不同放牧历史区域的草地EVI变化

　　图中显示三江源地区 2000—2017 年草地 EVI 变化情况，绿色为显著变好，红色为显著变差，白色为没有显著变化。

　　传统放牧区域约占三江源地区总面积的 51.3%，2001—2017 年，该区域有 7.1% 的面积 EVI 增加，11.6% 的面积 EVI 减少，81.3% 的面积 EVI 没有发生显著变化。该区域 EVI 减少的面积一直大于 EVI 增加的面积，且这一趋势在 2000 年前后没有发生变化。

　　新增放牧区域约占三江源地区总面积的 33.9%。2001—2017 年，该区域有 17.8% 的面积 EVI 增加，5.4% 的面积 EVI 减少，76.8% 的面积 EVI 没有发生显著变化。该区域 2000 年前后 EVI 增加的面积均多于减少的面积，尤其是 2000 年之后 EVI 增加面积大幅度增多。

　　无放牧荒野区域约占三江源地区总面积的 14.8%，2001—2017 年，该区域有 40.6% 的面积 EVI 增加，2.9% 的面积 EVI 减少，56.5% 的面积 EVI 没有发生显著变化。该区域 2000 年前后 EVI 增加的面积均多于减少的面积，尤其是 2000 年之后 EVI 增加面积大幅度增加，无放牧荒野区域在 2000 年后接近一半的面积 EVI 都在增加。

　　2000—2017 年，整个三江源区域 EVI 增加的面积中，无放牧荒野区域贡献了 33.4%，新增放牧区域贡献了 33.6%，传统放牧区域贡献了 33.0%。故整个三江源地区 EVI 增加的趋势主要源自低放牧压力区域 EVI 的明显增加。

7.4.3　新增放牧区域对草地的影响

　　在实地调查中，我们记录到了可可西里保护区范围内的全部 71 处放牧点，这部分放牧点均是 20 世纪 70 年代之后才进入而之前没有放牧活动的地区，因此可作为考察放牧与草地关系的对象。根据调查，这部分牧户户均有牦牛 81 头，绵羊 124 只，人均羊单位 126，均显著高于三江源东部放牧历史较长的区域，户均草场面积为 8000 ~ 10 000 亩（5.3 ~ 6.7 km²），放牧移动半径约 10 km，当地牧民均表示草场足够使用。放牧活动影响了可可西里保护区内约 11 500 km² 的区域，牧点主要在可可西里保护区的东南部、南部区域，影响面积约占保护区总面积的 1/4。

　　我们用同样方法比较了可可西里保护区受放牧影响区域和未受放

牧影响区域 EVI 的变化情况（图 7.4），发现 2000—2017 年，受放牧影响区域，EVI 增加面积占 44.8%，EVI 减少面积占 2.9%，EVI 没有显著变化面积占 52.3%。在未受放牧影响区域，EVI 增加面积占 39.3%，EVI 减少面积占 2.9%，EVI 没有显著变化面积占 57.8%。2017 年，受放牧影响区域 EVI 显著高于未受放牧影响区域 EVI。在进入一个新区域时，牧民首先占据了草地面积较好的区域，而在一定的放牧强度之下，受放牧影响区域 EVI 增加的幅度高于未受放牧影响区域。可可西里地区 2000 年以来草地在恢复过程当中，水体边缘显示 EVI 下降主要是由于湖面的扩大，淹没了部分草地。

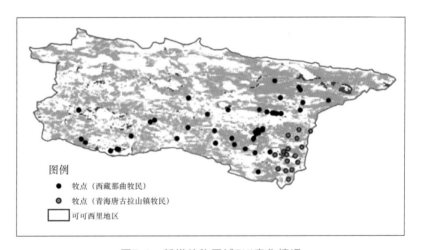

图7.4　新增放牧区域EVI变化情况

图中显示三江源地区 2000—2017 年草地 EVI 变化情况，绿色为显著变好，红色为显著变差，白色为没有显著变化。

7.4.4　有关草地遥感情况的讨论

2000 年之后在全三江源尺度草地退化趋势缓解，出现了草地恢复、产草量增加的情况（樊江文 等，2010；邵全琴 等，2016；张颖 等，2017），这与我们的研究结果是一致的。

我们在研究中将三江源按照放牧历史分成三个区域。放牧历史最长的东部传统放牧区域是三江源人口最为密集、牲畜密度最大、人地矛盾最为突出的区域，且植被类型以草甸草地为主，植被生产力较高；

西部的新增放牧区域和无放牧荒野区域海拔高、气温低，植被类型以高寒草地为主，植被生产力不高。将其区域分解后，我们发现 2000 年以来三江源草地恢复的主要区域集中于西部新增放牧区域和无放牧荒野区域，尤其是无放牧荒野区域草地恢复趋势非常明显，接近一半面积的草地植被指数都在显著上升中。而在东部自然条件更好的传统放牧区域，植被指数下降的面积仍然在增加之中。

参考 20 世纪 80 年代中期已经识别的过牧区域和非过牧区域，我们发现，2000 年后，没有放牧干扰的非过牧区域草地恢复趋势明显，非过牧区域草地基本保持稳定，而过牧区域的植被指数仍然在大面积下降之中，草地退化的趋势并未得到缓解。

对三江源地区气候的研究中，升温是较为一致的结论，但就水热条件组合在具体区域对植被产生的影响是正面的还是负面的，并没有较为一致的结论。三江源地区，尤其是其西部地区气候监测站点缺乏，对三江源西部数万平方千米区域气候情况的判断只能依赖来自几个站点的数据分析，是造成这一情况的重要原因。截至研究完成时，尚无证据表明三江源西部地区的水热组合较其他地区更利于草地的恢复。

7.5　对草地退化的认知与保护行动

7.5.1　对草地退化原因的不同认知

草地退化是在外在驱动力的作用下，三江源地区环境发生的变化。对草地退化发生的原因进行解释，是下一步适应性行为产生的基础。但导致草地变化的原因则存在大量争论。遥感数据、实地测量数据和牧民的认知都认同三江源地区的草地退化是客观存在的，且草地退化是多方面因素综合作用的结果，但不同群体对草地退化的主因的认知差别很大。

学者关于三江源地区草地退化主因的观点可分为"过牧派""制度派"和"不确定派"。而政府文件及畜牧、草原管理部门的材料中，都将过度放牧作为草地退化的首要原因，由此，制定了一系列旨在应对草地退化、恢复草地质量的政策。退牧还草、以草定畜、生态移民、生态补偿等政策，也都旨在降低牲畜数量、减少草地压力。国家指派技术部门直接对草地承载力进行测量，并以这一数据为基础确定了承载力标准，并作为政策执行的基础，这是一套自上而下进行的政策工具。每个牧民拥有的草原使用权证（以下简称"草原证"）上，都有对其草场承载力的规定。

在我们对牧民的调查中，牧民对草地退化的解读最多的是气候变化、虫鼠害、开矿的影响，牧民并不认为牲畜太多是草地退化的原因，对于经历过集体化年代的牧民而言，牲畜最多的时期和草地最好的时期是同时的，现在的牲畜数量远远不如当年，而草地质量并没有变好。对于年轻的牧民而言，他们认知中草地可以承载的牲畜数量比政府规定的承载力要高得多。还有部分牧民认为草地变差的原因是开矿，开矿对草地的影响是长远的。

以前冬天的时候可以割草的，现在不行了，草场上黑毛虫、鼠兔多得很。草地变差主要跟挖矿有关系，草地的精华被拿走了，草就不行了（曲麻莱县牧民访谈，2016 年）。

草场的质量主要还是受天气的影响，放牧不会破坏草地，放牧对草地和牲畜都好（称多县牧民访谈，2018 年）。

现在牛羊少多了，但草场也没有变好。鼠兔也是草场变差的原因，应该组织灭鼠、种草（扎青乡村干部访谈，2017 年）。

而社区领导、社区精英等群体的观点有与政府一致的方面，他们普遍认为草地的承载力确实是有极限的，但政府目前给定的草地承载力太低了。其观点也有与牧民一致的方面，气候变化和鼠虫害是草地退化的重要原因。而在社区精英的观点中，放牧方式的变化是草地变化的重要原因。

20 世纪 70 年代的时候牲畜最多，包产到户后草地破坏很大。原来牧业小组可以有计划地放牧、转移草场，承包了以后草山破碎化了，转场很困难，牲畜在一片草场停留时间太长，就造成破坏。尤其是冬窝子，破坏最厉害。再就是鼠兔，对草场破坏特别大（雪山乡草场管护员访谈，2015 年）。

现在的牧民普遍都变懒了，放牧不用心，也不积极转移草场，在冬窝子待的时间太长。现在草场都分到各户了，村里也管不了每户怎么放牧（扎青乡原村干部访谈，2016 年）。

另外，很多社区精英会提及禁牧区的情况。

禁牧区我去实地看过，用铁丝网围起来，草长得很高，但长得都是牲畜不吃、没有用的草。过上几年之后草也不行了。草地没有牲畜吃是好不了的（扎青乡干部访谈，2016 年）。

牧民和社区精英均不认同过度放牧是草地退化的主因，因此建立在应对过度放牧基础上的新的草原政策也难以得到他们的认同。虽然草原补奖款已经是三江源地区牧民重要的现金收入来源，但在我们访谈的 120 户牧民中，仅有 11 户明确了解草原补奖款是与减畜相关的，有 37 户表示国家发放草原补奖款是"要求我们牧民一定要把草原管理好"，而并没有与减畜联系起来。其余 72 户牧民将其简单理解为"国家的扶贫政策""为了照顾我们牧民的生活"。

牧民的这种认识与乡村干部、社区精英对政策的宣传有关。一方面，乡村干部并不认同过度放牧造成草地退化的说法，而且减畜可能给牧民生活造成困难；另一方面，禁牧和草畜平衡还可能涉及敏感的草原承包权问题。因此，很多乡村干部在宣传草原补奖政策时会模糊化处理草原补奖款与减畜之间的关系。

7.5.2　文化影响与环境影响

如前所述，生态保护时期三江源的畜牧业和草地政策，因与牧民的观念相悖，因此无论在执行中，还是在结果上，都没有实现政策设计的效果。在对草地退化这一现象的反应和适应中，牧民和政策方面都存在改变的空间。

三江源地区的草地退化是多因素共同作用的结果，研究结果认为历史上持续的放牧压力很可能对草地退化有影响。草地退化之后，变化的生态系统很可能需要新的适应方式、新的放牧方式。而放牧是三

江源地区一直以来的传统生计，对放牧的高度认同使牧民难以将放牧
与草地退化的负面结果相联系，对集体化时期草畜两旺时代的记忆也
再次强化了牧民的观点。因而，在面对草地退化时，大部分牧户并不
认为需要或能够主动采取行动进行草地恢复，也对草地政策持怀疑的
态度。但是，传统的放牧知识，以及对草地、放牧的旧观念，可能不
再适应三江源地区牧民从未应对过的变化后的新环境。而在政策方面，
自上而下的政策当中缺少牧民参与的空间，也没有对牧民进行足够的
宣传教育。当政策与牧民的文化观念发生冲突后，其有效性大打折扣
也是不足为奇的。

7.6　生计与文化

　　三江源地区的藏族文化包括"生计需求"和"精神需求"两方面
的考量，我们将"生计需求"称为"人性"，将"精神需求"称为"神
性"。在文化与畜牧业及草地的关系中，主要是"人性"的体现，三江
源牧业文化的内容也只集中于知识、规范的方面。我们在这里主要探
讨集体化时期和生态保护时期文化-放牧行为-环境之间的互动关系。
政策作为外来因素，在这两个时期对这种互动关系产生主要的影响。
集体化时期发展畜牧业的政策与文化相互协调，使政策本身的目标得
到了实现。但在"神性"完全失置的时期，对草地资源高强度的利用
也带来了草地退化等环境问题。

　　而在生态保护时期，作为对草地退化这一环境变化的应对和适
应，三江源牧业社区开始对变化进行重新解释，解释的过程受到众多
因素的影响，但最终倾向于在传统文化的框架内进行。而当政策与牧
民解读的结果相悖，即政策与文化相互拮抗时，政策目标本身则难以
实现。

　　在三江源地区的传统放牧区域，已有的政策和文化尚没有阻止草
地退化的趋势。这除了要求我们在重新考虑文化与政策互动的基础上
提出新的政策外，放牧文化本身很可能也需要变化。比较今天三江源

地区牧民对放牧的认知和知识，与集体化时期，甚至与部落时期的知识并没有太大的差别，这固然是传统知识的一种传承，但同时，集体化时期之后，环境已经完全发生了变化。全新的环境很可能是过去的放牧历史中从未遇到的，所以传统知识也未必适用于新的环境。新的知识、新的技术需要与传统知识相融合，以创造更新的知识，从而指导有利于草地的适应性行为。

第八章

青藏高原的虫草采集管理

"虫草"一词的指代有广义和狭义之分，广义的虫草指所有虫草属（*Ophiocordyceps*）的真菌侵染昆虫幼虫形成的个体，而狭义的虫草仅指冬虫夏草（*Ophiocordyceps sinensis*），本章中提及的虫草均指冬虫夏草，也是在药材及保健品市场中通常所指的虫草。

虫草分布在我国四川西北部、云南西北部、青海南部、西藏北部、甘肃西部地区，以及中国、尼泊尔、印度、不丹等国在喜马拉雅山的周边地区。虫草被广泛应用于中医和藏医中，相当大的群体相信其药效，但近年来对其有效性的质疑不断增多（Winkler，2005，2009；Woodhouse et al.，2014；Zhang et al.，2012）。从 20世纪 90 年代初开始，虫草的市场价格快速上升使虫草的采集量不断增加，虫草采集成为产地内重要的自然资源利用行为，来自虫草的收入成为产地居民收入的重要来源，同时虫草采集行为对产地的自然和社会环境产生了极大影响，虫草已经被《IUCN 红色名录》列为易危物种。

在三江源地区，虫草采集可以说是一项古老而新兴的行为。说其古老，因为虫草在历史上就是当地的重要商品，虫草采集对当地藏族牧民来说是不陌生的；说其新兴，因为虫草采集成为三江源地区居民重要的收入来源，甚至最重要的现金收入来源是晚近的事情，且发展过程非常迅速。一种历史上并不受重视的资源，且并不像前文所叙述的猎捕野生动物、放牧、保护神山等具有长期形成的、系统稳定的观念和管理制度，突然间由于外部的需求变化而具有了额外的价值，这一快速变化使得当地人必须在短时间内做出反应。在这种反应过程中体现的社会-生态系统的动态变化，以及牧民观念与环境之间的动态相互作用，是我们关注的问题。

8.1   虫草采集对社会经济的影响

在所有虫草产地内，虫草收入均使社会经济情况发生了极大变化。虫草分布于青藏高原的高山区域，海拔高，交通不便，当地居民进行混合农业或纯畜牧业。由于客观条件的限制，这些区域在各个国家都是传统的贫困区域，虫草经济带来的收入使相当多的当地居民脱离了绝对贫困（Woodhouse et al.，2014）。在这些区域，木材开采、矿产开发、水电建设等也促进了经济发展，但在这些项目中获得的收益主要归开发公司和政府所有，居民获得的收益非常有限（Winkler，2005）。而虫草的生长特点则使当地居民具备了一定优势：牧民拥有草场的放牧权，也被认同拥有在草场上采挖虫草的优先权，比起外来采集者，对草原的知识和对本土的熟悉也使他们拥有更好的采集虫草的经验和技能。同时，相对资金，虫草采集更需要的是体力、精力和经验，这也是当地居民的优势（Winkler，2005；安德雷，2013）。综合起来，虫草采集带来的收入能够更多、更直接、更广泛地使当地居民获益。多个地区的研究显示，虫草收入对贫困人口更重要，不但增加了他们的福利，而且在贫困户的收入中所占的较大比重，使其在脱贫和收入的增加中发挥着最为重要的作用（Shrestha et al.，2014a；Woodhouse et al.，2014；Gauli et al.，2011；安德雷，2013；李芬 等，2013）。

虫草带来的收入，被当地居民用于教育、医疗、交通等基本需求，提升了当地居民的生活水平，摩托车和汽车开始成为主要交通工具。居民也开始有能力购买手机、电视、相机等物品（Winkler，2009）。同时，虫草收入主要是现金，促进了藏族聚居区的经济从自然经济向商品经济发展，现代市场经济链条也逐渐建立起来。之前当地居民的肉类、毛皮等生存需求均来自自己的牲畜，用农畜产品直接换取生产生活资料的情况普遍存在。虫草经济发展后，现金成为交换的媒介，当地所有产品都开始货币化（安德雷，2013；Devkota，2006）。

具体到各个产区，虫草的影响有相当的共性，同时也具有一些特性。

在尼泊尔廓尔喀的 Nubri 和 Tsum 地区，虽然之前也有过很多经济发展计划，但直到虫草经济兴起之后，当地经济才有了长足发展，摆脱了贫困。当地居民 76% ～ 92% 的现金收入来自虫草（Childs et al.，2014）。在另一处虫草主产区多尔帕，53.3% 的牧民现金收入来自虫草。在越贫困的家庭，虫草收入在总收入中的占比越高，在最贫困的家庭中，71.7% 的现金收入来自虫草，而在最富裕的家庭中，这一比例是 24.2%。虫草收益的绝对值在贫困户和富裕户之间差别不大（Shrestha et al.，2014a）。虫草收入多被居民用于满足教育、食物、衣着等基本需求。贫困户会相对多地用于购买手机、电视等消费品以提升他们在村中的地位；而富裕户则相对多地用于娱乐和储蓄（Shrestha et al.，2014a）。

在不丹，虫草经济兴起前牧民的主要收入来自出卖畜产品和肉类（Cannon et al.，2009），而现在虫草在牧民收入中的占比已经过半。

在印度北安查尔邦，80% 的村民会参与到虫草采集活动中，每人每年能从中获得 333 ～ 444 美元的收入，是之前出卖畜产品收益的数倍（Negi et al.，2006）。

在我国青海玉树地区，牧民 63.2% 的收入来自虫草，且虫草收入主要用于购买消费品，付学费、医药费和交通费（安德雷，2013）。在整个三江源地区，虫草收入在牧户收入中的占比可以达到 79.68%。在迁居的牧民中，这一比例更高（李芬 等，2013）。

在西藏产区，有 75 万牧民收入主要依靠虫草（罗绒战堆 等，2005）。2005 年，产区 40% 的 GDP 来自虫草采集，西藏虫草经济的规模超过了采矿业和工业（Devkota，2006）。昌都和那曲地区 70% ～ 90% 的收入来自虫草（Winkler，2005）。以那曲地区的索县和嘉黎县为例，虫草分别占两县牧民人均收入的 70.56% 和 82.36%。两县不仅摆脱了贫困帽子，且人均收入已经远高于当地其他非虫草产区的人均收入（屈鸿罡，2012）。

在四川产区，居民生活在林草交界地带，生计方式更为多样，农、牧、林兼营，与外界的交通也更为便利。虫草与薪柴、松茸等共同为农户提供收入，并且在其收入中占据绝对多数。早在 1998 年，理塘牧民 60% 的收入便来自虫草和松茸。在兴龙、色达、石渠、德格，50% ～ 80% 的收入来自虫草（Winkler，2005）。稍晚的研究中，川西北藏族聚居区 72% 的牧民收入来自虫草，且富裕户获得的虫草绝对收入更多，而贫困户收入中虫草所占比例更高。家庭成员多、劳动力年轻和放牧多的家庭能够得到更多的虫草收入（Woodhouse et al.，2014）。

在云南白马雪山地区，居民 50% ～ 60% 的收入来自虫草。投入采集的劳动力越多、采集历史越长、采集经验越丰富的家庭，采集的虫草越多，收入也越高（Weckerle et al.，2010）。

8.2　虫草资源的可持续性

对虫草的生活史已经有了一些研究。对其生长和分布，传统上有很多来自牧民观察总结的说法，如生长于向阳、多风、疏水、积雪薄的区域，冬季寒冷有大雪利于虫草采集（Boesi，2003），四月份如果下雪会带来虫草丰收等。近年来，有一系列研究尝试用现代生态学方法探讨虫草的分布情况，并寻找影响其生长的主要因素。野外调查发现，虫草更多地生长于质量较高的牧场（Devkota，2010）。有研究利用 GIS 软件对虫草分布区域进行空间分析，并在广大范围内确定了不同质量的产区（李芬 等，2014；金云翔 等，2010）。利用 Maxent 模型，研究者根据在尼泊尔全境产地的取样，发现对虫草生长影响最大的环境因素包括最冷月平均气温、季节平均降水、最暖月降水、最冷月降水和地区平均气温（Shrestha et al.，2014a）。也有针对虫草的主要寄主——蝙蝠蛾进行的研究，发现蝙蝠蛾的分布与气温、降水等因素有关，蝙蝠蛾多生存于嵩草草地，过度放牧破坏草地不利于蝙蝠蛾生存（张古忍 等，2011）。

根据虫草的生活史，在虫草生活的晚期，虫体会被利用殆尽，地上部分散布子囊孢子进行有性生殖。故通常认为采集时间持续过长，将晚期虫草采集殆尽，影响子囊孢子形成会影响虫草再生。对这一看法尚缺少科学研究，但在管理中通常据此规定采集的最晚时间并进行相应的监督（Cannon et al.，2009；Winkler，2009；张古忍 等，2011）。

虫草的产量是各方关注的问题，但对虫草缺少定量监测，也缺少准确的、能在流通环节监测其产量的方式，故对于虫草的产量只能依靠估计。不丹从 2008 年起设置了部分样地，对虫草及其宿主蝙蝠蛾的情况进行监测（Cannon et al.，2009）。在不丹和尼泊尔，虫草买卖必须通过政府途径，因此政府的统计数字在一定程度上能够反映虫草采集的情况。在我国青海产区，尚缺少定量统计，会依据传统和经验，按照产量对各个产区进行分级。

对虫草产量的估计很多，但由于缺乏监测等原因，各研究者给出的估计值的差别极大。Winkler 综合多方面的数据给出了一个估计，他认为在他研究的当年各产区的虫草总产量约为 123 吨，其中中国的西藏产区 45 吨，青海产区 55 吨，云南产区 2 吨，甘肃产区 8 吨；印度产区 2.2 吨；尼泊尔产区 0.8 吨。对于中国境内的虫草产量，他认为在 80 ~ 175 吨之间（Winkler，2009）。

缺少监测同时意味着缺少可以用于比较虫草产量变化的数据，对于虫草资源的情况也有多种估计。由于虫草在产区经济中扮演的重要角色，虫草资源的可持续性也得到了各方的关注。在一些报告和新闻报道中，常有因过度开采和草原破坏导致虫草产量下降而不可持续的说法。这种说法得到了一些研究的支持。在印度的一项访谈研究中，受访的虫草采集者认为虫草产量下降了 30% ~ 50%（Negi et al.，2006）。在尼泊尔多尔帕地区的一项研究中，71% 的受访采集者认为虫草采集变难了，67% 的受访采集者认为采集是不可持续的，几乎所有采集者报告了首日虫草采集根数下降（Shrestha et al.，2014a）。Shrestha 和 Bawa 在尼泊尔的研究最具代表性，他们认为当地的虫草产量已经出现了明显下降，其证据主要来自三个方面：首先，政府统计的虫草产量下降，2009 年全尼泊尔的虫草产量是 2442.4 kg，2011 年下降到了 1170.8 kg。在多尔帕地区，相应数字分别是 2009 年 872.4 kg，2011 年 473.8 kg。其次，95.1% 的采集者报告了采集量的减少，在 2006 年，平均每人能采集 260 根虫草，到 2010 年，每人只能采集 125 根。再次，92.9% 的虫草商人也报告收购的虫草在减少（Shrestha et al.，2014b）。据此，他们认为在尼泊尔，虫草产量的下降是可信的事实，至于这种下降是由于过度开采，还是与过度放牧、草地退化、气候变化等多种原因有关，还不能做出准确的判断。

但另一批研究者则认为虫草采集进行的几个世纪中，都没有出现不可持续的情况。样地监测表明虫草或者蝙蝠蛾会随着环境因素的变化有所波动，但数量并没有下降（Cannon et al.，2009）。由于采集虫草的人数增加，采集难度在增加，每人能采到的虫草减少了，但总产量并没有下降（Winkler，2009）。Stewart 等对 Shrestha 等的研究结果提出了尖锐的质疑，他们认为，虫草采集者和收购者的数量都在增加，竞争的激烈会使当事人感到虫草产量减少，但虫草的总产量变化并不大。同时，因为黑市的广泛存在，政府数据的准确性也难以保证（Stewart et al.，2013）。

综合现有的研究，可以认为虫草资源并没有出现明显的下降趋势。但虫草资源能否持续，面临哪些威胁，还需要更加细致的研究，其中不当采集和气候变化可能是最大的威胁。同时需要注意的是，对虫草的可持续性持不同观点的研究者，其主要的研究区域是不同的。对各个产区虫草资源的变化情况，应当进行区别化的研究和对待。

8.3 虫草采集的管理形式

作为一种价格骤然升高，能够带来大量现金，并在当地经济中发挥重要作用的炙手可热的自然资源，如何对虫草进行有效管理，实现虫草资源的有效分配以避免矛盾和冲突，并使虫草资源得以可持续利用，是各个产区面临的重大挑战。总体而言，早期的虫草管理普遍较为简单和无序，因而也引发了较多的冲突。各地方政府后来都出台了较为严格的管制措施。而经济因素的作用，使这些措施普遍有逐渐松动的趋势，在这一过程中，因虫草产区资源普遍分布不均、交通不便，自上而下的管制难度大，由基层社区和基层政府因地制宜开展的组织和管理开始发挥越来越大的作用，各地也逐步形成了不同的虫草管理形式。

虫草管理最重要的问题是明确哪些人有权参与虫草采集，虫草的高价值不出意外地吸引了大量的外来采集者。早在 1996 年，就有 3000 名外来采集者进入青海果洛州雪山乡采集虫草，这些人每人需要向当地政府缴纳 700 元。到 2001 年，进入果洛州采集虫草的外来采集者达到了 100 000 人，需缴纳的费用也上涨到了每人 10 000 元。同一时期，在四川理塘，虫草采集对本地采集者和外来采集者都是开放的（Boesi，2003）。

对于外来采集者，本地采集者的看法是复杂的。在这一时期，过多的外来采集者影响了本地采集者的采集。在虫草开采早期，本地采集者与外来采集者的冲突激烈，本地采集者认为外来采集者只考虑如何获得更多虫草而不在乎草地，他们会使用铁锹、铁铲等大型工具挖下大坑，采集虫草后不会回填，且经常将与虫草再生有关的晚期虫草也采光，这造成了本地采集者的强烈不满，故他们开始要求排除外来采集者采集虫草的权利，冲突时有发生。如 2000 年，米林县群众与外来采集者发生冲突，死亡 5 人；2004、2005 年，在丁青县发生的冲突，死伤数人；2005 年，在江达县发生的冲突，死亡 3 人；2005 年，杂多县更是发生了外来采集者焚烧县政府大楼的恶性冲突事件（Winkler，2005；罗绒战堆 等，2005）。一系列冲突事件促使各产地设法规范虫草采集行为。2004 年，青海省通过了《青海省冬虫夏草采集管理暂行办法》（现已废止），其中规定，采集虫草必须取得采集证；采集证由虫草采集地的县级人民政府按照省农牧行政主管部门规定的格式印制；应当载明持证人、采集区域和地点、有效期；采集证不得伪造、倒卖、转让；草原承包者在其依法承包经营的草原范围内，享有优先采集虫草的权利；允许产地与非产地按照互动、互利的原则，签订虫草采集协议，以组织劳务输出的方式安排农牧民采集虫草。西藏、甘肃等其他地方，也制定了类似的管理制度，并要求禁止使用铁锹、铁镐等大型工具，采集后要将草皮回填（罗绒战堆 等，2005）。保障本地采集者利益，根据具体情况决定对外来采集者的限制方式，是逐步得到公认的较为合理的管理措施。目前，在尼泊尔多尔帕、印度 Kumaon、中国云南和西藏的部分产区，外来采集者在向政府缴纳费用并获得许可证后可以进行采集，许可证的发放数量受到控制。以果洛州东倾沟乡为例，许可证费用为每人 10 000 ～ 15 000 元。另外一些地区则禁止外来采集者参与虫草采集，如青海玉树州，西藏类乌齐县、丁青县等，在区域内部虫草资源不同的区域，允许本地采集者进行一定程度的流动（Childs et al.，2014；鲁顺元，2009；尕丹才让 等，2012）。

在一些地区，部分外来采集者与草原的所有者已经达成了长期的合作关系，外来采集者每年都会进入同一片草地采集虫草。当外来采集者数量得到控制，当地采集者的权利得到保护后，许多当地采集者发现将采集权售卖给外来采集者是更加轻松、稳定的获得收入的方式。在果洛州东倾沟乡，据估计从 2010 年起每年有 10 000 名外来采集者进入，其数量是当地人口的 5 倍，远远超过了政府能够发放的许可证数。外来采集者会向当地居民付草皮费，以获得采集权。租金可能由单户收取，或者几户联合收取，租金的多少取决于草地的质量和位置。同时，当地居民还会亲自采集虫草（Sulek，2011）。在某些地区，甚至已经出现了草皮中间商，他们在采集季向草地所有者承包草地，再召集采集者采挖虫草，向采集者收取一定的费用。采挖得到的虫草可能全部归采集者，也可能需要向承包人或草地所有者缴纳一部分（Yeh et al.，2013）。同样的情况在西藏出产虫草的那曲、林芝、昌都等地也存在，按规定 2003 年起这些地区均禁止外来采集者进入挖虫草，但当地人认为售卖许可证是比自己挖更轻松、更有保证的收入方式（Winkler，2005）。丁青县只给当地人发放许可证，且当地禁止虫草成熟前上山采集（罗绒战堆 等，2005）。

除确定采集权利、发放许可证之外，各虫草产区的地方政府在虫草采集季进行的管理还包括：确定采集起止时间；在采集季设立关卡，组织巡视，防止没有许可证的人盗采；规范采集行为；对采集和流通征税等。另外，基本在所有产地，采集季学校都会放假，让学生和教师参与虫草采集。很多当地人都相信儿童能采集到更多的虫草，因为他们具有更好的视力（Winkler，2005；Yeh et al.，2013）。

尼泊尔是对虫草的采集管理研究最多的地区。2001 年之前，虫草采集在尼泊尔是非法的。在解禁后，国家对虫草采集征税，税款在 2001 年是 20 000 NPR/kg，2006 年是 10 000 NPR/kg（Shrestha et al.，2014b），虫草收入已经占据了尼泊尔全国林产品收入的 40%（Shrestha et al.，2014c）。同时，从 2006 年起，每个采集者还需要向中央缴纳 50 ～ 200 NPR 的税款。许多外来者试图在虫草采集季采集虫草（Sharma，2004）。例如，每年有 50 000 ～ 69 000 人涌入多尔帕地区（Shrestha et al.，2014c）。外来采集者将面对各地区不同的管理制度，某些地区的基层管理机构会再向每个外来采集者收取 500 ～ 2000 NPR 的费用。

在主产地多尔帕地区，虫草的采集时间是五月的第二周到七月底。当地居民是农牧兼营的，村庄距离海拔较高的产地通常有 5 ～ 6 天的路程。在采集季，半数以上村民会参与到采集中，到产地附近安营，村里只有老幼留守。学校会有 45 天假期。因为较早采集的虫草能够卖出更高的价钱，为了防止有人提前进入草场采集，村里的管理机构雇用的守卫会在采集开始前 20 天起就巡视草场，避免有人破坏规定（Shrestha et al.，2014c）。

在喜马拉雅山麓廓尔喀地区，Tsum 社区由两个村组成，海拔较高的 Chhekampar 村有虫草出产，所有 Chhekampar 村的居民（出生在该地，不论现在居住在何处）均拥有公共草场的虫草采集权。嫁来的媳妇有采集权，而上门的女婿则没有。2010 年前外来者可以向社区交钱获取虫草采集权，而后被禁止。僧人不参与虫草采集。Nubri 社区由 4 个村组成，海拔最高的 Samagaun 村虫草丰富，次高的 Lho 村虫草一般，而其他两个村的虫草很少。Nubri 社区的虫草采集管理由村领导人和僧人共同负责。由村领导人决定虫草采集开始的时间。采集季前一个星期开始每天点名四次，防止有人提前开始采集。每个家庭必须登记参加采集者，第一个采集者收取 100 NPR，增加的采集者每人收取 4500 NPR，收取的钱用于村庄的公共事务管理和活动。僧人在虫草采集季组织巡护，制止采集者进入圣地范围内采集虫草（Childs et al.，2014）。

在其他产区也有一些案例研究。在我国四川西北部，虫草采集时间为 4 月 20 日至 6 月 18 日，主要由基层政府组织（Boesi，2003）。在云南白马雪山国家级自然保护区，理论上是禁止采集虫草的，但由于虫草的高经济价值和保护区管理能力的限制，实际上很难禁绝虫草采集。保护区和基层政府最终达成协议，制定较为严格的规定管理虫草采集，尽量减少环境影响。当地由村干部决定采集开始时间，在采集季，采集者需要进驻统一营地，营地中垃圾统一管理，并严格禁止砍伐保护区的树木用作薪柴（Weckerle et al.，2010）。居民只能在本村范围内采集虫草，每个采集者需要上交 20 元用于雇人看管边界。与外来人结婚或者在外地工作的当地居民有权利采集虫草，但需要额外缴纳费用。印度北安查尔邦（2007 年更名为北阿坎德邦）成立了专门的委员会进行虫草管理，委员会收取村民虫草收益的 5% 用于运行（Negi et al.，2006）。在不丹，在虫草采集被禁止时，盗采现象屡禁不止。政府允许有限制开采后，只有每年六月能够采集，每户只能派一个人参与。2008 年后，政策有所变化，对家庭成员数量的限制放松，并把部分管理权下放到社区。不丹虫草合法买卖的渠道只有政府拍卖，要求拍卖中的购买者必须具有不丹国籍，2008 年，共进行了 13 次虫草拍卖（Cannon et al.，2009）。

8.4 虫草采集的环境影响

虫草采集对环境的影响可以分为直接影响和间接影响两个方面。直接影响主要是采集过程中的采挖、踩踏直接破坏草地，造成水土流失，在采集地聚居产生大量垃圾，消耗大量薪柴以及带来火灾隐患等。另外，部分地区在采集季对野生动物的盗猎有所上升，这可能与两方面的因素有关：一方面，虫草采集者在采集活动中有较多与野生动物接触的机会，可以趁机盗猎；另一方面，邻近的非产地居民会利用盗猎获得的野生动物产品换取虫草（Devkota，2010）。

在新闻报道中，虫草采集常被描述为使草原"千疮百孔"，而一些研究者则认为虫草采集的环境影响并不大于传统的生计方式（Weckerle et al.，2010；Cannon et al.，2009）

针对采集对草原影响的科学研究还极为有限。在青海的一项研究发现，虫草采挖使草地生物多样性、群落盖度和地上生物量降低，群落优势度（Berger-Parker 优势度指数）升高。由于采挖活动，描述生物多样性的 Shannon-Wiener 指数减少了 10.3% ～ 12.5%，群落盖度降低了 10.6% ～ 19.1%，地上生物量降低了 20.7% ～ 46.1%，Berger-Parker 优势度指数增加了 16.7% ～ 31.8%。采挖活动未使地下生物量产生显著变化（徐延达 等，2013）。

间接影响主要表现在虫草采集改变居民经济结构和生计方式之后对环境的潜在影响。在尼泊尔，一些居民利用虫草收入在海拔较低的地区购置了良田，传统的农牧兼营的生计方式逐步变为农业＋虫草采集；或者购置更多牛羊，扩大自己的畜群（Childs et al.，2014）。在我国青海产区，较为明显的是牲畜数量的变化，以果洛州东倾沟乡为例，2005—2010 年，羊的数量减少了 40% ～ 60%，有 30% 的牧户已经不养羊，83% 的牧户已经不卖羊。这一现象可能与虫草经济、藏传佛教、儿童入学政策、退牧还草政策等多方面因素有关，但根据 Sulek 的长期研究及分析，虫草经济在其中发挥了最为重要的作用。纯粹从经济学角度分析，虫草带来的大量现金收益已经使畜牧业变为不必要和不经济的行为，而之前为牧民提供现金的羊的作用就更加被消减（Sulek，2011）。但同时，当地居民也不希望完全放弃畜牧传统，将牲畜全部卖掉的牧户被视为"懒惰"。因此，实际上是虫草收入一方面改变了牲畜结构（羊的消失），另一方面使牧民可以保持畜牧业传统。牛数量的变化在不同区域可能有所不同，部分地区牦牛数量甚至增加了约 40%（Sulek，2011；安德雷，2013）。

虫草经济还促使很多居民完全放弃农牧业生产，脱离草原生活进入城镇。移民包括政策性的生态移民和选择进城享受便利的主动移民。2005—2009 年，西藏那曲地区搬迁户由 2324 户 13 000 人上升到了 5437 户 21 200 人，他们大多来自索县、巴青县等虫草产区（屈鸿罡，2012）。对于生态移民，他们无法放牧，也缺少在城市谋生的能力，但保留了进入草场挖虫草的权利，这使他们能够依靠虫草收入维持生计（安德雷，2013；李芬 等，2013）。而对主动移民，虫草收入是他们做出这一选择的基础。

牲畜数量结构的变化和草原承载人口的减少对环境的长远影响尚需要深入的研究，但其巨大的规模和范围，影响是不容忽视的。

很多地区在传统上对虫草采集都是持负面态度的。在为数不少的地区，破土的行为，包括对虫草的采集与对块茎植物的利用、开矿，是被禁止的。虫草也被视为土地的精华，挖掘虫草与开矿一样，是在攫取土地的精华，会造成草原的退化和土壤肥力的丧失（Yeh et al.，2013；Boesi，2003；Winkler，2005）。尼泊尔的 Tsum 地区，传统上采挖虫草也是杀生，采集一根虫草等于杀死一名僧人，但如今83% 的当地居民已不再这么认为（Childs et al.，2014）。有关虫草的禁忌目前已经完全被忽略，唯一还得到认同的是在神山、寺庙周边等自然圣境之内，不能采集虫草。许多寺庙和社区会在采集季组织对这些区域的巡护。

虫草采集带来的收入可以视为一种生计来源，在虫草采集区域，传统的生计方式包括纯牧业、农牧兼营、农牧林兼营，这种新的收入如何改变居民的对策，在各个地区有很大的差别，也会带来不同的影响。

同时，很多研究者认为虫草收入降低了当地人的工作欲望（Yeh et al.，2013），短短几个月的采集就能够获得足以支持全年生活的收入，何况很多人选择雇用外来人采集虫草，这些都使人丧失劳动欲望。而不加限制地购买奢侈品、酗酒、赌博等，带来了新的社会问题（Childs et al.，2014）。可以说，小小虫草将在相对封闭的环境中维持了千百年传统生活的青藏高原和喜马拉雅山麓牧户快速拉进了现代生活，也将现代社会的问题迅速抛给了他们。

8.5　虫草采集案例研究方法

8.5.1　研究地点

本研究在三江源地区玉树州的虫草产区 Y 市 H 乡、D 县 Z 乡和果洛州的虫草产区 M 县 X 乡、J 县 B 乡进行。Z 乡、H 乡、X 乡和 B 乡均为纯牧业乡，根据当地政府的分类，Z 乡属于虫草主要产区，H 乡属于虫草一般产区，X乡、B乡属于虫草零星产区。

8.5.2 文献研究与半结构式访谈

研究中以文献分析法系统梳理了相关研究文献，并收集了各研究地点虫草采集的历史信息及有关虫草采集的相关政策及管理办法。文献研究中，以"Caterpillar fungus""Caterpillar""*Ophiocordyceps sinensis*"为检索词，使用微软学术搜索引擎检索与虫草有关的英文文献；以"虫草""冬虫夏草"为检索词，在中国知网中检索与虫草有关的中文文献，并从中检索与虫草采集、管理相关的文献，及与三江源地区虫草的采集、利用、环境影响相关的文献，收集信息，进行分析。

在各研究地点，使用半结构式访谈方法，将受访者分为州县政府工作人员、乡政府工作人员、村社干部、寺庙僧侣、社区其他关键信息人、普通牧民、外来虫草采集者（如有）、虫草商人等类别，并对每一类受访者进行访谈。访谈主要包括以下方面的内容：

（1）研究地点虫草采集的管理历史，各历史时期管理方式的变化、变化原因及效果。

（2）在虫草采集的每个时期，传统生态文化如何影响虫草采集行为。

（3）虫草采集的环境影响（包括客观可测的环境影响和认知中的环境影响），以及这些环境影响如何反作用于虫草采集行为。

访谈借助藏语翻译进行，在征得受访者同意的前提下对访谈内容进行录音，在后期进行录音整理，并由汉藏语翻译人员对现场翻译信息进行二次审核。Z乡、H乡的实地调查由朱子云、才让本、赵翔、肖凌云等人于2014—2017年进行。X乡、B乡的实地调查由朱子云、才让本于2015—2016年进行。

8.5.3　制度分析与发展框架（IAD）

Ostrom 总结了世界范围内"公共池塘资源"管理的案例后，总结出了成功进行"公共池塘资源"管理的规则（Ostrom，1990；Mcginnis et al.，2014），包括：

（1）明确的边界：社区资源地的边界和有权使用资源的个人（集体），必须得到明确的界定。

（2）自然资源的受益人必须对资源的保护做出投入和贡献。

（3）资源的利益相关方能够参与到资源分配制度的制定过程中。

（4）对资源的使用过程需要受到监督。

（5）违反制度的人需要受到惩罚。

（6）对于资源使用者或者资源使用者与政府之间的可能的冲突，需要有效的调节机制。

（7）资源使用者对资源的使用权和制定资源使用制度的权利得到政府的认可。

Kiser 等（2000）和 Ostrom（2009）还提出了普适性的、能够综合分析各类外生变量如何影响自然资源治理结果的制度分析与发展框架（institutional analysis and development framework，IAD framework）。制度分析与发展框架的核心内容包括自然物质条件、资源所在社区属性、应用规则、行动情境、行动者、相互作用模式、评估准则等 7 组变量。自然物质条件指自然资源所在的生态环境，是自然资源管理的基础。资源所在社区属性指自然资源使用群体的特点，包括群体的认同、行为规范、分配方式等。应用规则是自然资源使用者普遍认可的、具有可执行性的规则。行动情境是制度分析与发展框架的核心，行动情境中，参与自然资源管理者行为的影响因子主要包括以下 7 组（Ostrom，2009；王群，2010）：

（1）参与者。参与者可以是个人，也可以是组织（如政府、公司、非政府组织等）。参与者的重要属性包括参与者的数量，以个体形式或集体形式参与情境，以及参与者的年龄、性别、文化等其他背景。

（2）参与者身份。参与者参与自然资源利用行为的载体，参与者在行动情境中可以有相同身份或不同身份。

（3）被允许的行为集合。具有某种身份的参与者在行动情境中，需要在一系列被允许的行为中选择一部分，而这些行为可能产生一定的结果。

（4）潜在结果。潜在结果包括行为引起的物理结果，行为带来的物质回报，以及参与者对结果和回报的综合评估。

（5）参与者对结果的控制力。

（6）参与者可获得的信息。参与者获得的信息是否完全，会影响参与者对结果的认知及参与管理的积极性。

（7）收益和成本。收益和成本不仅包括直接的经济回报，也包括在个体价值观下对经济收支的认知。

应用规则是行动情境中的核心，规则也可以分为 7 类：身份规则，规定上述参与者身份的种类和数量，以及身份所对应的被允许的行为；边界规则，确定个体如何获得或取消某种身份；选择规则，规定了从属于身份的行为集合，包括必须、可以、不可以等；聚合规则，规定某一身份个体对结果的影响力，不同身份的参与者对决策和结果可能具有同等或不同等的影响力；范围规则，是一定行动情境内所有行动能够带来的结果的集合；信息规则，行动情境内的信息及信息可被获取的程度；偿付规则，规定行为产生结果后的回报以及违规而产生的惩罚（Ostrom，2009）。

8.5.4　研究框架的建立

本研究中使用制度分析与发展框架工具，主要探讨虫草采集制度的演化及虫草管理制度的有效性，有效性分析主要考虑三个维度：① 虫草资源的可持续性；② 虫草采集活动带来的其他环境影响；③ 虫草采集活动的社会影响。社会影响考虑三个方面：参与者的净收益，参与者间的合作水平，参与者间的信任水平（李根 等，2014）。

根据制度分析与发展框架，我们分析其他因素，尤其是行动情境和应用规则对管理结果的影响。

8.6　三江源地区有关虫草采集的生态文化

虫草采集在三江源地区有悠久的历史，清朝的文献及地方志中都有三江源地区用虫草换取茶、丝绸、酒等外来商品的记载（Winkler，2005；Cannon，2009）。周希武在《玉树调查记》中，将虫草与毛皮、麝香、贝母等并列为玉树特产，是当地向外售卖的重要商品。

在观念层面，三江源部落时期的部落头人和僧侣对虫草采集的态度是偏向负面的。一部分人，主要是僧侣认为虫草特殊的生活史使它同时具有植物和动物的属性，因而采集虫草也违反了藏传佛教的杀生禁忌（Winkler，2005；Childs et al.，2014）；一部分人认为，对虫草的采集会违反破土禁忌，对草地造成破坏；还有一部分人则将虫草视为与矿物类似的土地的精华，因而采集虫草是与采矿类似的攫取土地精华的行为，会造成土壤肥力的丧失和草地的退化。在这种观念下，在部落驻地、寺庙和神山区域"禁断山林"的禁令之中同样包括了对虫草采集的禁止，在宗教影响力大为浓厚的囊谦地区，少数部落专门颁布了在全部落禁止采集虫草的禁令（蒙藏委员会调查室，1941）。

从对虫草采集的观念中，可以再次看到三江源传统生态文化中杀生禁忌与草地相关禁忌的核心地位。不过在大多数时期，虫草采集只是一项规模有限的副业，在文化观念中也并未被绝对禁止，在绝大多数区域，除部落驻地及神山区域，虫草采集是被默许的。虫草采集以牧户为单元进行，放牧之外有余力的牧户就多采集一些虫草，力有不逮则不参与采集。牧户零星的虫草采集活动，自然不会产生系统的、有关虫草利用的知识，以及复杂成型的虫草采集管理规范与制度。牧民自发遵从保护草地的文化观念，在采集中尽量避免对草地造成破坏。

在社会发展过程中，三江源地区虫草采集的观念和管理发生了变迁。

8.6.1　虫草采集及相关观念的变迁

根据玉树县政府的统计，20 世纪 30 年代，全县每年输出的虫草为 2000 担（约 1 吨）（蒙藏委员会调查室，1941），与之比较，现在玉树州的年虫草产量约为 15 吨（才尕 等，2005）。在集体化时期，虫草被作为名贵药材由国家统一收购，其价格虽然高于其他药材，但并没有十分重要的地位。采集虫草对牧民而言，始终是一种副业。

那时候国家有收购任务，一年要上交一定的虫草，一根虫草一块钱吧。任务完成了，再多挖了也没地方卖。这个收入确实还可以，就那些劳力多、除了放牧还有余力的（牧）户挖得就比较多（H 乡牧民访谈，2017 年）。

进入市场经济时代，除了完成国家收购任务之外，虫草有了额外的收购市场，也使牧民从虫草采集中取得更多收益成为可能。而进入 20 世纪 90 年代后，虫草的价格经历了几轮暴涨，在 2010 年前后达到了历史高点（Winkler，2009；杜青华，2009）。从 1997 到 2008 年，虫草的市场价格上涨了约 900%（Winkler，2009）。虫草价格的快速上涨使虫草采集在牧民生计中的意义越发重要，虫草采集的规模不断扩大，"以前只有牦牛涉足的地方，现在已经成为虫草采集点"（安德雷，2013）。

在观念上，虫草采集的传统地位虽不重要，但对牧民而言仍然是生计的一部分，故牧民几乎直接认同了虫草采集的正当性。而就当地政府与村社干部、社区精英而言，对虫草采集的态度略为复杂。虫草采集的高收入冲击着传统上至为重要的生计方式——放牧；虫草采集要求他们采用新的、有效的、额外的行动进行有效的管理；进入生态保护时代后，虫草采集一度被视为破坏环境的活动，被更高级政府要求禁止采集。这些都构成对虫草采集的负面态度与对虫草采集进行禁止的理由。不过，在对虫草阐释的博弈中，生计最终占据了上风。

虫草这个东西，来钱太快，太容易，有了虫草好多老百姓都变懒了，放牧也不好好放了，花钱也大手大脚的，长远看不是好事情。

但也禁止不了，老百姓收入都依赖这个，尤其是那些劳力不够的，少畜户、移民户、困难户，不让挖日子都过不下去（Z乡乡干部访谈，2015年）。

而寺庙在短暂的抵触后，也接受了虫草采集的存在。在宗教上，难以找到能够建立共识的、禁止虫草采集的观点，而更容易为牧民接受的是尽量减少虫草采集对环境的破坏和影响。寺庙周围、神山区域不能采集虫草是他们心中的红线，也是能够得到牧民认同的，因此神山禁忌中特别强调了不能采集虫草，当地社区和寺庙在采集季也特别加强对神山地区的巡护。通常，在三江源的虫草采集季中，每月的宗教传统休息日，寺庙通常会组织法会，法会上除了宣扬佛法，还会提示采集者务必注意保护环境。

虫草嘛，当然是不采最好。但虫草现在对老百姓的生活太重要了，我们也不好去劝老百姓不采。挖虫草对草地影响也不是很大，影响大的主要是垃圾，挖虫草住的地方在深山里面，不注意的话垃圾就到处都是，再就是有些人挖的时候不自觉，会去追打动物。我们在法会上就劝老百姓注意环保，挖出来要把土填回去，不要乱扔垃圾（B乡僧侣访谈，2016年）。

8.6.2　虫草采集管理制度的演化

无论在玉树州还是果洛州，案例中的现行管理制度都不是直接形成的，相关制度都经历了从模糊到清晰的过程，其间也都发生过冲突事件。20世纪八九十年代，D县虫草采集者主要为当地牧民，对外来采集者没有规范的采集管理办法及制度管理，主要依靠牧民的自我管理，草皮费的标准、草皮费的分配方式各不相同。有些以牧户为单元，牧民自收自支；有些是由村、社等社区一级统一征收，部分按每户人数平均分配，部分留乡、村用于公益事业。后来，随着虫草市场化及价格的上涨，90年代中期，外来采集者增加，导致每年采集季与当地群众的矛盾日益突出，D县、乡政府逐步将虫草采集纳入政府管理，但效果不甚理想。2004年和2005年，D县发生了影响极大的群体性事件。事件涉及草皮费、区域矛盾等一系列原因，外来采集者与当地群众发生严重对峙，并发展成械斗。之后，D 县决定严格禁止外来采集者进入，并逐步建立了现有的以社区为基础的管理体系。

在对果洛州虫草采集的研究中，范长风（2015）和才贝（2014）均进行了类似分期。根据范长风的分期，1980—1995 年前后为散挖–行商期，该时期草地尚未完成承包到户，虫草采集处于公地状态，任何人都可以进行虫草采集活动，也引发了相当多的冲突事件；1997—2009 年为限采–坐商期，随着 1997 年草地承包到户，虫草采集权在一定程度上与草地使用权一样明晰到户，地方政府随之开始要求外来采集者办理许可证并缴纳管理费用，这一时期管理部门从虫草采集中收益较多，而牧户收益有限；2010 年后为契约–市场期，虫草采集以更加商业化的方式进行，农牧民和包山人之间签订草山合同，包山人与民工之间签订雇用合同。合同中通常规定合同签订后，本户不得上山采集虫草、不得转租，包山人不得破坏草地，采集行为不受干涉（范长风，2015）。根据才贝的分期，果洛虫草采集分为四个时期：① 散挖时期。这个时期虫草价格不高，牧民在畜牧业之余，如有余力则采集一些，没有外来人采集。② 虫草开放时期。从 20 世纪 90 年代中期开始，草地虽然已经承包，但虫草管理仍然归属集体。由乡镇发放采挖证，交草皮费可以办理。草皮费收入村占 50%，乡占 30%，县占 20%，收入主要用于公共事务。③ 对外禁采对内限采期。从 2003 年开始，规定要求只有果洛州的人才能采集虫草，新的严格规定催生了大量的造假和盗采行为，政府也随之将虫草管理权逐渐下放，发放虫草采挖证和收缴草皮费的机构从县草地监理站逐渐重新变为乡政府。乡政府规定牧户草地上能来多少人，然后 80% 的草皮费归牧户，20% 归乡政府。牧户在此时经常突破规定的限制，允许更多外来人在自家草地采集虫草（才贝，2014）。④ 雇挖时期。到 2010 年左右，虫草采集进入雇挖时期，牧户的草地成为虫草管理单元，虫草采集管理基本成为家庭事务。大部分牧民选择将草地承包出去，即出售了虫草采集权（才贝，2014）。

在玉树州和果洛州的虫草采集管理中，都经历了从无序，到政府介入管理，再到新的管理模式形成的过程。而果洛州现有的管理模式，可以视为经典的政府治理和社区治理均遭失败之后的结果。2004年左右，县级及更高级地方政府开始直接介入虫草管理，可以视为虫草管理的转折点。以2004年的《青海省冬虫夏草采集管理暂行办法》（以下简称《办法》）为高潮，政府出于惯性，设计了一套自上而下进行虫草管理的制度。按照《办法》要求，县级农牧行政主管部门应当进行虫草资源调查，确定适应采集区和禁采区，并制定本土虫草资源保护规划。根据资源保护规划等，制订年度虫草采集计划。依据年度计划，确定采集许可证发放数量，并由县级人民政府或其授权部门机构进行审查和发放。

严格按照《办法》实施，则形成了政府主导、自上而下的单中心治理，但该模式立即面临以下威胁：

（1）对于虫草资源，县级政府缺少技术和资源进行科学、合理的年度资源评估，也就难以给出可行的采集计划和许可证发放数量。

（2）许可证发放及草皮费分配自上而下进行，在没有合理资源评估的情况下，政府具有超发许可证以获取较多草皮费收入而为机构或个人逐利的动机。而许可证的超发会使牧户与外来采集者的矛盾更为尖锐，并形成牧户与政府的对立。

（3）社区与牧户缺少对虫草采集中关键环节和重大事项的参与，成为简单的执行者，势必造成主动性缺乏，而且牧户有动机为逐利而联合外来采集者绕过政府造假，这使政府与牧户的关系进一步趋向监管与对立。

（4）在已有的社区管理不成功的前提下，没有政府支持，牧户无法建立对社区的信任，也使集体行动难以开展。

在制度分析与发展框架内，可以在案例点内看到在面对新的自然管理要求时，应用规则建立和应用规则进化的过程。虫草管理中的身份规则和边界规则，即什么人、通过什么方式可以获得采集虫草的许可，是采集管理中最为重要的部分。政府主导下的许可证管理制度和社区主导下的许可制度，实际上是不同的聚合规则和信息规则，社区和牧户在聚合规则下对决策的影响力，决定了社区和牧户有多大意愿、愿意投入多少社会资本进入虫草采集的管理活动中，并决定了身份规则和边界规则的有效性。通过偿付规则的改变，破坏草皮或随意抛弃垃圾的行为会受到更大的惩罚，从而对行为进行限制。

8.7　三江源虫草采集管理典型案例及制度分析

8.7.1　三江源虫草采集管理典型案例

1. 玉树州 Y 市 H 乡

玉树州 Y 市 H 乡共由 4 个村组成，其中虫草资源最好的是 Y 村，G 村和 D 村虫草资源一般，而地势平坦的 G 村几乎没有虫草。Y 村有虫草资源的主要是三社境内的 3 条沟：喇荣沟、果洛荣沟和喇莱沟，故 Y 村的虫草采集管理也主要由三社负责组织。这 3 条沟也就成为虫草管理的重点区域。

Y 村将具有虫草采集权的人群分为三类：

第一类是 Y 村本村的村民，2013 年时共 333 户 1200 人。Y 村有 3 个社，虫草质量最好的区域都在三社，但 3 个社的村民都有权在全村，包括 3 条重点沟的范围内任意采集虫草，不需要缴纳任何费用。

第二类是 H 乡其他 3 个村的村民，需要向 Y 村缴纳 1700 元 / 人的虫草采集权费用（当地人称为"草皮费"，以下使用草皮费指代这一费用）。H 乡其他村到 Y 村采集虫草的人数不作限制。

第三类是 H 乡之外，向 Y 村缴纳草皮费，获得了采集许可的人。3 条沟因虫草质量的差别，草皮费略有不同，2013 年时，喇荣沟为 8000 元 / 人，果洛荣沟为 7000 元 / 人，喇莱沟为 11 000 元 / 人。

为了对虫草采集进行管理，Y 村成立了虫草管理组，共有 12 人，由三部分组成：第一部分是村支书、三社社长、三社会计等村社干部，负责虫草管理的总体协调，其中村支书负责总的领导和监督，三社社长负责具体工作的协调，三社会计负责账目管理。第二部分是三社 5

个生产畜牧小组的小组长。第三部分是 4 名其他社区精英。小组长和社区精英共 9 人，平均分成三个小组，分别管理喇荣沟、果洛荣沟和喇莱沟。

除虫草采集的收益外，草皮费的收入也是 Y 村牧民收入的重要组成部分，2013 年 Y 村草皮费收入达到 882 万元。草皮费的使用也分为三部分：一部分上交乡政府，用于支付乡政府虫草管理成本。一部分用于支付村社级虫草管理的成本，并为虫草管理组成员支付工资。2013 年，村支书、社长、社会计每人获得工资 25 000 元，管理小组成员每人获得工资 5000 元。还有一部分在 Y 村的所有村民中平均分配，分配方案为：一半资金在有草原证（1984 年之前出生）的村民中分配，另一半资金在所有村民（有草原证和没有草原证）中平均分配。当年有草原证的牧民每人获得 25 000 元，其他村民每人获得 12 000元。

乡政府会帮助村社维持虫草采集期间的秩序：派人在主要道路上设置检查站，防止没有缴纳草皮费的外来人员盗挖虫草；派人协助村社管理组进行虫草采集管理；出现村社一级无法解决的矛盾或冲突时，乡政府会着手解决。

在虫草采集季开始之前，Y 村会召开村民大会，讨论虫草管理中涉及的重要问题，主要讨论内容包括：虫草采集的开始、结束时间；本年度草皮费的具体金额；允许的外来采集者人数；草皮费的具体分配方式等。2018 年的村民大会上，因为来自本乡的虫草采集人数逐年增加，经过商议决定改变了持续多年的规则，不再允许非本乡人采集虫草。

在 Y 村的邻村，也属于 H 乡的 G 村，虫草管理模式基本类似，因 H 乡最为重要的神山位于 G 村，故 G 村在虫草采集季会专门派出两名管理人员驻扎在神山脚下，禁止在神山采集虫草的行为。

2. 玉树州 D 县 Z 乡

D 县是三江源地区公认的虫草资源最丰富的县，其中虫草资源最为丰富的是 S 乡，Z 乡是 D 县中虫草资源仅次于 S 乡的产区。D 县全县采用禁止外县人员采挖、县内有序流动的方式严格管理虫草采集工作，县内、乡内都有不产虫草区域的牧民在采集季流动到虫草产区，与当地牧民一同进行采集活动，流动牧民由原辖地负责跟踪管理。2016 年，主产区草皮费为 1500 元 / 人，一般产区草皮费为 900 元 / 人。S 乡每年会给其他乡 20 个贫困家庭免草皮费名额，由乡政府进行分配。

Z 乡共有 4 个村，其中 D 村属于一般产区，虫草资源较为丰富。G 村属于零星产区，而 Q 村和 N 村完全没有虫草。Z 乡乡政府与 D 村协商，以不向 D 村提取管理费为条件，将乡内部草皮费定为 600 元 / 人。

D 村在虫草采集季组织管理小组，村书记、村主任等 5 人组成村级管理小组，其下有 3 名社长、3 名社长助理和 15 名沟长，沟长从党员、民兵等村级积极分子中选拔。在虫草产区设置多处值班卡子，由管理员 24 小时值守。除守卡外，管理员还会在虫草产区巡视，监督是否有外人盗采以及乱扔垃圾、追逐野生动物等违规行为。管理员开始由党员担任，之后在村民要求下由负责任的村民轮流担任，村民同意将国家下发的生态管护员工资凑起来重新分配，给管理员发工资。在采集季，县政府也会派人协助管理、一同守卡。

草皮费收取后汇总到村主任处，由村主任进行管理。每年 7 月 15 日之前进行年度草皮费收集的公示，并召开村民大会讨论如何使用。D 村草皮费相对较少，故不会分发到户，而是用于公共事务。2014 年 D 村草皮费收入共 27 万元，其中 2 万元用于修路，10 万元用于举办赛马会，并购置了大型帐篷用于各类大型集体活动。

经过村民大会商议和投票，D 村特批负责乡寄宿小学伙食的外来务工人员和德高望重的活佛家的羊倌采集虫草。因离县城近，交通方便，D 村偷带外来人违规盗采虫草的情况一度很严重，被 D 县政府点名批评多次。为此，2013 年起 D 村接受村民举报盗采人员，一旦查实，偷带的村民罚款 2 万元，奖励举报人 1 万元。D 村三社社长因带多人盗采，影响极坏，最终被罢免。

与 Z 乡相邻的虫草主产区 S 乡，为了解决采集季牧民生活在山谷，生活垃圾污染环境的问题，要求牧民采集虫草前缴纳 1500 元押金。采集季结束后需要携带至少两个编织袋的生活垃圾到卡子，方可退还押金，并进行记录。未完成任务的牧户来年可能失去进入 S 乡采集虫草的权利，这一做法也被一些乡效仿。虫草采集的休息日，寺庙常常会组织宗教法会，在法会上讲经，并宣传采集虫草时不能乱扔垃圾、不要惊扰野生动物、挖出虫草后要将草皮回填等注意事项。虫草管理员也会组织在营地周围捡拾垃圾等活动。

3. 果洛州 M 县 X 乡

与玉树州相比，果洛州的虫草管理方法完全不同。早在 20 世纪 80 年代中期，就有大批来自青海东部、甘肃、四川的外来采集者进入果洛州采集虫草。到 2001 年，进入果洛州的外来采集者已经达到了 100 000 人，需缴纳的费用也达到了 10 000 元 / 人（Boesi，2003）。这一时期，本土牧民与外来采集者的冲突最为激烈，除了直接竞争虫草资源之外，本土牧民认为外来采集者会使用铁锹、铁铲等工具挖下大坑，采集虫草后不会回填，且经常将与虫草再生有关的晚期虫草也采光，外来采集者"只在乎虫草不在乎草地""只在乎眼前不在乎未来"，故本土牧民开始要求排除外来采集者的采集权利，激烈的冲突时有发生。为规范虫草采集行为，2004 年，青海省通过了《青海省冬虫夏草采集管理暂行办法》，对采集权、采集行为等进行了规范（罗绒战堆 等，2005）。

当前，果洛州虫草管理的基本单元是单独牧户的草地，采集管理主要由牧户进行。牧户采集虫草有多种形态。在 M 县 X 乡，极少牧民仍然会自己采集虫草；部分牧民会直接雇用外来人员采集虫草（毛瑞，2015）；而更多牧户选择将虫草采集权售卖给作为中间环节的包山人，包山人向牧户购买采集权，然后再雇人采集虫草。包山人与雇工之间的收益分配也有复杂的方式，采集者采挖得到的虫草可能全部归采集者，也可能需要向承包者或草地所有者缴纳一部分（Yeh et al.，2013）。部分包山人与牧户已经形成长期的信任关系，甚至会签订合同，合同中有对采集中保护草地、保护环境的具体要求。很多牧户可以完全依靠草皮费的收入在城镇生活，而放牧活动也由雇工完成。部分雇工以帮助牧户放牧为条件而获得在草地采集虫草的权利。总体而言，每年在果洛州采集虫草的外来者的数量均大大超过了政府规定的上限（Yeh et al.，2013；Sulek，2011）。

根据案例可以看出，在案例点中，玉树地区的 Z 乡、H 乡形成了以社区管理为核心的虫草采集管理模式，支撑这一模式的不仅有社区内复杂的制度和规则安排，也有各级地方政府、宗教人士的大力支持和协助。而果洛地区的 X 乡则形成了特殊的以牧户为单元，主要基于市场的虫草采集管理模式，管理的核心是草地上虫草管理权的流通。

从竞争性和排他性的角度考虑，一方面，一个人对虫草的采集和使用会影响他人，因而虫草具有较高的竞争性；另一方面，生长虫草的草山是相对开放的，很难排除其他人进入草地采集虫草的可能性，故虫草的排他性较低。因此，虫草可被视为一种"公共池塘资源"。因此，在具备充足社会资本的社区，满足 Ostrom 规则的情况下，对"公共池塘资源"进行有效社区管理是可能的。而虫草分布区主要是牧区或半农半牧区，社区组织放牧是传统的社会形态，如前文所述，无论从文化、制度还是社会组织上，都便于直接移植传统的自然资源管理方式，这也是很多虫草产区社区形成了理想化的社区虫草采集管理模式和结构的原因。

8.7.2　基于制度分析与发展框架的虫草管理分析

四个案例点虫草产量虽然有区别，但都属于产量较高的地区，在虫草资源方面的条件相似。就地理位置而言，X 乡较 Z 乡、H 乡距离外界更近，交通较为方便，因此更容易吸引外来采集者。由于外来采集者的文化背景与本土牧民差异极大，他们的进入给 Z 乡、H 乡等带来了更大的管理难度和压力。在社区属性方面，四个案例点作为三江源地区的藏族牧业社区，在价值观、社会规范等方面也具有较多的共性。

1. 外来采集者

在利益相关方分析中，将外来采集者放在第一位。因为正是大量试图获取虫草收益的外来采集者的涌入，使虫草管理问题从三江源社会－生态封闭系统内的问题，变成了一个更为复杂的问题。外来采集者的出现要求当地牧民必须明确虫草采集权的边界并进行相应的管理；外来采集者是冲突制造者、牧民采集活动的直接竞争者和忽略草地和环境保护的短期利益者；外来采集者与牧民常爆发激烈的冲突，成为社会的不稳定因素。但是，外来采集者也带来了收入，在以产权为基础建立准入许可制度之后，购买采集许可的费用（草皮费）则成为当地牧民、社区和政府不受市场、气候、产量影响，且不需要直接付出劳动的稳定收入来源。随之，草皮费的分配权、准入数量的决定权等也成为争夺的重点。在虫草案例中，外来采集者的身份是资源的利用者。

2. 当地牧民

当地牧民作为草地使用权的拥有者、虫草的传统采集者和对地方环境最了解的群体，在虫草采集权的争夺中具有实际上的优势。在草地承包的前提下，牧户需要决策虫草采集权的管理单元。以单户草地作为管理单元，则牧户可以在收益分配中占据最大化的优势，但牧户必须独立承担外来采集者带来的可能的负面影响后果；而以社区或各级政府为管理单元，则牧户处于相对从属地位，需要服从决策。农牧民在虫草采集中可能具有多重身份，包括资源利用者、监督者、规则制定者、经营者等。

3. 政府

对地方政府而言，虫草具有多方面的意义。虫草给牧民带来的收益有助于牧民生计的改善，有利于完成民生发展目标，从这个角度地方政府有动机鼓励虫草采集活动；对虫草采集和流通的管理，可能给地方政府带来直接收益，而政府拥有行政权力，能够界定有权采集虫草的群体，控制购买许可收益的具体分配方式，从这个角度政府有动机直接控制采集许可证的发放环节，并尽量多地下发许可证；三江源国家级自然保护区成立，生态保护成为三江源地区的重要任务，有关虫草采集严重破坏环境、破坏草地的观点在产区之外和媒体上属于主流观点，从这个角度政府应当控制、最好禁止虫草的采集；外来采集者与本土采集者之间、本土虫草采集者彼此之间的冲突，可能成为影

响社会稳定的重要因素，对虫草收益分配的不当也可能成为影响社会
稳定的重要因素，从这个角度政府有动机对虫草采集进行强势的监督
和干预。因此，政府的决策，取决于政府对其经营任务、环保任务、
维稳任务之间的权衡取舍。政府同样可能具有政策制定者、监督者、
经营者等多重身份。

4. 社区

对社区而言，虫草采集带来的收入，无论是直接的还是间接的，
都可以成为重要的资金来源。以社区为单元进行虫草采集管理从虫草
的属性上来说有其适当性，从传统来说有其惯性。但在草地已经承包
到户的条件下，社区进行管理又有其难度。在不同级别的社区内部，
虫草资源的分布是不平均的。在全社区范围内，社区成员随意采集虫
草，虽然能够最大限度地实现社区内的平等，但对拥有虫草资源最佳
草地的牧户而言，这并非经济利益最大化的选择。需要牧户认同社区
管理自然资源的能力，同时认同社区的维持和良性发展比牧户自身的
经济收益更重要，以社区为单元的虫草采集管理才成为可能。社区同
样可能具有政策制定者、监督者、经营者等多重身份。

5. 寺庙

三江源地区的生态文化对自然资源使用行为的态度是保守的，即
对于新的自然资源利用行为，其出发点是如何对行为进行限制，这在
虫草采集问题上也不例外。

如果严格按照宗教文化，虫草采集是不应被支持的。但因为传统
上虫草只是规模有限的生计型副业，所以在传统文化中并未留下太多
有关虫草采集的明确禁忌，对虫草采集的禁止缺乏制度和规范基础。
因而，虫草采集作为一项对牧民收入非常重要，而经过观察发现环境
影响较为有限的自然资源利用方式，很快被牧民和社区精英所接受，
而寺庙也难以禁止虫草的采集，从而对采集行为采取了默认的态度。

在虫草采集过程中，寺庙的主要目标转为协助进行虫草采集的有
效管理。为了严守神山不得采集虫草的禁令，寺庙会单独或与社区合
作，组织专门人员在采集季对神山进行严密的巡护，以杜绝神山内的
虫草盗采。在采集季内，僧侣们会到达山中的虫草采集营地，举行法

会等多种形式的宗教活动，一方面传播宗教内容，另一方面也不断强调一些在虫草采集期间保护环境的规范，例如，不能使用锐利的工具，挖完虫草后必须回填草皮，垃圾不能乱扔，必须集中处理，采集虫草时不能惊扰野生动物等。这些规范在基层的政治组织和宗教组织的共同宣传和监督下，能够更好地起到对牧民的约束作用。总之，宗教人士不直接参与虫草采集和收集分配，参与规则制定和监督是他们的主要身份。

8.8　讨论

8.8.1　新的生计方式与新的生态文化的产生

从规模有限的副业到产区牧民现金收入的主要来源，虫草采集实际上成为三江源社会-文化系统必须应对的新问题，并需要在观念、知识、制度、社会规范等层面形成一套关于虫草的新文化。而虫草采集的历史则动态展示了新文化形成的过程。

在观念层面，文化需要回答：大规模的虫草采集究竟是不是能够被接受的自然资源利用行为？这其中涉及基于生态文化的对自然资源利用行为的阐释，具体到虫草采集，由从传统上简单的阐释到现在复杂系统的再阐释过程。这一再阐释的过程中，出现了对生计需要和文化需要，或者"人性"和"神性"的综合考量，是牧民、社区、政府、寺庙等多方参与、磨合与博弈的结果。

文化传统中没有刚性的虫草采集禁忌，虫草采集给牧民带来的收入非常重要，这促使虫草采集倾向于被归为可接受的生计的一部分。而真正被接受为一种生计方式，还需要确定虫草采集是否违犯了几条严格的观念与态度界限。如珍视环境、爱护环境是三江源地区藏族牧民稳固的观念，而其中最被牧民认同和重视的方面包括：保护草地及与之相关的草地禁忌；保护野生动物及与之相关的杀生禁忌；神山的特殊地位及与之相关的神山禁忌。虫草可以被视为一种"特殊的草"，其植物属性不会触犯杀生禁忌；通过采集实践中的观察，牧民和社区精英认为使用适当的采集工具和方式，虫草采集不会对草地产生严重的破坏；采集虫草不同于具有特殊文化地位的放牧，并不能被神山禁忌豁免。

这样，虫草采集在生态文化上成为可接受而需要被限制的行为。与之对应也就产生了新的采集管理规范：神山范围内严格禁止采集虫草；对虫草采集工具、采集方式的规定，尽量避免虫草采集违反破土禁忌、破坏草地；对生活垃圾处理的严格规定，避免虫草采集影响牧区的环境等。作为一种对环境影响有限、可控的生计行为，对人性或生计需要的重视使虫草采集行为受到认可。虽然部分宗教人士仍然对虫草采集怀有抵触的态度，但"神性"或文化需要仍然略为退后，并更多体现在对虫草采集的管理当中。虫草采集早期，当有采集者使用铁锹等锐利工具进行采集，违反了破土禁忌；有采集者不注意营地的生活垃圾管理，使高山深谷的环境遭到破坏时，宗教人士利用他们的威望，积极参与了对这些行为的批评与规范。

同时，具体的虫草采集活动还需要有效的治理，新的资源利用方式也需要新的治理制度，而社区的选择是充分发挥已有社会资本与制度资源，在较为成熟的放牧管理制度的基础上，根据虫草本身的资源特性和外部法律、政策、市场属性的不同进行调整。三江源地区长期畜牧业实践中积累的对社区管理的信任、社区和社区本身的管理能力，可以快速移植到虫草这种同样具有"公共池塘资源"性质的资源当中，形成复杂的基于社区的管理模式，使虫草采集在采集权确定、收益分配、保护环境等方面均可以实现某种程度的平衡。从虫草案例中我们可以看到，重视环境的价值观、以放牧管理为代表的社区社会资本、神山文化，是三江源地区生态文化中最重要和坚实的组成部分。

在四个案例点中，虫草采集活动的参与者构成是类似的，虫草采集活动中被允许的行为集合也是类似的。而在不同的应用规则安排下，参与者的身份，尤其是社区和牧户的身份有着很大的不同。在 X 乡的案例中，早期政府主导的虫草管理模式中，牧户和社区均难以获得规

则制定者的身份，对结果的控制力有限，对行动情境中的信息获取渠
道也非常有限，因此牧户和社区对参与管理积极性较低，并希望重新
建立新的行动情境。在新的行动情境中，在草地使用权承包到户的背
景下，将虫草采集权与草地使用权的范围合一，能够最大限度地使牧
户获取信息、控制潜在结果。而在 Z 乡的案例中，社区的社会资本，
即在已有的自然资源管理（主要是放牧管理）中长期形成的规范和制
度在虫草管理中的移植，社区通过组织成员对身份规则、边界规则、
信息规则、偿付规则等的充分参与和讨论，使牧民能够以更多的身份
参与到管理当中，也使采集收益在社区层面进行分配成为可能。

8.8.2　作为"公共池塘资源"的虫草采集管理

虫草具备"公共池塘资源"的属性，三江源基于社区的虫草管理
模式在理论上符合 Ostrom 进行有效治理的条件，在实践中也确实通
过复杂的制度设计，实现了对虫草资源较为有效的管理。三江源虫草
管理的案例中，仍然有两个值得注意的部分。

（1）政府在"公共池塘资源"管理中的身份与作用。X 乡虫草管
理历史上由政府主导的许可证管理模式，是较为典型的"政府失灵"
的实例，而几个案例点现行的管理制度说明了由牧民充分参与管理工
作必须充分发挥既有社会资本。需要指出的是，案例点目前"基于
社区"和"基于市场"的治理制度中，政府的作用仍然是至关重要的。
在实际的虫草采集管理中，仍然有大量社区内部、社区之间、本土采
集者与外来采集者之间的矛盾和冲突出现，而这类冲突经常是无法通
过社区的资源或权威，或市场化条件下的合同进行快速解决的。更高
一级政府的权威与资源在这类冲突的解决中非常重要。而基于市场的
治理能够存在，本身就有赖于政府的制度建设来保证市场运转、打击
失信和违反契约行为。

这里可以将三江源地区的政府视为"有限能力政府"，三江源地区
仍然处于现代化进程当中，政府的行政能力、行政资源，当地社会的
整体氛围习惯及农牧民对法律法规的认识程度等方面决定了政府难以

大量使用自上而下的命令-控制型政策工具。与此同时，完全依靠市场进行自然资源管理也难以实现。

因此可以认为，如果政府不作为单一的治理中心，而是为社区治理留出空间，为更多的参与者参与治理留出空间，承担更多的支持、协调、冲突解决、监督职能，将自然资源管理由单一中心转为多中心，则更加有利于社会-生态系统的稳定。虫草采集的管理可以作为这方面的例子。

（2）虫草社区管理的制度设计虽然复杂，但其着眼点和有效性仍然更多地体现在社会系统之内，较好地协调了社区内利益相关方之间和人与人之间的关系，并没有出现那些在渔业资源、森林资源等"公共池塘资源"管理经典案例中出现的对资源使用量的精细管理。虫草资源本身的规律，对三江源的牧民而言仍然处于未知的黑箱状态，因而制度当中对虫草资源的态度仍然是"尽量多采集"，而并无采集量的限制，也就无法观察到牧民及社区在面对资源量的变化时的反应及新的制度设计与管理行为。观念和行为的变化会跟上环境的变化吗？至少目前，虫草采集的案例还给不了答案。

动态变化中的青藏高原文化与生态

　　中国正处在一个重要的发展转型期。一方面，飞速的经济增长使中国人民在经历了长期的社会动荡和物质贫乏之后开始享受物质的丰裕；另一方面，物质的丰裕带来了极大的社会和环境代价。污染的空气、水、土壤，退化的生态系统和消失的生物多样性，人们的生存环境质量越来越差，这不仅带来了生命财产的重大损失，并且严重地影响着城乡人口的生活质量，特别是安全感；同时飞速的、不平衡的发展带来了很多其自身无法解决的社会矛盾。

　　中央政府也清醒地认识到了这种单纯追求 GDP（国内生产总值）增长的发展模式的不可持续性，提出建立和谐社会的理念。从 GDP 增长到建立和谐社会，这种转变要求在发展中充分考虑社会和环境的需求，然而这种转变是非常艰难的。许多经济学家经常强调倒 U 形库茨涅兹曲线，它总结了西方国家发展的道路，反映了资源环境与经济发展阶段的相关性，即只有在经济水平达到一定标准之后人们对资源环境的要求才会提高。今天中国也的确在继续循着这样的轨迹向前发展。但是在巨大的资源环境压力下，不仅仅中国，全球的发展中国家都不得不考虑其他发展路径的可能性。而生活并不富裕的藏族聚居区村民保护神山的事例给了我们很大的启发：人们对环境的关注不仅仅取决于经济与物质发展的程度，而且还与价值观紧密相连。尽管按西方社会的标准，藏族聚居区的经济水平远没有达到库茨涅兹曲线的顶点，但是藏族人民根植于文化中的价值观决定了他们有可能"超越"经济阶段选择一种与自然更加和谐的生活方式。对人类社会而言，发展的最终目的无非是为了使人们生活得更幸福。幸福生活的基本要素并不只是经济指标所能涵盖的，和谐、安全、精神的满足……这些都是生活质量极为重要的方面。可悲的是，以消费主义为代表的西方价值观在现代社会发展中被很多人所追求，人们竞相追逐 GDP，几乎忘却了发展的本意。而藏族人民根深蒂固的对自然和生命的尊重和保护对主流发展观是一个启示，也使我们增加了建立和谐社会的信心。

9.1 青藏高原生态文化的特色

与其他藏族聚居区的生态文化相比较，三江源地区草地牧业社会-生态系统孕育的生态文化既有共性，又有特性。

1. 相对共性的部分

（1）在价值观层面，三江源地区的生态文化使当地牧民树立了珍爱自然、重视环境的观念，这一观念是相当稳固并且得到了传承的。藏族生态文化倾向于限制自然资源利用，对于新的自然资源利用方式，文化观念的出发点是限制而非鼓励，需要在一定条件下自然资源利用行为才能得到认可。这种面对自然的克制对于生态保护是非常可贵的。

（2）杀生禁忌、保护草地、牧业认同、神山信仰是三江源牧民在具体观念和知识中最为突出的方面，违背任意观念的自然资源利用行为或政策都难以得到牧民的认可。

（3）在以牧业为代表的自然资源使用行为中，三江源牧业社区形成了一套有助于社区集体行动的制度、规范、管理体系，这些社会资本可以用于新的自然资源的管理中。

2. 相对特性的部分

（1）三江源地区牧民的生态文化具有较高的变通性和灵活性，社区与牧民的行为选择是在综合文化考量和生计考量之后的结果。其中文化考量倾向于对自然资源利用行为的限制，而生计考量则需要倾向于在一定限度内突破这种限制。这种对限制的突破是否被允许、在多大程度上被允许，是在特定时段由社区精英、宗教人士、牧民等沟通协商的结果，并且会受到外界政策、法律、市场、知识等的综合影响。传统的生计方式可能在新的条件下不再被认可，被禁止的行为在一定条件下可能被允许。

（2）社区治理体系与文化系统有较高的韧性和弹性。在受到外部因素影响时，三江源牧业社区的传统治理体系能够在局部改变以适应变化的情况下，保留自身的主要结构，这使社区能够按照本土情况、继续以地方性的逻辑组织生产生活，并进行有效的自然资源管理。

（3）社区精英带领下的集体行动传统。三江源地区严酷而变幻莫测的自然环境使牧业一方面需要依赖集体行动和互助，另一方面需要最充分掌握本土生态知识和牧业知识的社区精英为集体进行决策和选择。崇拜和追随"英雄人物"是三江源牧民的习惯，因而社区精英在生态保护工作中也发挥着核心作用。

3. 三江源地区的现状与未来

在政策和市场的影响下，三江源地区社区和居民的情况在快速的变化当中，很多基本情况已经发生了变化，今天三江源的牧民已经与传统上生计依赖畜牧业、生活在草地上、以畜牧业为生产生活核心的形态发生了很大变化，生态文化也面临着威胁。

9.2　三江源地区文化与自然的互动总结

我们已从几个不同的角度，探讨了三江源地区生态保护与传统文化之间的互动关系。可以看到，当地藏族农牧民的行为受到文化的显著影响，但文化并不是行为唯一的决定因素。而牧民对环境的影响、与环境的相互作用，最终是通过行为，而不是观念或纸面来实现的。这种观念与现实的联系与差异在以往的研究中受到的关注是不够的。藏族传统文化对行为的影响主要表现在：

（1）藏族文化、藏传佛教有关自然环境、有关人与自然关系的观念塑造了当地居民的世界观、价值观、自然观，众生平等、人是自然的一部分、人与野生动物平等、保护环境是最重要的事情等观念深入人心，这使当地居民乐于参与保护，积极参与各类保护行动。

（2）三江源的藏族牧业社区在长期的实践中建立起了适宜牧业生产生活的、严整的社区组织结构，具备较强的社区组织管理能力和集体行动能力，这种社区管理能够从牧业移植到其他方面。

（3）由于特殊的自然环境，三江源地区牧民生计的实际需求有与佛教教义冲突或不相匹配的部分，因此，在具体问题上，某些宗教观念与牧民的行为相一致，观念和态度直接指导了牧民的行为；某些观念与行为则有一些差别，不同群体对其有不同解读，而在不同时期牧民的实际行为也会发生变化。同时，政府（政策、法律等）和市场也会影响牧民的最终行为。

观念得到牧民完全认同，且不与生计需求相矛盾的方面，以禁忌等方式固定下来，并在不同历史时期得到牧民的遵循，这方面的例子包括：

（1）对神山的信仰和禁忌：神山被视为具有神圣性的地点，形成了一系列禁忌和仪轨，不能在神山范围内进行打猎和采集的禁忌一直存在，并具有强大的约束力。

（2）破土禁忌：草原是牧民生活最重要的环境和依赖，故牧民反对一切破坏草原的活动，并将草原视为生命体。因此破土、采矿都被视为会对草原造成不可逆的负面影响，成为一直以来的禁忌。

（3）对放牧的认同：在草原放牧被视为适应当地环境的、"天经地义"的生计方式，放牧和拥有牲畜是当地牧民文化认同的核心，也基本不受限制。即使在神山区域，也很少限制牧民的放牧活动。牧民还形成了多畜多福的观念，以牲畜数量的多少衡量财富的多少。

而在牧民生产生活的其他方面，牧民社区与集体的观念与行为、牧民个人的观念与行为则不一定与宗教教义或文本化的文化总结完全一致。例如，杀生是藏传佛教中的重要罪孽和禁忌，但三江源大部分地区无法进行农耕，只能依靠饲养牲畜，宰杀牲畜、使用或售卖畜产品是牧民生计的核心，因此也没有受到限制；虽然有人与野生动物平等、忌杀生的观念，但打猎仍然是牧民长期以来重要的生活必需品来源、收入来源和生计方式，并形成了相应的传统知识和文化体系；虫草采集活动虽然有与宗教观念不符的方面，但最终仍被社区精英和文化精英接受，并积极参与到虫草采集活动的协调和管理当中。青藏高原特殊的生态环境使当地牧民的生计方式相对单一、生存条件较为艰苦，在"维持生活的必需"面前，将文化观念进行变通也就成为牧民、社区领导、社区精英、文化精英等都可以接受的、共同的选择，这使三江源的传统文化具有相当的弹性，也在一定程度上降低了生态观念对行为的约束力，因为在不同时代、不同条件下，"生活的必需"并不是一个固定的概念或标准，不同群体对其也会有不同的阐释。

因此，青藏高原特殊的自然环境对文化的影响，除了产生特殊的本土文化，在相当程度上阻碍和减缓了外来文化的进入之外，对外来文化和信息的再阐释和重构是藏族文化的重要特点，尤其是在三江源地区，草原生态环境和牧业生产生活方式通常与外来文化（即使是强势文化）有相当大的差异，外来文化需要通过与本土文化的对话、冲突、融合、重构，才可能被广泛接受和发展。在这一过程中，以寺庙僧侣为代表的文化精英、以地方领导为代表的政治精英、基层的社区精英，都会根据自己的认识、利益，对文化进行不同的再阐释和重构，并会在某些问题上发生矛盾和冲突。历史上，苯教与佛教融合形成藏传佛教的过程可以看作一次文化融合的实例。而新中国成立后，国家、政策、科学技术、现代文化作为强势的外部力量，自上而下地进入三江源地区文化重构的场域当中，也使这一系统变得更为复杂。

在三江源地区特殊的自然环境和本土文化传统面前，政策和科学并不总能保持强势，地方性也并未甘拜下风。因为缺少信息和研究，科学技术对三江源地区这一如此广大范围内的问题缺少解释力，也影响了政策的有效性和可行性；自上而下的政策固有的单一化、简单化的倾向，使政策很容易与当地情况不符；三江源地区的行政体系和行政机器远未完备，在大多数地区并不具备自上而下运转命令–控制型政策工具的条件，基层政府和社区对政策有相当大的再阐释和重构空间，因此能够看到前文所述，在畜草双承包的强势政策背景之下，不同社区仍然根据自身情况有多样化的、从单户放牧到社区集体放牧的不同放牧方式。因此，生态保护相关政策在三江源地区有几类不同的走向：

（1）被列为政府工作核心，享有最高优先度的政策，或本身非常适于工程化，容易操作和进行过程评估考核的政策。这一类政策，政府有能力集中调用资源，通过现有行政体系自上而下地强力推进，完全冲破现实困难、传统观念等方面的阻力。草原开垦、草原灭鼠、生态移民等政策具有这样的特点。这类政策如果符合实际情况，则能够快速起到成效；但大多数情况下，因并不符合当地情况，常常造成严重的生态和社会负面影响。

（2）政策与传统观念或本土观念相一致，则两方面形成合力，政府、社区、寺庙、牧民等多方积极投入资源参与，使政策向设计的方向落实。1960—1970 年的集体放牧时期，畜牧业政策的目标"增加牲畜数量"与三江源地区多畜多福的观念一致，具体的管理措施，如增加移动、多使用夏季草场、修建畜棚等也与传统管理方式一致，政策与社区管理的高度一致使三江源地区的牲畜数量快速增加。20 世纪 90 年代的禁止打猎的政策与藏传佛教文化相一致，因此也得到了三江源地区社区、牧民，尤其是宗教人士和社区精英的支持和认同，不仅打猎行为基本停止，牧民还积极参与到野生动物保护的相关实践当中。

（3）政策与传统观念或本土观念不一致，则政策在执行过程中或被弃置，或被再阐释和重构，最终使政策的实际执行和实际效果与政策设计产生极大差别。2003 年后包括退牧还草、草原补奖等一系列政策，其目标是通过发放生态补偿的方式，降低牲畜数量，保护草场。而如前文所述，保留尽量多的牲畜是三江源牧民的传统文化，牧民也不认为牲畜数量过多是造成草地退化的原因，牧民和社区精英均不认同减畜政策，因此在执行过程中，相当多地区的牲畜数量实际上并没有下降。

与其他游牧地区比较，在知识和技术层面，三江源地区的放牧方式是相对粗放和简单的。这种粗放并不意味着落后，如前文所述，三江源地区仍然有一套系统的，以畜群移动管理和对单个地块的取食时间管理为核心的，以强有力的社区组织为基础的，完整有效的草地可持续利用方式。三江源地区海拔高、气温低，植被生产力相对较低，自然灾害风险和造成的损失极大，在防灾抗灾能力不足的情况下，自然灾害是畜牧业发展的主要限制因素，也使三江源地区的牲畜数量长期处于较低水平。日常的放牧管理与应对自然灾害相比效果有限，同时人草矛盾相对不尖锐，通过适当移动能够使草地得到合理休养，因此也就缺乏按照今天的科学观念，将放牧行为精细化、定量化的动力和必要性。

综上，三江源牧业社区的文化是富有弹性、时刻做好了变化准备的，这种变化的空间一方面体现在顶层价值观与实际行动之间的可变性，另一方面体现在有大量知识、技术层面的空白可以填补。王明珂在分析游牧社区历史记忆和集体记忆中指出，游牧社会"环境困苦多变，人们不能被困在政治、社会或族群认同中，时刻要为自身生存做出抉择，因此'现实'在游牧社会中十分重要。"（王明珂，2010）。这种"现实"和"变通"，是游牧社会和游牧文化的重要组成部分。

而现实中，传统牧业社会也在快速变化当中。游牧社会是一种特殊的系统，在经济上是非自给自足的，必须依靠外界输入物质能量才能保持平衡，必须与外界保持联系以获得重要资源，因此不存在封闭的游牧社会。同时，游牧社会因其所处的特殊环境及特殊的文化、制度、组织形式，又具有相对的独立性（彭兆荣 等，2010）。游牧社会是流动性的，而在现代化和全球化进程面前，游牧社会的流动性和独立性逐渐丧失，并在社会、经济、文化中处于弱势。当游牧系统解体后，自然资源的利用也发生了极大的改变，产生了大量的生态问题，因此，从生态保护的角度，游牧社会的意义得到了重新审视和考虑。而当下，我们同样需要思考的是生态敏感、脆弱且具有极为重要的生态意义和作为重要野生动物栖息地的三江源的未来，以及三江源牧民的未来。

与国外的传统牧业社区相比，三江源地区受到外界影响相对较晚，故对其他牧区的情况进行考察，有助于了解新时代牧业社区的发展情况和演进方向。

9.3 三江源地区的动态变化

9.3.1 气候变化

三江源地区是对全球气候变化较为敏感的区域，区域内变暖的幅度高于青藏高原其他地区，而总降水量、年降水天数均减少（任继周

第九章　动态变化中的青藏高原文化与生态　　　245

等，2005；唐红玉 等，2007）。三江源内不同区域的气候变化趋势不同，东部地区有暖干化趋势，而西部地区有暖湿化趋势（徐维新 等，2012；张颖 等，2017）。如果气候变化趋势不利于植被生长，或气候变化造成冰川消融、冻土融化、自然灾害增加等，都会直接影响三江源草地社会－生态系统的稳定性。

9.3.2　移动性的消失

20 世纪 90 年代起，定居点建设对牧民放牧方式产生了影响。在世界范围内，游牧社会流动性的消失是普遍存在的现象。三江源草地牧业系统等游牧系统是特殊的社会－生态系统，流动性是游牧社会存在的基础，唯有保证流动性，才能保证游牧所依赖的草原生态系统的稳定和可持续性（王明珂，2010；彭兆荣 等，2010；罗意，2014）。而 60 年代以来，游牧社会被加速以自愿或非自愿的方式纳入现代国家和世界政治经济体系中，游牧社会的独立性逐渐丧失，从而形成了游牧社会研究中的"游牧－定居"连续统范式。在现代化和全球化中，游牧社会在与定居社区的竞争中处于不利地位，在社会、经济、文化中都处于弱势，游牧民开始渴望现代化的定居生活。现代国家出于种种考虑，也力图消除游牧社会的流动属性，以私有制为主的现代产权制度的推广则消解了游牧民集体行动和流动性的基础（王建革，2000；罗意，2014）。

游牧系统解体后，牧业社区的集体行动难以继续，很多基于社区、可持续的自然资源管理活动中止，个人开始倾向于以最大化的方式利用自然资源；定居化的放牧极大地增加了草地的压力，引起了广泛的生态问题。在三江源地区，定居点的建设、草原承包政策等都是不利于继续游牧的。虽然各社区仍然保有相对地方性的放牧组织方式，使游牧在一定程度上得以保留，但如果没有专门的支持，游牧系统在未来仍然有消解的风险。

9.3.3　牧民收入构成的变化和对牧业态度的变化

　　进入生态保护时期后，来自各类生态补偿（包括草原补奖款、生态公益性岗位收入等）、虫草采集、工资及经营性收入在牧民收入中的占比越来越大（表9.1）。尤其是在虫草的主要产区，来自虫草的收入占据了牧民收入的多数，而牲畜相关的收入在牧民收入中的占比则非常低。对部分牧民而言，牧业不再是生活的中心和重心，而仅仅用于提供部分生活必需品和满足某种文化认同，实际上是从商品畜牧业回到了自给自足的生计型畜牧业时期，这也影响了牧民在放牧管理中投入资源、精力的热情和参与集体事务的热情。同时，部分牧民在有其他收入来源的情况下，主动放弃了放牧，迁移到城镇当中（表9.2）。

表9.1　三江源地区部分牧户的收入情况

村名	户均牲畜出栏收入/元	户均畜产品收入/元	户均虫草等药材采集收入/元	户均政策性补贴收入/元	工资或经营性收入/元	总收入/元	虫草收入占比/（%）	补贴收入占比/（%）
曲麻莱县果场村*	1131.6	0	24 368.4	1565.8	1100.9	28 636.4	85.10	5.47
曲麻莱县多秀村	6833.3	0	0	7466.7	0	15 300	0.00	48.80
杂多县达青村	1444.4	0	47 833.3	8877.8	1644.4	59 800	79.99	14.85
杂多县年都村	3250	1075	66 441.2	7705.9	5200	83 672.1	79.41	9.21
杂多县苏绕村	3978.3	260.9	46 869.6	5974	2530.4	59 182.6	79.19	10.09
杂多县地青村	2692.3	307.7	57 500	11 017.7	2307.7	73 825.4	77.89	14.92
杂多县格赛村	7000	38.5	70 000	12 850	1642.9	91 531.4	76.48	14.04
杂多县热情村	1111.1	1029.4	88 222.2	5933.3	7058.8	119 600	73.76	4.96

续表

村名	户均牲畜出栏收入/元	户均畜产品收入/元	户均虫草等药材采集收入/元	户均政策性补贴收入/元	工资或经营性收入/元	总收入/元	虫草收入占比/（%）	补贴收入占比/（%）
囊谦县前多村	0	0	10 222.2	8552.7	3600	22 347.9	45.74	38.27
玉树市电达村	22 000	0	3381.1	13 926.4	0	39 317.5	8.60	35.42
玉树市云塔村	0	0	40672.4	5634.5	4400	54 920	74.06	10.26
玉树市野吉尼玛村	37 240	0	3320	7700	0	48 360	6.87	15.92
唐古拉山镇	41 287.5	1287.5	0	52 687.5	2500	96 475	0.00	54.61

注：牧户收入来源不仅为表中所列；*，该村现已撤并。

表 9.2　三江源地区部分牧户的移民情况

乡镇	村	总户数/户	总人口/人	留居户数/户	留居人口/人	搬迁率/（%）
治多县索加乡	君曲村	362	1206	183	688	49
	牙曲村	579	1902	440	1433	24
	莫曲村	303	1327	119	357	61
	当曲村	306	1422	276	750	10
曲麻莱县曲麻河乡	勒池村	284	1112	250	989	12
	多秀村	374	1160	307	911	18
	措池村	461	1588	227	782	51
	昂拉村	381	1301	326	1147	14
杂多县扎青乡	地青村	544	2043	326	1142	40
	格赛村	416	1653	146	711	65
	昂闹村	358	1308	161	564	55
	达清村	408	1447	59	205	86
总计		4776	17469	2820	9679	40

9.3.4　社区治理体系受到冲击

社区的传统治理结构和社会资本是三江源牧民生态文化中重要的组成部分，而这种结构可能在以下几个方面受到冲击。

（1）选择移居到城镇的牧民增加，留在草地上的牧民人数不足以维持传统社区结构。

（2）在草地承包到户和畜牧业在牧民生计中重要性下降的情况下，牧民更倾向于单户放牧，而不愿参与集体放牧，对社区公共事务的关心程度下降。

（3）不合理政策的影响，尤其是评判标准单一化的、工程式的政策，依赖自上而下的、现代化的行政体制，很可能削弱传统社区治理体系的结构、权威和能力，带来负面的社会效应和环境效应。

9.4　总结及保护建议

通过前文的叙述和分析，三江源地区的牧民和牧业社区基本保持着生态友好的自然观念和较强的社区组织能力，而反映到具体的对生态的影响上，则并不都是正向的。在这里，有类似虫草采集管理这样兼顾了生态保护、经济发展、社区公平的案例；有在人为干扰下活动范围日益缩减的野生动物问题；也有原因尚不完全明晰，但已成事实的草地退化问题。相对于外界的变化，文化通常是具有保守性和滞后性的，三江源地区牧民的许多直接规范人与环境关系的观念、知识、技术，形成于部落时期，并延续了千百年。部落时期，在青藏高原艰苦的自然环境之下，三江源地区的人口和牲畜一直处于低数量的状态，人与草地、人与野生动物之间的矛盾有限。但事实上，局部过牧，尤其是冬季草场的局部过牧一直存在，家畜对野生动物的竞争排挤也一直存在。因为人口和牲畜密度总体较低，有通过迁移、休牧使草地恢复的充分时间，大面积的草地没有被家畜充分占用，也给了野生动物生存空间。同时，在当时的技术条件下，牧民抵御自然灾害的能力极为低下，只能采用保留尽量大的畜群的方式来防御，因此也形成了尽量多保留牲畜的观念和习惯，自然灾害在实际上起到了调节牲畜数量的作用。

9.4.1 生态保护政策中应充分考虑传统文化

三江源地区已经被国家定位为生态保护优先重点地区，并首批进入国家公园试点当中。作为中国生态保护体制改革的一部分，国家公园进一步明确了三江源地区保护优先的属性，并在《三江源国家公园总体规划》（以下简称《总体规划》）中提出，要兼顾生态保护与社区发展的目标，要充分发扬三江源地区的藏族生态文化："在世代传承中不断赋予时代精神，与先进文化相结合，与社会主义核心价值观紧密结合，与区域发展战略紧密结合，使其发扬光大，形成特定的生态文化体系，使人与自然和谐共生的文化传统得到弘扬"。

三江源地区藏族牧业文化在历史上具有少数民族（或原住民）、游牧社区的双重边缘化身份，在农耕文明、工业文明时期一直被排除在主流文化之外，面临随时遭到改造和干扰的风险。整个 20 世纪中，世界范围内的传统牧业社会几乎都受到了工业文明和现代化的冲击和"改造"，如三江源地区藏族牧业社区这样，尚保留着相对完整的文化系统的例子已经不多。对三江源地区的保护，不仅仅是保护生物多样性，实际上是在综合保护文化–生物多样性。

前文的分析中，我们可以看到，当政策与文化相互协同时，政策的效应能够得到充分实现；而当政策与已有的文化相互背离时，即使是旨在保护生态的政策，也难以达到既定目标，甚至引发更严重的社会或环境问题。在政策设计中，应当特别注意以下几个方面：

（1）要满足牧民的生计需要和发展需要，在生计需要得到满足的情况下，传统生态文化中限制对自然资源使用、对生态环境友好的观念才能够影响牧民的决策，使牧民选择对生态环境友好的行为。在传统生计方式中，生计需要和文化需要常常发生冲突（如猎捕野生动物和杀生禁忌）。在新的时期，通过生态旅游、特许经营等方式，使牧民能够从生态保护中获取经济收益，实现生态和经济收益的统一，真正做到"绿水青山就是金山银山"，将更加有利于文化充分发挥生态保护的作用（张瑶 等，2019）。

（2）要有意识地做好传统生态文化的传承，防止消费主义等外来文化对传统文化的直接冲击和对牧民观念的改变。

（3）避免在制定自上而下的命令－控制型政策时，将政策评估指标单一化、均质化、简单市场化、工程化的倾向，充分考虑高原草地生态系统的复杂性和各地情况的多样性（姜玉欣，2014）。

（4）在制定政策和建设治理体系过程中，要为传统的社区治理体系留出运作空间和资源，防止不合理政策对传统治理体系的削弱，防止能力有限的"现代"治理体系取代运作良好的传统治理体系的情况。合理的自上而下的政策可以加强社区的参与性，实现社会效应和生态效应的统一（Ens et al.，2016）。

9.4.2　促进新的本土知识的产生

面对快速变化的自然与社会环境，三江源地区的文化系统必然会遇到不曾遇到过的新的场景，传统知识在新的场景不能直接应对新的问题。例如，三江源生态文化中有很多限制自然资源利用的观念和规范，但传统上并没有限制牧业规模、限制牲畜数量的文化；传统牧业知识中缺少有关草地退化的知识；野生动物相关知识中缺少如何在不捕猎的情况下应对人兽冲突的知识。这种知识的不充分性是正常的，但同时更加需要将传统知识与现代科学知识结合，形成新的本土知识。

在生态保护相关宣传教育工作中，常常试图直接向农牧民传递新知识或新观念，但这种尝试几乎都是无效的。合理的方式是在牧民现有观念的基础之上，以动态的观点寻求牧民传统与保护目标之间的衔接点，制定新的保护策略（Manfredo et al.，2017）。在新知识形成的过程中，需要更多本土牧民的参与。有效的自然资源管理是先进技术与良好治理的有机结合，而知识的生产和分享在其中具有关键性的作用（Ellis，2015）。

9.5　生态文明建设背景下重塑青藏高原的物质能量流动模式

三江源国家公园为重新塑造三江源地区的社会−生态系统提供了机会。传统上，牲畜、畜产品及其他自然资源是牧区与外界发生关联的主要方式，草原地区输出的是有形物质。在集体化时期大力建设社会主义的背景下，大量物质能量从三江源流出，造成了社会−生态系统的波动甚至退化（图 9.1）。而在生态文明建设和国家公园背景下，新的三江源可以被整合成一个完整的社会−生态系统，以及人与野生动物共存的系统（图 9.2）。外界以生态补偿等方式向这个系统输入物质、能量，使其保持稳定，而三江源社会−生态系统向外的物质能量输出较低，输出的主要是无形的、更有价值的生态系统服务功能，并获得相应的收益。在生态的视角之下，文化与传统牧业可能焕发新的生机，发挥更大的影响。

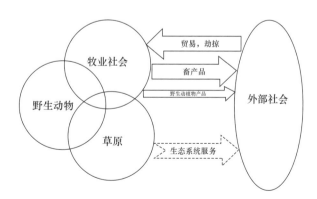

图9.1　青藏高原传统社会−生态系统

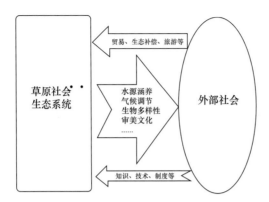

图9.2　青藏高原新的社会−生态系统

参考文献

· AAERTS R, VAN OVERTVELD K, HAILE M, et al, 2006. Species composition and diversity of small Afromontane forest fragments in northern Ethiopia[J]. Plant ecology, 187: 127-142.

· AGRESTI A, 1996. An introduction to categorical data analysis[M]. New York: Wiley.

· AGRESTI C, D'URSO D, LEVI G, 1996. Reversible inhibitory effects of interferon-γ and tumour necrosis factor-α on oligodendroglial lineage cell proliferation and differentiation in vitro[J]. European journal of neuroscience, 8 (6): 1106-1116.

· ALLENDORF T D, BRANDT J S, YANG J M, 2014. Local perceptions of Tibetan village sacred forests in northwest Yunnan[J]. Biological conservation, 169: 303-310.

· ANDERSON D M, SALICK J, MOSELEY R K, et al, 2005. Conserving the sacred medicine mountains: a vegetation analysis of Tibetan sacred sites in Northwest Yunnan[J]. Biodiversity and conservation, 14: 3065-3091.

· ANTHWAL A N, GUPTA A, SHARMA S, et al, 2010. Conserving biodiversity through traditional beliefs in sacred groves in Uttarakhand Himalaya, India[J]. Resources conservation and recycling, 54: 962-971.

· ASSEMBLY U N G, 2007. United Nations declaration on the rights of indigenous peoples[J]. UN wash, 12: 1-18.

· BARRE R Y, GRANT M, DRAPER D, 2009. The role of taboos in conservation of sacred groves in Ghana's Tallensi-Nabdam district[J]. Social & cultural geography, 10 (1): 25-39.

· BATISSE M, 1993. Biosphere reserve: an overview[J], Nature and resources, 29 (1-4): 3-5.

· BATISSE M, 1995. New prospects for biosphere reserves[J]. Environmental conservation, 22 (4): 367-368.

· BENNETT E M, CRAMER W, BEGOSSI A, et al, 2015. Linking biodiversity, ecosystem services, and human well-being: three challenges for designing research for sustainability[J]. Current opinion in environmental sustainability, 14: 76-85.

· BERKES F, 2007. Community-based conservation in a globalized world[J]. PNAS, 104 (39): 15188-15193.

· BERKES F, COLDING J, FOLKE C, 2000. Rediscovery of traditional ecological knowledge as adaptive management[J]. Ecological applications, 10 (5): 1251-1262.

· BERKES F, KISLALIOGLU M, FOLKE C, et al, 1998. Minireviews: exploring the basic ecological unit: ecosystem-like concepts in traditional societies[J]. Ecosystems, 1: 409-415.

· BHAGWAT S A, 2009. Ecosystem services and sacred natural sites: reconciling material and non-material values in nature conservation[J]. Environmental values, 18: 417-427.

· BHAGWAT S A, KUSHALAPPA C G, WILLIAMS P H, et al, 2005. A landscape approach to biodiversity conservation of sacred groves in the Western Ghats of India[J]. Conservation biology, 19(6): 1853-1862.
· BHAGWAT S A, RUTTE C, 2006. Sacred groves: potential for biodiversity management[J]. Frontiers in ecology and the environment, 4(10): 519-524.
· BHANDARY M J, CHANDRASHEKAR K R, 2003. Sacred groves of Dakshina Kannada and Udupi districts of Karnataka[J]. Current science, 85(12): 1655-1656.
· BODIN O, TENGO M, NORMAN A, et al, 2006. The value of small size: loss of forest patches and ecological thresholds in southern Madagascar[J]. Ecological applications, 16: 440-451.
· BOESI A, 2003. dByar rtswa dgun' bu (*Cordyceps sinensis* Berk): an important trade item for the Tibetan population of Li thang County, Sichuan Province, China[J]. The Tibet journal, 28(3): 29-42.
· BOSSART J L, OPUNI-FRIMPONG E, KUUDAAR S, et al, 2006. Richness, abundance, and complementarity of fruit-feeding butterfly species in relict sacred forests and forest reserves of Ghana[J]. Arthropod diversity and conservation, 319-345.
· BRANDT J S, WOOD E M, PIDGEON A M, et al, 2013. Sacred forests are keystone structures for forest bird conservation in southwest China's Himalayan Mountains[J]. Biological conservation, 166: 34-42.
· BRAY D B, MERINO-PÉREZ L, NEGREROS-CASTILLO P, et al, 2003. Mexico's community-managed forests as a global model for sustainable landscapes[J]. Conservation biology, 17(3): 672-677.
· BROOKS T M, BAKARR M I, BOUCHER T, et al, 2004. Coverage provided by the global protected-area system: is it enough?[J]. BioScience, 54(12): 1081-1091.
· BRUNER A G, GULLISON R E, RICE R E, et al, 2001. Effectiveness of parks in protecting tropical biodiversity[J]. Science, 291(5501): 125-128.
· BÜRGI M, LI L, KIZOS T, 2015. Exploring links between culture and biodiversity: studying land use intensity from the plot to the landscape level[J]. Biodiversity and conservation, 24: 3285-3303..
· CAILLON S, DEGEORGES P, 2007. Biodiversity: negotiating the border between nature and culture[J]. Biodiversity and conservation, 16: 2919-2931.
· CAMERON A C, PRAVIN K T, 1998. Regression analysis of count data[M]. New York: Cambridge University Press.
· CAMPBELL M O N, 2004. Traditional forest protection and woodlots in the coastal savannah

of Ghana[J]. Environmental conservation，31（3）：225-232.

·   CANNON P F，HYWEL-JONES N L，MACZEY N，et al，2009. Steps towards sustainable harvest of *Ophiocordyceps sinensis* in Bhutan[J]. Biodiversity and conservation，18：2263-2281.

·   CHANDRAKANTH M G，BHAT M G，ACCAVVA M S，2004. Socio-economic changes and sacred groves in South India：protecting a community-based resource management institution[C]//Natural Resources Forum. Oxford，UK：Blackwell Publishing Ltd，28（2）：102-111.

·   CHANDRASHEKARA U M，SANKAR S，1998. Ecology and management of sacred groves in Kerala，India[J]. Forest ecology and management，112（1-2）：165-177.

·   CHILDS G，CHOEDUP N，2014. Indigenous management strategies and socioeconomic impacts of Yartsa Gunbu（*Ophiocordyceps sinensis*）harvesting in Nubri and Tsum，Nepal[J]. HIMALAYA，the journal of the association for Nepal and Himalayan studies，34（1）：7.

·   CHOUIN G，2002. Sacred Groves in History：pathways to the social shaping of forest landscapes in coastal Ghana[J]. IDS bulletin，33（1）：39-46.

·   COLCHESTER M，1994. Salvaging nature：indigenous peoples，protected areas and biodiversity conservation[M]. Darby，PA：Diane Publishing.

·   COLDING J，FOLKE C，2001. Social taboos："invisible" systems of local resource management and biological conservation[J]. Ecological applications，11（2）：584-600.

·   COX J L，2004. Afterword：seperating religion from the 'sacred'：methodological agnosticism and the future of religious studies[J]. Religion：259-264

·   DECHER J，1997. Conservation，small mammals，and the future of sacred groves in West Africa[J]. Biodiversity and conservation，6：1007-1026.

·   DEVKOTA S，2006. Yarsagumba [*Cordyceps sinensis*（Berk.）Sacc.]；traditional utilization in Dolpa district，western Nepal[J]. Our nature，4（1）：48-52.

·   DEVKOTA S，2010. *Ophicordyceps sinensis*（Yarsagumba）from Nepal Himalaya：status，threats and management strategies[J]. Cordyceps Resources and Environment. Grassland Supervision Center by the Ministry of Agriculture，People's Republic of China，91-108.

·   DICKMAN A J，2010. Complexities of conflict：the importance of considering social factors for effectively resolving human–wildlife conflict[J]. Animal conservation，13（5）：458-466.

·   DONG S，SHERMAN R，2015. Enhancing the resilience of coupled human and natural systems of alpine rangelands on the Qinghai-Tibetan Plateau[J]. The rangeland journal，37（1）：i-iii.

·   DREW J A, HENNE A P, 2006. Conservation biology and traditional ecological knowledge: integrating academic disciplines for better conservation practice[J]. Ecology and society, 11(2): 34.

·   DUDLEY N, HIGGINS-ZOGIB L, MANSOURIAN S, 2009. The links between protected areas, faiths, and sacred natural sites[J]. Conservation biology, 23(3): 568-577.

·   DUDLEY N, PARRISH J D, REDFORD K H, et al, 2010. The revised IUCN protected area management categories: the debate and ways forward[J]. Oryx, 44(4): 485-490.

·   ELLEN R, 1996. Putting plants in their place: anthropological approaches to understanding the ethnobotanical knowledge of rainforest populations[J]. Monographiae biologicae, 457-466.

·   ELLIS E C, 2015. Ecology in an anthropogenic biosphere[J]. Ecological monographs, 85(3): 287-331.

·   ELLIS E C, RAMANKUTTY N, 2008. Putting people in the map: anthropogenic biomes of the world[J]. Front ecol environ, 6: 439-447.

·   ENS E, SCOTT M L, RANGERS Y M, et al, 2016. Putting indigenous conservation policy into practice delivers biodiversity and cultural benefits[J]. Biodiversity and conservation, 25: 2889-2906.

·   FAN J W, SHAO Q Q, LIU J Y, et al, 2010. Assessment of effects of climate change and grazing activity on grassland yield in the Three Rivers Headwaters Region of Qinghai–Tibet Plateau, China[J]. Environmental monitoring and assessment, 170: 571-584.

·   FANG L, LIU H, CUI J, et al, 2006. Traditional use of wetland plants in Dai villages in Xishuangbanna, Yun-nan[J]. Biodiversity science, 14(4): 300-308.

·   FARNSWORTH G L, NICHOLS J D, SAUER J R, et al, 2005. Statistical approaches to the analysis of point count data: a little extra information can go a long way[R]. USDA forest service gen tech rep PSW-GTR-191: 736-743.

·   FERNANDEZ-GIMENEZ M E, 2000. The role of mongolian nomadic pastoralists' ecological knowledge in rangeland management[J]. Ecological applications, 10(5): 1318-1326.

·   FIELDING A H, BELL J F, 1997. A review of methods for the assessment of prediction errors in conservation presence/absence models[J]. Environmental conservation, 24(1): 38-49.

·   FOURNIER A, 2011. Consequences of wooded shrine rituals on vegetation conservation in West Africa: a case study from the Bwaba cultural area (West Burkina Faso)[J]. Biodiversity and conservation, 20: 1895-1910.

·   FOX J L, 2005. Density of Tibetan antelope, Tibetan wild ass and Tibetan gazelle in relation to human presence across the Chang Tang Nature Reserve of Tibet, China[J]. Acta zool sinica，51：586-597.

· FREEMAN D，PUGH K，GARETY P，2008. Jumping to conclusions and paranoid ideation in the general population[J]. Schizophrenia research，102（1-3）：254-260.

· FROSCH B，DEIL U，2011. Forest vegetation on sacred sites of the Tangier Peninsula（NW Morocco）-discussed in a SW-Mediterranean context[J]. Phytocoenologia，41（3）：153-181.

· FULLER A R，GARSON P J，2000. Pheasants：status survey and conservation action plan 2000–2004[J]. WPA/Birdlife/SSC Pheasant Specialist Group. IUCN，Gland. Switzerland and Cambridge，UK and the World Pheasant Association.

· GARCIA C A，LESCUYER G，2008. Monitoring，indicators and community based forest management in the tropics：pretexts or red herrings?[J]. Biodiversity and conservation，17：1303-1317.

· GAULI K，HAUSER M，2011. Commercial management of non-timber forest products in Nepal's community forest users groups：who benefits?[J]. International forestry review，13（1）：35-45.

· GILL F，WRIGHT M，2006. Birds of the world：recommended English names[M]. Princeton NJ：Princeton University Press.

· GOKHALE Y，VELANKAR R，CHANDRAN M D S，et al，1998. Sacred woods，grasslands and waterbodies as self-organized systems of conservation[J]. Conserving the sacred for biodiversity management，365-396.

· GOODRICH J M，SERYODKIN I，MIQUELLE D G，et al，2011. Conflicts between Amur（Siberian）tigers and humans in the Russian Far East[J]. Biological conservation，144（1）：584-592.

· HAILA Y，1999. Biodiversity and the divide between culture and nature[J]. Biodiversity and conservation，8：165-181.

· HARRIS R B，2010. Rangeland degradation on the Qinghai-Tibetan plateau：a review of the evidence of its magnitude and causes[J]. Journal of arid environments，74（1）：1-12.

· Hu L，Li Z，Liao W，et al，2011. Values of village fengshui forest patches in biodiversity conservation in the Pearl River Delta，China[J]. Biological Conservation，144（5）：1553-1559.

· HUGHES J D，CHANDRAN M D S，1998. Sacred groves around the earth：an overview[M]// RAMAKRISHNAN P S，SAXENA K G，CHANDRASHEKARA U M. Conserving the sacred for biodiversity management. New Delhi，India：Oxford and India Book House.

· HUNTINGTON H P，2000. Using traditional ecological knowledge in science：methods and applications[J]. Ecological applications，10（5）：1270-1274.

· INDEX M T，2004. Convention on biological diversity[J]. Science，279：860-863.
· IUCN，1994. Guidelines for Protected Area Management Categories[R]. Switzerland：IUCN.
· JAMIR S A，PANDEY H N，2003. Vascular plant diversity in the sacred groves of Jaintia Hills in northeast India[J]. Biodiversity and conservation，12：1497-1510.
· JIMÉNEZ-VALVERDE A，LOBO J M，2007. Threshold criteria for conversion of probability of species presence to either–or presence–absence[J]. Acta oecologica，31（3）：361-369.
· JONES J P G，ANDRIAMAROVOLOLONA M M，HOCKLEY N，2008. The importance of taboos and social norms to conservation in Madagascar[J]. Conservation biology，22（4）：976-986.
· KAISER F G，GUTSCHER H，2003. The proposition of a general version of the theory of planned behavior：predicting ecological behavior 1[J]. Journal of applied social psychology，33（3）：586-603.
· KERR J，BUM T，LAPINSKI M，et al，2019. The effects of social norms on motivation crowding：experimental evidence from the Tibetan Plateau[J]. International journal of the commons，13（1）.
· KHUMBONGMAYUM A D，KHAN M L，TRIPATHI R S，2005. Sacred groves of Manipur，northeast India：biodiversity value，status and strategies for their conservation[J]. Biodiversity and conservation，14：1541-1582.
· KIDEGHESHO J R，2010. 'Serengeti shall not die'：transforming an ambition into a reality[J]. Tropical conservation science，3（3）：228-247.
· KISER L L，OSTROM E，2000. The three worlds of action：a metatheoretical synthesis of institutional approaches[M]//MCGINNIS M D. Polycentric games and institutions：readings from the workshop in political theory and policy analysis（institutional analysis）[M]. Michigan：University of Michigan Press.
· KISS A，1990. Living with wildlife：wildlife resource management with local participation in Africa[M]. The World Bank.
· KLEIN J A，HARTE J，ZHAO X Q，2004. Experimental warming causes large and rapid species loss，dampened by simulated grazing，on the Tibetan Plateau[J]. Ecology letters，7（12）：1170-1179.
· KLUBNIKIN K，ANNETT C，CHERKASOVA M，et al，2000. The sacred and the scientific：traditional ecological knowledge in Siberian river conservation[J]. Ecological applications，10（5）：1296-1306.
· KOKOU K，ADJOSSOU K，KOKUTSE A D，2008. Considering sacred and riverside forests in criteria and indicators of forest management in low wood producing countries：The case of

Togo[J]. Ecological indicators, 8 (2): 158-169.

· KOTHARI A, 2003. Community conserved areas and the international conservation system–a discussion note relating to the mandate of the WCPA/CEESP Theme Group on Indigenous/Local Communities, Equity, and Protected Areas (TILCEPA)[J]. [2010-12-30]. https://www.iucn.org/themes/ceesp/Wkg_grp/TILCEPA/TILCEPA. htm# cca.

· KOTHARI A, 2006. Community conserved areas: towards ecological and livelihood security[J]. Parks, 16 (1): 3-13.

· KRAUSS M, 1992. The world's languages in crisis[J]. Language, 68 (1): 4-10.

· KUSHALAPPA C G, RAGHAVENDRA S, 2012. Community-linked conservation using Devakad (sacred groves) in the Kodagu Model Forest, India[J]. The forestry chronicle, 88 (3): 266-273.

· Levi D, Kocher S, 2013. Perception of sacredness at heritage religious sites[J]. Environment and Behavior, 45 (7): 912-930.

· LI B, YANG F Y, SUN S, et al, 2008. Review of community conserved areas studies in SW China[R]//Community conserved areas: a world-wide review of status & needs after Durban 2003 and CBD COP7 2004 IUCN-Commission on Environment. Economic and Social Policy (CEESP) and World Commission on Protected Area (WCPA).

· LI C, WANG Y, FANG T, et al, 2019. A neural network decision expert system for alpine meadow degradation in the Sanjiangyuan region[J]. Cluster computing, 22 (Suppl 4): 8193-8198.

· LI J, WANG D, YIN H, et al, 2014. Role of Tibetan Buddhist monasteries in snow leopard conservation[J]. Conservation biology, 28 (1): 87-94.

· LI W, HUNTSINGER L, 2011. China's grassland contract policy and its impacts on herder ability to benefit in Inner Mongolia: tragic feedbacks[J]. Ecology and society, 16 (2): 1.

· LI W, LI Y, 2012. Managing rangeland as a complex system: how government interventions decouple social systems from ecological systems[J]. Ecology and society, 17 (1): 9.

· LI X, PERRY G, BRIERLEY G J, 2016. Grassland ecosystems of the Yellow River Source Zone: degradation and restoration[J]. Landscape and ecosystem diversity, dynamics and management in the Yellow River Source Zone, 137-165.

· LINDSEY J K, 1995. Modelling frequency and count data[M]. New York: Oxford University Press.

· LIU H C, LIU L, LIU N, 2013. Risk evaluation approaches in failure mode and effects analysis: a literature review[J]. Expert systems with applications, 40 (2): 828-838.

· LIU J，OUYANG Z，PIMM S L，et al，2003. Protecting China's biodiversity[J]. Science，300 (5623)：1240-1241.
· LIU J，XU X，SHAO Q，2008. Grassland degradation in the "three-river headwaters" region，Qinghai province[J]. Journal of geographical sciences，18：259-273.
· LONG C L，ZHOU Y，2001. Indigenous community forest management of Jinuo people's swidden agroecosystems in southwest China[J]. Biodiversity and conservation，10：753-767.
· LUZ A C，PANEQUE-GÁLVEZ J，GUÈZE M，et al，2017. Continuity and change in hunting behaviour among contemporary indigenous peoples[J]. Biological conservation，209：17-26.
· MAFFI L，2005. Linguistic，cultural，and biological diversity[J]. Annu rev anthropol，34：599-617.
· MAHARANA I，RAI S C，SHARMA E，2000. Valuing ecotourism in a sacred lake of the Sikkim Himalaya，India[J]. Environmental conservation，27 (3)：269-277.
· MALHOTRA K C，1998. Anthropological dimensions of sacred groves in India：an overview[J]. Conserving the sacred for biodiversity management，423-438.
· MALHOTRA K C，GOKHALE Y，CHATTERJEE S，et al，2001. Cultural and ecological dimensions of sacred groves in India[J]. INSA，New Delhi.
· MANFREDO M J，BRUSKOTTER J T，TEEL T L，et al，2017. Why social values cannot be changed for the sake of conservation[J]. Conservation biology，31 (4)：772-780.
· MARTÍN A M，DE ANGUITA P M，PÉREZ J V，et al，2011. The role of secret societies in the conservation of sacred forests in Sierra Leone[J]. Bois & Forets Des Tropiques，310：43-55.
· MCCALL M K，MINANG P A，2005. Assessing participatory GIS for community-based natural resource management：claiming community forests in Cameroon[J]. Geographical journal，171 (4)：340-356.
· MCCLANAHAN T R，RANKIN P S，2016. Geography of conservation spending，biodiversity，and culture[J]. Conservation biology，30 (5)：1089-1101.
· MCGINNIS M D，OSTROM E，2014. Social-ecological system framework：initial changes and continuing challenges[J]. Ecology and society，19 (2)：30.
· MCNEELY J A，1994. Protected areas for the 21st century：working to provide benefits to society[J]. Biodiversity and conservation，3：390-405.
· MGUMIA F H，OBA G，2003. Potential role of sacred groves in biodiversity conservation in Tanzania[J]. Environmental conservation，30 (3)：259-265.
· MILLER K R，1984. The Bali action plan：a framework for the future of protected areas[M]//

MCNECLY J A, MILLER K R. National Parks: conservation and development. Wasbington DC.: Smithsonian Institution Press: 756–764.

· MITTERMIER R A, GIL P R, HOFFMANN M, et al, 2004. Hotspots revisited[J]. Mexico: CEMEX, SA de CV.

· MOLNAR A, SCHERR S, KHARE A, 2004. Who conserves the world's forests: community driven strategies to protect forests and respect rights[J]. Washington DC: Forest Trends and Ecoagriculture Partners.

· MOSKÁT C, 1987. Estimating bird densities during the breeding season in Hungarian deciduous forests[J]. Acta Reg Soc Sci Litt Gothoburgensis Zoologica, 14: 153-161.

· NABHAN G P, 2000. Cultural dispersal of plants and reptiles to the Midriff Islands of the Sea of Cortés: integrating indigenous human dispersal agents into island biogeography[J]. Journal of the southwest, 545-558.

· NEGI C S, 2012. Culture and biodiversity conservation: case studies from Uttarakhand, Central Himalaya[J]. Indian j tradit know, 11: 273-278.

· NEGI C S, KORANGA P R, GHINGA H S, 2006. Yar tsa Gumba (*Cordyceps sinensis*): a call for its sustainable exploitation[J]. The international journal of sustainable development and world ecology, 13(3): 165-172.

· OLSSON P, FOLKE C, BERKES F, 2004. Adaptive comanagement for building resilience in social–ecological systems[J]. Environmental management, 34: 75-90.

· ORMSBY A, 2013. Analysis of local attitudes toward the sacred groves of Meghalaya and Karnataka, India[J]. Conservation and society, 11(2): 187-197.

· ORMSBY A A, BHAGWAT S A, 2010. Sacred forests of India: a strong tradition of community-based natural resource management[J]. Environmental conservation, 37(3): 320-326.

· OSTROM E, 1990. Governing the commons: the evolution of institutions for collective action[M]. Cambridge: Cambridge University Press: 1-24.

· OSTROM E, 2009. A general framework for analyzing sustainability of social-ecological systems[J]. Science, 325(5939): 419-422.

· OSTROM E, SCHROEDER L, WYNNE S, 1993. Institutional incentives and sustainable development: infrastructure policies in perspective[M]. Boulder, Colo: Westview Press.

· OVIEDO G, 2006. Community conserved areas in South America[J]. Protected areas programme, 49-55.

· PEI SHENGJI, LUO PENG, 2000. Traditional culture and biodiveristy conservation in Yunnan[M]//Links between cultures and biodiverisy: proceedings of the cultures and biodiversity Congress 2000. Kunming：Yunnan Science and Technology Press.

· PETERSON M N，BIRCKHEAD J L，LEONG K，et al，2010. Rearticulating the myth of human–wildlife conflict[J]. Conservation letters，3（2）：74-82.

· PHILLIPS S J，ANDERSON R P，SCHAPIRE R E，2006. Maximum entropy modeling of species geographic distributions[J]. Ecological modelling，190（3-4）：231-259.

· PHILLIPS S J，DUDÍK M，2008. Modeling of species distributions with Maxent：new extensions and a comprehensive evaluation[J]. Ecography，31（2）：161-175.

· PIMBERT M，2006. Transforming knowledge and ways of knowing for food sovereignty and bio-cultural diversity[J]. Endogenous development and bio-cultural diversity：the interplay of worldviews，globalization and locality，82-100.

· PRETTY J，2003. Social capital and the collective management of resources[J]. Science，302（5652）：1912-1914.

· PRETTY J，ADAMS B，BERKES F，et al，2009. The intersections of biological diversity and cultural diversity: towards integration[J]. Conservation and society，7（2）：100-112.

· QUINN G P，KEOUGH M J，2005. 生物实验设计与数据分析 [M]. 蒋志刚，李春旺，曾岩 译 . 北京：高等教育出版社：375-388.

· RALPH C J，DROEGE S，SAUER J R，1995. Managing and monitoring birds using point counts: standards and applications[J]// RALPH C J，SAUER J R，DROEGE S. Monitoring bird populations by point counts. Gen Tech Rep PSW-GTR-149 Albany，CA：US Department of Agriculture，Forest Service，Pacific Southwest Research Station：161-168.

· RALPH C J，SAUER J R，DROEGE S，2005. Managing and monitoring birds using point counts：standards and applications[R]. USDA Forest Service Gen Tech Rep PSW-GTR-149.

· RAMANUJAM M P，PRAVEEN KUMAR CYRIL K，2003. Woody species diversity of four sacred groves in the Pondicherry region of South India[J]. Biodiversity and conservation，12：289-299.

· RODRIGUES A S L，ANDELMAN S J，BAKARR M I，et al，2004. Effectiveness of the global protected area network in representing species diversity[J]. Nature，428（6983）：640-643.

· ROTH T，WEBER D，2008. Top predators as indicators for species richness? Prey species are just as useful[J]. Journal of applied ecology，45（3）：987-991.

· RUTTE C，2011. The sacred commons：conflicts and solutions of resource management in sacred natural sites[J]. Biological conservation，144（10）：2387-2394.

· SAHU S C，DHAL N K，LAL B，et al，2012. Differences in tree species diversity and soil nutrient status in a tropical sacred forest ecosystem on Niyamgiri hill range，Eastern Ghats，India[J]. Journal of Mountain Science，9：492-500.

· SALICK J, AMEND A, ANDERSON D, et al, 2007. Tibetan sacred sites conserve old growth trees and cover in the eastern Himalayas[J]. Biodiversity and conservation, 16: 693-706.
· SANOU L, DEVINEAU J L, FOURNIER A, 2013. Floristic communities and regeneration capacity of woody species of the wooded shrines of the Bwaba cultural area (department of Bondoukuy, Western Burkina Faso)[J]. Acta botanica gallica, 160 (1): 77-102.
· SAYRE N F, MCALLISTER R R J, BESTELMEYER B T, et al, 2013. Earth stewardship of rangelands: coping with ecological, economic, and political marginality[J]. Frontiers in ecology and the environment, 11 (7): 348-354.
· SCHNUTTGEN S, VACHERON F, MARTELL M, 2007. UNESCO and indigenous peoples: partnership to promote cultural diversity[J]. New York: FAO, 19-40.
· SEMIADI G, MEIJAARD E, 2006. Declining populations of the Java warty pig Sus verrucosus[J]. Oryx, 40: 50-56.
· SHARMA S, 2004. Trade of Cordyceps sinensis from high altitudes of the Indian Himalaya: conservation and biotechnological priorities[J]. Current science, 86 (12): 1614-1619.
· SHEN X, LI S, CHEN N, et al, 2012a. Does science replace traditions? Correlates between traditional Tibetan culture and local bird diversity in Southwest China[J]. Biological conservation, 145 (1): 160-170.
· SHEN X, LI S, WANG D, et al, 2015. Viable contribution of Tibetan sacred mountains in southwestern China to forest conservation[J]. Conservation biology, 29 (6): 1518-1526.
· SHEN X, LU Z, LI S, et al, 2012b. Tibetan sacred sites: understanding the traditional management system and its role in modern conservation[J]. Ecology and society, 17 (2): 13.
· SHEN X, TAN J, 2012c. Ecological conservation, cultural preservation, and a bridge between: the journey of Shanshui Conservation Center in the Sanjiangyuan region, Qinghai-Tibetan Plateau, China[J]. Ecology and society, 17 (4): 38.
· SHRESTHA U B, BAWA K S, 2013. Trade, harvest, and conservation of caterpillar fungus (Ophiocordyceps sinensis) in the Himalayas[J]. Biological conservation, 159: 514-520.
· SHRESTHA U B, BAWA K S, 2014a. Economic contribution of Chinese caterpillar fungus to the livelihoods of mountain communities in Nepal[J]. Biological conservation, 177: 194-202.
· SHRESTHA U B, BAWA K S, 2014b. Impact of climate change on potential distribution of Chinese caterpillar fungus (Ophiocordyceps sinensis) in Nepal Himalaya[J]. PLoS one, 9 (9): e106405.
· SHRESTHA U B, SHRESTHA S, GHIMIRE S, et al, 2014c. Chasing Chinese caterpillar fungus (Ophiocordyceps sinensis) harvesters in the Himalayas: harvesting practice and

its conservation implications in western Nepal[J]. Society & natural resources, 27(12): 1242-1256.

· SMYTH D, 2006. Indigenous protected areas in Australia[J]. Parks, 16(1): 14-20.

· ST JOHN F A V, EDWARDS-JONES G, JONES J P G, 2010. Conservation and human behaviour: lessons from social psychology[J]. Wildlife research, 37(8): 658-667.

· STEPP J R, CERVONE S, CASTANEDA H, et al, 2004. Development of a GIS for global biocultural diversity[J]. Policy Matters, 13(6): 267-270.

· STEWART M O, BUSHLEY K E, YONGPING Y, 2013. Regarding the social-ecological dimensions of caterpillar fungus (Ophiocordyceps sinensis) in the Himalayas-Reply to Shrestha and Bawa[J]. Biological conservation, 167: 446-447.

· SULEK E, 2011. Disappearing sheep: the unexpected consequences of the emergence of the caterpillar fungus economy in Golok, Qinghai, China[J]. Himalaya, the journal of the association for Nepal and Himalayan studies, 30(1): 9.

· SUTHERLAND W J, NEWTON I, GREEN R E, 2004. Bird ecology and conservation: a handbook of techniques[M]. New York: Oxford University Press.

· TANKOU C M, DE SNOO G R, DE IONGH H H, et al, 2014. Variation in plant biodiversity across sacred groves and fallows in Western Highlands of Cameroon[J]. African journal of ecology, 52(1): 10-19.

· THOMAS C D, CAMERON A, GREEN R E, et al, 2004. Extinction risk from climate change[J]. Nature, 427(6970): 145-148.

· TIWARI B K, BARIK S K, TRIPATHI R S, 1998. Biodiversity value, status, and strategies for conservation of sacred groves of Meghalaya, India[J]. Ecosystem Health, 4(1): 20-32.

· TREVES A, NAUGHTON-TREVES L, SHELLEY V, 2013. Longitudinal analysis of attitudes toward wolves[J]. Conservation biology, 27(2): 315-323.

· TURNER N J, IGNACE M B, IGNACE R, 2000. Traditional ecological knowledge and wisdom of aboriginal peoples in British Columbia[J]. Ecological applications, 10(5): 1275-1287.

· UNEP-WCMC, 2005. World database on protected areas[DB/OL]. [2006-10-30]. https://www.unep-wcmc.org/wdpa.

· UPADHAYA K, PANDEY H N, LAW P S, et al, 2003. Tree diversity in sacred groves of the Jaintia hills in Meghalaya, northeast India[J]. Biodiversity and conservation, 12: 583-597.

· WADLEY R L, COLFER C J P, 2004. Sacred forest, hunting, and conservation in West Kalimantan, Indonesia[J]. Human ecology, 32: 313-338.

· WANG Z J, CHRIS CARPENTER C, YOUNG S S, 2000. Bird distribution and conservation in the Ailao Mountains, Yunnan, China[J]. Biological conservation, 92: 45-47.

· WANG Z J, YOUNG S S, 2003. Differences in bird diversity between two swidden agricultural sites in mountainous terrain, Xishuangbanna, Yunnan, China[J]. Biological conservation, 110 (2): 231-243.

· WECKERLE C S, YANG Y, HUBER F K, et al, 2010.People, money, and protected areas: the collection of the caterpillar mushroom *Ophiocordyceps sinensis* in the Baima Xueshan Nature Reserve, Southwest China[J]. Biodiversity and conservation, 19 (9): 2685-2698.

· WELLS M, BRANDON K, HANNAH L, 1992. People and parks: linking protected area management with local communities[R]. Washington DC: World Bank, WWF-US and US Agency for International Development.

· WEST P C, BRECHIN S R, 1991. Resident people and national parks: social dilemnas and strategies of intern ational conservation[M]. Tucson: University of Arizona Press.

· WESTERN D, WRIGHT R M, 1994. The background to community-based conservation[M]// WESTERN D, WRIGHT R M. Natural connections-perspectives in community-based conservation, USA: Island Press.

· WHITE M J, TAGOE E, STIFF C, et al, 2005. Urbanization and the fertility transition in Ghana[J]. Population research and policy review, 24: 59-83.

· WINKELMANN R, 2000. Seemingly unrelated negative binomial regression[J]. Oxford bulletin of economics and statistics, 62 (4): 553-560.

· WINKLER D, 2005. Yartsa Gunbu-Cordyceps sinensis, Economy, Ecology & Ethno-Mycology of a Fungus Endemic to the Tibetan Plateau[J]. Memorie dell Societa Italiana di science naturali e del museo civico di storai naturale do milano, 33: 69-85.

· WINKLER D, 2009. Caterpillar fungus (*Ophiocordyceps sinensis*) production and sustainability on the Tibetan Plateau and in the Himalayas[J]. Asian medicine, 5 (2): 291-316.

· WOODHOUSE E, MCGOWAN P, MILNER-GULLAND E J, 2014. Fungal gold and firewood on the Tibetan plateau: examining access to diverse ecosystem provisioning services within a rural community[J]. Oryx, 48 (1): 30-38.

· WU T, PETRIELLO M A, 2011. Culture and biodiversity losses linked[J]. Science, 331 (6013): 30-31.

· XU J C, MELICK D R, 2007. Rethinking the effectiveness of public protected areas in southwestern China[J]. Conservation biology, 21 (2): 318-328.

· XU J, LEBEL L, STURGEON J, 2009. Functional links between biodiversity, livelihoods, and culture in a Hani swidden landscape in southwest China[J]. Ecology and society, 14 (2):

20.

· XU J，MA E T，TASHI D，et al，2005. Integrating sacred knowledge for conservation: cultures and landscapes in southwest China[J]. Ecology and society，10（2）：7.

· YEH E T，LAMA K T，2013. Following the caterpillar fungus: nature，commodity chains，and the place of Tibet in China's uneven geographies[J]. Social & cultural geography，14（3）：318-340.

· ZHANG J，JIANG F，LI G，et al，2019. Maxent modeling for predicting the spatial distribution of three raptors in the Sanjiangyuan National Park，China[J]. Ecology and evolution，9（11）：6643-6654.

· ZHANG Y，LI E，WANG C，et al，2012. *Ophiocordyceps sinensis*，the flagship fungus of China: terminology，life strategy and ecology[J]. Mycology，3（1）：2-10.

· ZHOU X，GONG Z，SU Y，et al，2009. Cordyceps fungi: natural products，pharmacological functions and developmental products[J]. Journal of pharmacy and pharmacology，61（3）：279-291.

· 艾怀森，周鸿，2003. 云南高黎贡山神山森林及其在自然保护中的作用 [J]. 生态学杂志，（2）：92-96.

· 艾菊红，2013. 宗教圣境与生物多样性保护 [J]. 民族学刊，4（2）：69-78+121-122.

· 安德雷，2013. 从游牧民到商人：青海玉树州藏族游牧民在虫草和市场作用下的生计转变 [J]. 中国藏学，（3）：100-112.

· 才贝，2014. 论藏族聚居区冬虫夏草的交易模式——以青海果洛藏族自治州虫草的"流动"为例 [J]. 青海民族研究，25（1）：132-135.

· 才尕，阿怀彦，汤中和，2005. 玉树州冬虫夏草资源现状及管理对策 [J]. 青海畜牧兽医杂志，35（4）：54.

· 藏族社会历史调查资料丛刊编辑组，《中国少数民族社会历史调查资料丛刊》，2009. 藏族社会历史调查 [M]. 北京：民族出版社.

· 曹伊凡，张同作，连新明，等，2009. 青海省可可西里地区几种有蹄类动物的食物重叠初步分析 [J]. 四川动物，28（1）：49-54.

· 常丽霞，2013. 藏族牧区生态习惯法文化的传承与变迁研究——以拉卜楞地区为中心 [M]. 北京：民族出版社.

· 陈峰，2003. 现代医学统计方法与 Stata 应用 [M]. 2 版. 北京：中国统计出版社

· 陈桂琛，2007. 三江源自然保护区生态保护与建设 [M]. 西宁：青海人民出版社.

· 陈庆英，2004. 中国藏族部落 [M]，北京：中国藏学出版社.

· 陈祥军，2014. 回归荒野——准噶尔盆地野马的生态人类学研究 [M]. 北京：知识产权出版社.

· 陈亚艳，2000. 藏族神山崇拜与自然保护 [J]. 青海民族研究，（4）：80-83.

- 仇保燕，2000. 藏族的山崇拜和信仰中的山神体系 [J]. 中国西藏（中文版），（1）：41-43.
- 崔庆虎，蒋志刚，苏建平，2006. 基于 GIS 探讨人类活动对藏羚生境的影响 [C]// 野生动物生态与资源保护第三届全国学术研讨会论文摘要集. [出版者不详]：45-47.
- 戴刚，2007. 论培育和壮大甘孜州民族文化产业的重要性问题 [J]. 康定民族师范高等专科学校学报，16（1）：18-23.
- 丹巴县地方志编纂办公室，2005. 丹巴年鉴 1999—2002[M]. [出版者不详].
- 得荣，泽仁邓珠，2005. 藏族的生态环境保护观与青藏高原生态保护 [M]// 马建忠，陈洁. 藏族文化与生物多样性保护. 昆明：云南科技出版社.
- 邓辉，2012. 世界文化地理 [M]. 北京：北京大学出版社.
- 斗毛措，2017. 藏族神山崇拜及其社会意义研究——以青海地区为例 [D]. 西宁：青海民族大学.
- 杜青华，2009. 冬虫夏草价格形成机理和长期走势探析 [J]. 青海社会科学，（4）：48-51.
- 多杰扎西，2014. 西部虫草经济背后的教育博弈困境及策略分析 [J]. 安徽农业科学，42（16）：5268-5269.
- 鄂崇荣，2009. 民间信仰、习惯法与生态环境—试析青海藏族生态观念对保护草原环境的影响 [J]. 青海社会科学，（4）：134-139.
- 鄂崇荣，2014. 论青藏高原三大民俗文化圈的互动与共享——以青海藏传佛教、伊斯兰教、儒道民俗文化圈为研究重心 [J]. 青藏高原论坛，2（1）：26-33.
- 樊江文，邵全琴，刘纪远，等，2010. 1988—2005 年三江源草地产草量变化动态分析 [J]. 草地学报，18（1）：5-10.
- 范维新，1939. 果洛番族土司访问记 [J]. 黄埔（重庆），2（2）：32-37.
- 范长风，2015. 冬虫夏草产地的政治和文化传导——阿尼玛卿山虫草社会的经济人类学研究 [J]. 西藏研究，（2）：37-47.
- 方范九，1935. 青海玉树二十九族之过去与现在 [J]. 新亚细亚，1：74-90.
- 房建昌，1995. 清代雍正朝以来青海三十蒙旗及玉树四十族的治所今址及历史地理诸问题 [J]. 西北民族研究，（1）：220-243.
- 冯金朝，薛达元，龙春林，2014. 民族生态学的概念，理论与方法 [J]. 中央民族大学学报（自然科学版），23（4）：5-10.
- 冯智，2005. 藏族聚居区神山崇拜与生态保护 [M]// 马建忠，陈洁. 藏族文化与生物多样性保护. 昆明：云南科技出版社.
- 噶玛降村，2005. 藏族传统文化中的生态观 [J]. 康定民族师范高等专科学校学报，14（2）：12-16

· 尕藏加，2005. 论迪庆藏族聚居区的神山崇拜与生态环境 [J]. 中国藏学，（4）：87-91.

· 尕丹才让，李忠民，2012. 藏族聚居区生态保护、资源开发与农牧民增收——以冬虫夏草为例 [J]. 西藏研究，5：114-120.

· 甘孜州志编纂委员会，1998. 甘孜州志 [M]. 成都：四川人民出版社.

· 高云红，尹海洁，郑中玉，2012. 基于嵌入性的社会工程——对斯科特《国家的视角》的一种理解 [J]. 工程研究 - 跨学科视野中的工程，4（1）：76-84.

· 高长柱，1934. 青海玉树与西藏 [J]，边铎，1（2）：22-26.

· 戈明，1998. 对高原草地畜牧业危机的思考 [J]. 攀登，（5）：61-70.

· 格勒，刘一民，张建世，等，2004. 藏北牧民——西藏那曲地区社会历史调查报告 [M]. 北京：中国藏学出版社.

· 贡布泽仁，李文军，2016. 草地管理中的市场机制与习俗制度的关系及其影响：青藏高原案例研究 [J]. 自然资源学报，31（10）：1637-1647.

· 郭净，2004. 圣境的意义 [J]. 人与生物圈，（1）：1.

· 郭净，2005. 自然圣境的意义 [M]// 马建忠，陈洁. 藏族文化与生物多样性保护. 昆明：云南科技出版社.

· 郭净，2012. 雪山之书 [M]. 昆明：云南人民出版社.

· 郭志刚，巫锡炜，2006. 泊松回归在生育率研究中的应用 [J]. 中国人口科学，（4）：2-15+95.

· 国家环境保护总局，2001. 中国履行《生物多样性公约》第二次国家报告 [M]. 北京：中国环境科学出版社.

· 国家环境保护总局自然生态保护司，2002. 全国自然保护区名录 [M]. 北京：中国环境科学出版社.

· 果洛藏族自治州地方志编纂委员会，2001. 果洛藏族自治州志 [M]. 北京：民族出版社.

· 果洛藏族自治州概况编写组，1985. 果洛藏族自治州概况 [M]. 西宁：青海人民出版社.

· 韩念勇，2000. 中国自然保护区可持续管理政策研究 [J]. 自然资源学报，（3）：201-207.

· 韩徐芳，张吉，蔡平，等，2018. 青海省人与藏棕熊冲突现状、特点与解决对策 [J]. 兽类学报，38（1）：28-35.

· 和建华，2005. 藏族苯教文化在自然保护方面的作用 [M]// 马建忠，陈洁. 藏族文化与生物多样性保护. 昆明：云南科技出版社.

· 胡锦矗，2002. 岷山山系陆栖脊椎动物多样性 [J]. 动物学研究，23（6）：521-526

· 胡铁球，2007. 近代西北皮毛贸易与社会变迁 [J]. 近代史研究，（4）：91-108+161.

· 姜玉欣，2014. 合村并居的运行逻辑及风险应对——基于斯科特“国家的视角”下的研究 [J]. 东岳论丛，35（9）：19-22.

· 蒋志刚，李立立，胡一鸣，等，2018. 青藏高原有蹄类动物多样性和特有性：演化与保护 [J]. 生物多样性，26（2）：158-170.

· 金云翔，徐斌，杨秀春，等，2010. 青藏高原那曲地区冬虫夏草资源分布空间分析方法 [J]. 生态学报，30（6）：1532-1538.

· 靳玄生，1937. 青海塞外野兽种类的调查 [J]. 西北论衡，（5）：38-43.

· 景晖，徐建龙，2005. 中清以来人类经济活动对三江源区生态环境的影响 [J]. 攀登，24（3）：87-92.

· 巨晶，2011. 神山、自然与部落——安多藏族聚居区神山体系研究 [D]. 兰州：兰州大学.

· 俊逸，1949. 玉树二十五族述略 [J]. 西北世纪，（1）：16.

· 李保平，薛达元，2020. 民族地区的生物 – 文化多样性研究——基于广西金秀生物文化的调研 [J]. 贵州社会科学，（1）：103-108.

· 李迪强，2010. 民族地区生态规划：三江源地区系统保护规划研究 [M]. 北京：中国环境出版社.

· 李迪强，李建文，2002. 三江源生物多样性：三江源自然保护区科学考察报告 [M]. 北京：中国科学技术出版社.

· 李芬，吴志丰，徐翠，等，2014. 三江源区冬虫夏草资源适宜性空间分布 [J]. 生态学报，2014，34（5）：1318-1325.

· 李芬，张林波，徐延达，等，2013. 冬虫夏草采集对三江源区农牧民收入的贡献研究 [J]. 中国人口. 资源与环境，23（S2）：439-443.

· 李根，葛新斌，2014. 农民工随迁子女异地高考政策制定过程透析——从制度分析与发展框架的视角出发 [J]. 高等教育研究，35（4）：16-22+28.

· 李惠梅，张安录，王珊，等，2013. 三江源牧户参与草地生态保护的意愿 [J]. 生态学报，33（18）：5943-5951.

· 李惠梅，张雄，张俊峰，等，2014. 自然资源保护对参与者多维福祉的影响——以黄河源头玛多牧民为例 [J]. 生态学报，34（22）：6767-6777.

· 李娟，2012. 青藏高原三江源雪豹的生态学研究及保护 [D]. 北京：北京大学.

· 李猛，何永涛，付刚，等，2016. 基于 TEM 模型的三江源草畜平衡分析 [J]. 生态环境学报，25（12）：1915-1921.

· 李勉，崔灵周，李占斌，2000. 参与式农村调查与评估（PRA）的产生发展与应用 [J]. 水土保持科技情报，（3）：18-20

· 李式金，1943a. 玉树调查简报 [J]. 地学集刊，（4）：288-311.

· 李式金，1943b. 玉树的民风 [J]. 西北学术，（2）：41-46.
· 李式金，1946. 青海高原的南部重镇：玉树城生活素描 [J]. 旅行杂志，（2）：37-42.
· 李先琨，苏宗明，1995. 广西岩溶地区"神山"的社会生态经济效益 [J]. 植物资源与环境，（3）：38-44.
· 李小云，杨宇，刘毅，2018. 中国人地关系的历史演变过程及影响机制 [J]. 地理研究，37（8）：1495-1514.
· 李扬，汤青，2018. 中国人地关系及人地关系地域系统研究方法述评 [J]. 地理研究，37（8）：1655-1670.
· 李玉琴，2013. 人神共场：神山崇拜的界域与认同——对安多藏族聚居区山神信仰的特质与意义的考察 [J]. 青海社会科学，（4）：177-183.
· 李云，周泉根，2005. 藏戏 [M]. 杭州：浙江人民出版社.
· 李宗海，1958. 少数民族地区畜牧业的社会主义改造 [J]. 中国民族，（1）：9-11.
· 李宗海，1959. 对我国少数民族牧业区工作任务的几点意见 [J]. 民族研究，（1）：22-25.
· 刘爱忠，裴盛基，陈三阳，2000. 云南楚雄彝族的"神树林"与生物多样性保护 [J]. 应用生态学报，2000，（4）：489-492.
· 刘宏茂，许再富，陶国达，1992. 西双版纳傣族"龙山"的生态学意义 [J]. 生态学杂志，（2）：43-45+62.
· 刘纪远，邵全琴，樊江文，2009. 三江源区草地生态系统综合评估指标体系 [J]. 地理研究，28（2）：273-283.
· 刘纪远，徐新良，邵全琴，2008. 近 30 年来青海三江源地区草地退化的时空特征 [J]. 地理学报，（4）：364-376.
· 刘继杰，李静，2014. 藏族生态知识认知的影响要素分析 [J]. 北方民族大学学报（哲学社会科学版），（5）：18-23.
· 刘敏，李迪强，温琰茂，等，2005. 三江源地区生态系统生态功能分析及其价值评估 [J]. 环境科学学报，（9）：1280-1286.
· 刘正佳，邵全琴，王丝丝，2015. 21 世纪以来青藏高寒草地的变化特征及其对气候的响应 [J]. 干旱区地理，38（2）：275-282.
· 鲁顺元，2009. 青藏高原冬虫夏草资源开发问题的理性分析 [J]. 青海社会科学，（4）：52-55.
· 陆亭林，1935. 青海省皮毛事业之研究 [J]. 拓荒，（1）：15-27.
· 陆亭林，1936. 青海省概况 [J]. 西北杂志（南京），1（4）：16-31.
· 罗斌圣，龙春林，2018. 民族生态学研究的文献计量学可视化分析 [J]. 生态学报，38（4）：

1510-1519.

· 罗康隆，杨曾辉，2011. 藏族传统游牧方式与三江源"中华水塔"的安全 [J]. 吉首大学学报（社会科学版），32（1）：37-42.

· 罗康智，罗康隆，2009. 传统文化中的生计策略——以侗族为案例 [M]. 北京：民族出版社.

· 罗鹏，裴盛基，许建初，2001. 云南的圣境及其在环境和生物多样性保护中的意义 [J]. 山地学报，（4）：327-333.

· 罗绒战堆，达瓦次仁，2005. 虫草的战略地位以及对西藏经济社会影响的调研报告 [J]. 西部发展评论，（4）：11.

· 罗意，2014. "游牧—定居"连续统：一种游牧社会变迁的人类学研究范式 [J]. 青海民族研究，25（1）：37-41.

· 罗意，2017. 消逝的草原：一个草原社区的历史、社会与生态 [M]. 北京：中国社会科学出版社.

· 洛加才让，2002. 藏族生态伦理文化初探 [J]. 西北民族学院学报（哲学社会科学版），（5）：35-38.

· 洛桑灵智多杰，2013. 基于生态文化构建生态文明 [J]. 西北民族大学学报（哲学社会科学版），（2）：69-74.

· 骆桂花，2011. 青海民族地区区域发展与社会稳定的机制分析 [J]. 青海社会科学，（6）：113-118.

· 吕浩荣，刘颂颂，朱剑云，等，2009. 人为干扰对风水林群落林下木本植物组成和多样性的影响 [J]. 生物多样性，17（5）：458-467.

· 马鹤天，1947. 甘青藏边区考察记 [M]. 北京：商务印书馆：227-228.

· 马季，1985. 果洛风土人情散记 [J]. 青海民族学院学报，（4）：115-125.

· 马建忠，陈洁，2005. 藏族文化与生物多样性保护 [M]. 昆明：云南科技出版社.

· 马克平，刘玉明，1994. 生物群落多样性的测度方法 Iα 多样性的测度方法（下）[J]. 生物多样性，2（4）：231-239.

· 马清虎，2008. 论当代生态科学理论视野中的藏族传统游牧文化 [J]. 青海民族研究，（1）：66-70.

· 马戎，潘乃谷，1997. 我国藏族聚居区自治地区的汉族人口 [M]// 北京大学社会学人类学研究所，中国藏学研究中心. 西藏社会发展研究. 北京：中国藏学出版社：387-468.

· 毛瑞，2015. 青海省果洛州冬虫夏草贸易初探 [J]. 淮北职业技术学院学报，14（3）：118-120.

· 毛舒欣，沈园，邓红兵，2017. 生物文化多样性研究进展 [J]. 生态学报，37（24）：8179-8186.

· 梅进才，1983. 青海牧区草原载畜量试析 [J]. 青海民族学院学报，（4）：75-78+74.

· 蒙藏委员会调查室，1941. 青海玉树囊谦称多三县调查报告书 [M]. 重庆：蒙藏委员会调查室.

· 孟和乌力吉，2013. 沙地环境与游牧生态知识——人文视域中的内蒙古沙地环境问题 [M]. 北京：知识产权出版社.

· 南文渊，2000. 藏族生态文化的继承与藏族聚居区生态文明建设 [J]. 青海民族学院学报，26（4）：1-7.

· 南文渊，2001. 论藏族聚居区自然禁忌及其对生态环境的保护作用 [J]. 西北民族研究，（3）：21-29.

· 南文渊，2002. 高原藏族生态文化 [M]. 兰州：甘肃民族出版社.

· 南文渊，卢守亭，2010. 对生态文化的一点认识 [J]. 大连民族学院学报，12（6）：513-518.

· 欧潮泉，1991. 青海藏族牧区传统经济文化之变迁 [J]. 民族学研究，（0）：205-214.

· 裴盛基，2007a. 传统知识，两个《公约》共同关注的焦点——裴盛基谈两个多样性（二）[J]. 人与生物圈，（5）：33

· 裴盛基，2007b. 两个《公约》表达了一个共识：生物多样性与文化多样性相互关联——裴盛基谈两个多样性（一）[J]. 人与生物圈，（5）：21

· 裴盛基，2008. 生物多样性与文化多样性 [J]. 科学，60（4）：33-36+4.

· 裴盛基，2011. 民族文化与生物多样性保护 [J]. 中国科学院院刊，26（2）：190-196.

· 裴盛基，龙春林，2008. 民族文化与生物多样性保护 [M]. 北京：中国林业出版社.

· 彭兆荣，李春霞，2010. 游牧文化的人类学研究述评 [M]// 齐木德道尔吉，徐杰舜. 游牧文化与农耕文化——人类学高级论坛 2009 卷. 哈尔滨：黑龙江人民出版社：18-49.

· 青海省编辑组，《中国少数民族社会历史调查资料丛刊》修订编辑委员会，2009. 青海省藏族蒙古族社会历史调查 [M]. 北京：民族出版社.

· 青海省地方志编纂委员会，1993. 青海省志：林业志 [M]. 西宁：青海人民出版社.

· 青海省地方志编纂委员会，1998. 青海省志：畜牧志 [M]. 合肥：黄山书社.

· 青海省地方志编纂委员会，2016. 青海省志：畜牧业志：1985—2005[M]. 西宁：青海民族出版社.

· 青海省地方志编纂委员会，2017. 青海省志：林业志：1986—2005[M]. 西安：三秦出版社.

· 青海省统计局，1985—2020. 青海统计年鉴 [DB/OL]. [2022-12-30]. http://cnki.gpic.gd.cn/CSYDMirror/Yearbook.

· 屈鸿罡，2012. 西藏那曲地区冬虫夏草资源开发利用的理性分析 [J]. 西藏发展论坛，（2）：44-51.

· 权佳，欧阳志云，徐卫华，等，2009. 中国自然保护区管理有效性的现状评价与对策 [J]. 应用生态学报，20（7）：1739-1746.

· 任继周，陈全功，2005. 青藏高原"黑土滩"的成因及综合防治 [C]//2005 青藏高原环境与变化研讨会论文摘要汇编.[出版者不详]：5.

· 任继周，侯扶江，张自和，2000. 发展草地农业推进我国西部可持续发展 [J]. 地球科学进展，
（1）：19-24.

· 陕锦风，2014. 青藏高原的草原生态与游牧文化——一个藏族牧业乡的个案研究. 北京：中国社
会科学出版社.

· 邵全琴，樊江文，刘纪远，等，2016. 三江源生态保护和建设一期工程生态成效评估 [J]. 地理学
报，71（1）：3-20.

· 邵全琴，樊江文，刘纪远，等，2017. 基于目标的三江源生态保护和建设一期工程生态成效评估
及政策建议 [J]. 中国科学院院刊，32（1）：35-44.

· 沈大军，陈传友，1996. 青藏高原水资源及其开发利用 [J]. 自然资源学报，11（1）：8-14.

· 生态环境部，2021. 2020 年中国生态环境状况公报（摘录）[J]. 环境保护，49（11）：47-68.

· 生态环境部，2022. 2021 年中国生态环境状况公报（摘录）[J]. 环境保护，50（12）：61-74.

· 四川省甘孜藏族自治州丹巴县志编纂委员会，1996. 丹巴县志 [M]. 北京：民族出版社.

· 宋瑞玲，2017. 三江源草地退化的多尺度研究 [D]. 北京：北京大学.

· 宋瑞玲，王昊，张迪，等，2018. 基于 MODIS-EVI 评估三江源高寒草地的保护成效 [J]. 生物多
样性，26（2）：149-157.

· 宋晓阳，申文明，万华伟，等，2016. 基于高分遥感的可可西里自然保护区藏羚羊生境适宜性动
态监测 [J]. 资源科学，8：1434-1442.

· 孙庆龄，李宝林，许丽丽，等，2016. 2000—2013 年三江源植被 NDVI 变化趋势及影响因素分
析 [J]. 地球信息科学学报，18（12）：1707-1716.

· 泰勒，2005. 原始文化：神话、哲学、宗教、语言、艺术和习俗发展之研究 [M]. 桂林：广西师范
大学出版社.

· 谭其骧，1987. 中国历史地图集 [M]. 北京：中国地图出版社.

· 唐红玉，杨小丹，王希娟，等，2007. 三江源地区近 50 年降水变化分析 [J]. 高原气象，（1）：
47-54.

· 汪诗平，2003. 青海省"三江源"地区植被退化原因及其保护策略 [J]. 草业学报，（6）：1-9.

· 王昌海，2018. 改革开放 40 年中国自然保护区建设与管理：成就、挑战与展望 [J]. 中国农村经
济，（10）：93-106.

· 王栋，1953. 我国草原区畜牧业概况和改进意见 [J]. 畜牧与兽医，（3）：68-71.

· 王建革，2000. 游牧圈与游牧社会——以满铁资料为主的研究 [J]. 中国经济史研究，（3）：16-
28.

· 王明珂，2010. 游牧社会及其历史的启示 [M]// 齐木德道尔吉，徐杰舜. 游牧文化与农耕文化——人类学高级论坛 2009 卷. 哈尔滨：黑龙江人民出版社.

· 王群，2010. 奥斯特罗姆制度分析与发展框架评介 [J]. 经济学动态，（4）：137-142.

· 王涛，王学伦，2010. 社区运行的制度解析——以奥斯特罗姆制度分析与发展框架为视角 [J]. 学会，（3）：13-19.

· 王运三，1936. 发展青海畜牧事业应注意之几点 [J]. 新青海，1-2：30-33.

· 王智，1935. 青海羊毛的负担及其对各方的影响 [J]. 西北杂志（南京），1：48-54.

· 文郁，1934. 玉树风土纪略 [J]. 海泽，（2）：9-11.

· 乌尼尔，2014. 与草原共存——哈日图草原的生态人类学研究 [M]. 北京：知识产权出版社.

· 邬建国，2000. 景观生态学——概念与理论 [J]. 生态学杂志，19（1）：42-52

· 吴超，2013. 清末民国初年玉树二十五部落农牧业初探——以《玉树调查记》为中心 [J]. 农业考古，（4）：31-36.

· 吴迪，2010. 藏族传统生态伦理思想及其现实意义 [D]. 兰州：西北民族大学.

· 吴景敖，1944. 川青边境果洛诸部落之探讨 [J]. 新中华，（2）：57-63.

· 吴兆录，1997. 西双版纳勐养自然保护区布朗族龙山传统的生态研究 [J]. 生态学杂志，（3）：46-50.

· 向红梅，张劲峰，许慧敏，等，2008. 香格里拉县藏族神山与非神山植被比较研究 [J]. 西部林业科学，37（2）：47-50.

· 肖凌云，2017. 三江源地区雪豹、岩羊与家畜的竞争与捕食关系研究 [D]. 北京：北京大学.

· 肖桐，王昌佐，冯敏，等，2014. 2000—2011 年青海三江源地区草地覆盖度的动态变化特征 [J]. 草地学报，22（1）：39-45.

· 谢焱，2004. 中国自然保护区管理体制综合评述 [M]// 谢焱，汪松，Peter Schei. 中国的保护地. 北京：清华大学出版社.

· 邢海宁，1992. 青海果洛地区藏族历史上的部落组织 [J]. 青海社会科学，（1）：94-102.

· 邢海宁，1994. 果洛藏族社会 [M]. 北京：中国藏学出版社.

· 邢海宁，安才旦，1992. 藏族牧区部落组织结构分析 [J]. 中国藏学，（S1）：52-67.

· 徐杰舜，王明珂，2004. 在历史学与人类学之间——人类学学者访谈之二十八 [J]. 广西民族学院学报（哲学社会科学版），（4）：65-74.

· 徐维新，古松，苏文将，等，2012. 1971—2010 年三江源地区干湿状况变化的空间特征 [J]. 干旱区地理，35（1）：46-55.

· 徐新良，刘纪远，邵全琴，等，2008. 30 年来青海三江源生态系统格局和空间结构动态变化 [J].

地理研究，（4）：829-838+974.

· 徐延达，徐翠，翟永洪，等，2013. 三江源地区冬虫夏草采挖对草地植被的影响 [J]. 环境科学研究，26（11）：1194-1200.

· 许再富，2000. 历史上向"天朝"上贡对滇南犀牛灭绝和亚洲象濒危过程的影响 [J]. 生物多样性，8（1）：112-119.

· 薛达元，2009. 民族地区传统文化与生物多样性保护 [M]. 北京：中国环境科学出版社.

· 薛达元，2014. 中国民族地区生态保护与传统文化 [M]. 北京：科学出版社.

· 阎建忠，吴莹莹，张镱锂，等，2009. 青藏高原东部样带农牧民生计的多样化 [J]. 地理学报，64（2）：221-233.

· 阎莉，史永义，2012. 傣族圣境及其生物多样性意蕴 [J]. 贵州民族研究，33（2）：147-153.

· 杨海镇，李惠梅，张安录，2016. 牧户对三江源草地生态退化的感知 [J]. 干旱区研究，33（4）：822-829.

· 杨红，2010. 永宁—泸沽湖地区摩梭人山林自然圣境与生物多样性保护 [J]. 安徽农业科学，38（23）：12724-12726+12735.

· 杨庭硕，田红，2010. 本土生态知识引论 [M]. 北京：民族出版社.

· 杨卫，2010. 清末民初玉树地区经济问题研究 [J]. 青海民族大学学报（社会科学版），36（2）：89-94.

· 杨应琚，1988. 西宁府新志 [M]，西宁：青海人民出版社.

· 杨玉，赵德光，2004. 试论神山森林文化对生态资源的保护作用——以西南边疆民族为中心 [J]. 中央民族大学学报（自然科学版），（4）：364-368.

· 叶骥才，1934. 青海羊毛之产销状况 [J]. 经济学月刊，（3）：110-114.

· 佚名，1936. 调查：青海各县每年输出毛皮情况 [J]. 新青海，（5）：82-83.

· 佚名，1935. 青海各县户口调查 [J]. 开发西北，4（6）：86.

· 佚名，1984. 四川通志 [M]. 成都：巴蜀书社.

· 尹仑，薛达元，2013. 藏族神山信仰与全球气候变化——以云南省德钦县红坡村为例 [J]. 云南民族大学学报（哲学社会科学版），30（3）：47-51.

· 尹仑，2011. 藏族对气候变化的认知与应对——云南省德钦县果念行政村的考察 [J]. 思想战线，37（4）：24-28.

· 尹绍亭，2000. 人与森林——生态人类学视野中的刀耕火种 [M]. 昆明：云南教育出版社.

· 英加布，2013. 域拉奚达与隆雪措哇：藏传山神信仰与地域社会研究 [D]. 兰州：兰州大学.

· 于式玉，1943. 藏族群众生活 [J]. 机声，（1）：33-40.

· 于长江，1997. 拉热村社区调查与研究 [M]// 北京大学社会学人类学研究所，中国藏学研究中心. 西藏社会发展研究. 北京：中国藏学出版社.

· 玉树藏族自治州地方志编纂委员会，2005. 玉树藏族自治州志 [M]. 西安：三秦出版社.

· 玉树藏族自治州概况编写组，2008. 玉树藏族自治州概况 [M]. 北京：民族出版社.

· 玉树藏族自治州概况编写组，1985. 玉树藏族自治州概况 [M]. 西宁：青海人民出版社.

· 《玉树藏族自治州概况》编写组，《玉树藏族自治州概况》修订本编写组，2008. 玉树藏族自治州概况 [M]. 北京：民族出版社.

· 玉树藏族自治州区划办公室，1987. 玉树县农牧业区划 [M]. [出版者不详].

· 玉树县地方志编纂委员会，2012. 玉树县志 [M]. 西宁：青海民族出版社.

· 郁丹，2010. 在神的怀抱里：一个安多藏族村落的生态—显圣景观 [J]. 西北民族研究，（2）：21-35.

· 袁方，2004. 社会研究方法教程 [M]. 北京：北京大学出版社.

· 张得善，1935（民国二十四年）. 青海种族分布概况 [M]. 南京：正中书局.

· 张典，1924. 松潘县志 [M]. [出版者不详].

· 张福强，2017. 民国时期玉树藏族聚居区调查研究史述论 [J]. 青海师范大学学报（哲学社会科学版），39（4）：80-84.

· 张古忍，余俊锋，吴光国，等，2011. 冬虫夏草发生的影响因子 [J]. 生态学报，31（14）：4117-4125.

· 张建基，1936. 青海畜牧之纵横剖视 [J]. 新青海，（4）：23-32.

· 张建世，1994. 藏族传统的游牧方式 [J]. 中国藏学，（4）：61-71.

· 张荣祖，1999. 中国动物地理 [M]. 北京：科学出版社.

· 张荣祖，郑度，杨勤业，等，1997. 横断山区自然地理 [M]. 北京：科学出版社.

· 张晓东，2008. 论苯教对藏族生态文化的影响 [D]. 兰州：兰州大学.

· 张瑶，徐涛，赵敏娟，2019. 生态认知、生计资本与牧民草原保护意愿——基于结构方程模型的实证分析 [J]. 干旱区资源与环境，33（4）：35-42.

· 张镱锂，丁明军，张玮，等，2007. 三江源地区植被指数下降趋势的空间特征及其地理背景 [J]. 地理研究，（3）：500-507.

· 张颖，章超斌，王钊齐，等，2017. 气候变化与人为活动对三江源草地生产力影响的定量研究 [J]. 草业学报，26（5）：1-14.

· 张元彬，1933. 青海蒙藏牧民之畜牧概况 [J]. 新亚细亚，6：83-100.

· 章力建，李兵，胡育骄，等，2010. 我国冬虫夏草资源可持续利用展望 [J]. 农业展望，（3）：32-36.

- 章忠云，2005. 云南藏族的神山信仰与村民生计方式研究 [M]// 马建忠，陈洁. 藏族文化与生物多样性保护. 昆明：云南科技出版社.
- 赵文娟，2013. 仪式 消费 生态：云南新平傣族的个案研究 [M]. 北京：知识产权出版社.
- 赵新全，周华坤，2005. 三江源区生态环境退化，恢复治理及其可持续发展 [J]. 中国科学院院刊，（6）：37-42.
- 郑光美，1995. 鸟类学 [M]. 北京：北京师范大学出版社.
- 郑光美，2005. 中国鸟类分类与分布名录 [M]. 北京：科学出版社.
- 中共甘孜藏族自治州州委，甘孜藏族自治州人民政府，2006. 甘孜州着力建设人与自然和谐发展的生态第一州 [J]. 环境保护，（8）：67-69.
- 中国科学院西北高原生物研究所，1989. 青海经济动物志 [M]. 西宁：青海人民出版社.
- 中国人民政治协商会议丹巴县委员会，格桑曲批，1992. 墨尔多神山志 [M]. 成都：四川民族出版社.
- 中央民族事务委员会，1953. 中央民族事务委员会第三次（扩大）会议关于内蒙古自治区及绥远、青海、新疆等地若干牧业区畜牧业生产的基本总结 [J]. 中国兽医杂志，（4）：98-105.
- 周鸿，赵德光，吕汇慧，2002. 神山森林文化传统的生态伦理学意义 [J]. 生态学杂志，（4）：60-64.
- 周拉，2006. 略论藏族神山崇拜的文化特征及功能 [J]. 中央民族大学学报，（4）：86-91.
- 周希武，1986. 玉树调查记 [M]. 西宁：青海人民出版社.
- 洲塔，2010. 崇山祭神——论藏族神山观念对生态保护的客观作用 [J]. 甘肃社会科学，（3）：159-164.
- 朱华，许再富，王洪，等，1997. 西双版纳傣族"龙山"片断热带雨林植物多样性的变化研究 [J]. 广西植物，1997，（3）：22+24+27-29+23+26.
- 庄学本，1935. 廓落克探险记 [J]. 道路月刊，46（2）：129-131.
- 庄学本，1941. 俄洛初步介绍 [J]. 西南边疆，13：19-24.
- 庄学本，1948. 大积石山与俄洛人民生活 [J]. 康藏研究月刊，19：12-17.
- 邹莉，谢宗强，欧晓昆，2005. 云南省香格里拉大峡谷藏族神山在自然保护中的意义 [J]. 生物多样性，（1）：51-57.